为童年而设计：
儿童友好空间设计指南

The Design of Childhood: How the Material World Shapes Independent Kids

[美]亚历山德拉·兰格（Alexandra Lange）著
邢　燕　高跃文　齐在磊　译

中国建筑工业出版社

著作权合同登记图字：01-2025-1688号

图书在版编目（CIP）数据

为童年而设计：儿童友好空间设计指南 = The Design of Childhood: How the Material World Shapes Independent Kids / （美）亚历山德拉·兰格（Alexandra Lange）著；邢燕，高跃文，齐在磊译. — 北京：中国建筑工业出版社，2025.5. — ISBN 978-7-112-31180-4

Ⅰ. TU241.049-62

中国国家版本馆CIP数据核字第2025XV7648号

The Design of Childhood: How the Material World Shapes Independent Kids by Alexandra Lange.
All rights reserved. No part of this publication may be reproduced or transmitted in any form or by any means, electronic or mechanical, including photocopying, recording or any information storage or retrieval system, without prior permission in writing from the publishers.
©Alexandra Lange, 2018
Translation copyright © 2025 China Architecture & Building Press
This translation is published by arrangement with Alexandra Lange.

责任编辑：李玲洁　段　宁
责任校对：芦欣甜

为童年而设计：儿童友好空间设计指南
The Design of Childhood: How the Material World Shapes Independent Kids
[美]亚历山德拉·兰格（Alexandra Lange）　著
邢　燕　高跃文　齐在磊　译

*

中国建筑工业出版社出版、发行（北京海淀三里河路9号）
各地新华书店、建筑书店经销
北京雅盈中佳图文设计公司制版
鸿博睿特（天津）印刷科技有限公司印刷

*

开本：787毫米×1092毫米　1/16　印张：16¼　字数：315千字
2025年6月第一版　　2025年6月第一次印刷
定价：78.00元
ISBN 978-7-112-31180-4
（44073）

版权所有　翻印必究
如有内容及印装质量问题，请与本社读者服务中心联系
电话：（010）58337283　QQ：2885381756
（地址：北京海淀三里河路9号中国建筑工业出版社604室　邮政编码：100037）

译者序

家长们总是为孩子们的玩耍时间、幼儿园课程以及每一次磕碰和受伤而烦恼，但孩子们的玩具、教室、游乐场和社区也同样重要。这些物品和空间包含了数十年甚至数百年间不断变化的观念，这些观念都是关于"如何培养优秀的孩子"。你会为孩子选择木制玩具、塑料玩具，还是当下越来越流行的数码玩具？当跷跷板被认为太危险，而滑梯设计以安全作为第一要素时，孩子们会失去什么呢？城市建筑环境又是如何帮助儿童塑造独立性格的？在上述这些争论中，家长、教育工作者和孩子们常常被裹挟其中。

著名设计评论家亚历山德拉·兰格从父母的角度总结了与儿童生活相关的设计思维历史。在本书中，兰格从乐高玩具、挖矿游戏讲到高脚宝宝椅，最后以城市规划结束。她希望为孩子做的设计能将他们从电子游戏和电视节目中转移出来，投向更自由、更有创造性的世界。设计要以儿童的思想成长和思想世界为核心，不要把他们当作消费者，而是要培养他们的公民意识。兰格的调查结果显示，看似无害的物质世界会以微妙的方式影响孩子的行为、价值观和健康。她还揭示了玩具制造商、建筑师和城市规划者多年来的决策如何帮助或阻碍美国儿童走向独立的道路。在兰格看来，从沙箱到街道，一切事物都应变得充满活力。童年的设计将改变你看待孩子和世界的方式，也为城市规划者开拓了新的视野和思路。

从城市规划角度而言，儿童的活动空间主要分为七种——家庭、学校、邻里、城市中心、服务空间、文化空间和自然空间。这七种空间再加上串联他们的交通空间，共同构成了儿童活动的空间网络。如何对这种空间网络进行整体布局和精细化设计，是城市规划师未来要面临的重点和难点工作。

我们希望通过对本书的翻译解读，深度了解儿童的活动需求和行为习惯，从而为儿童建造一个更自由、更有创造性的城市空间，进而指导国内儿童友好型城市的规划和建设。

每年，美国城市规划类著名网站"Planetizen"都会推荐年度城市规划书籍TOP10。很多关注城市规划发展动态的规划师们都热切期盼名单公布，作为自己拓展视野、追逐热点的参考。这本书入选了Planetizen "2018年度十大城市规划书籍"。

目　录

译者序
导　言　　　　　　　　　　　　　　001
1　积木　　　　　　　　　　　　　　007
2　住宅　　　　　　　　　　　　　　047
3　学校　　　　　　　　　　　　　　081
4　游乐场　　　　　　　　　　　　　129
5　城市　　　　　　　　　　　　　　171
6　结语　　　　　　　　　　　　　　213
致　谢　　　　　　　　　　　　　　217
注　释　　　　　　　　　　　　　　221
参考文献　　　　　　　　　　　　　245

导　言

1924年，莉莲·莫勒·吉尔布雷斯（Lillian Moller Gilbreth）发现自己变成了一个需要抚育11个孩子的寡妇。她和丈夫弗兰克·吉尔布雷斯（Frank Gilbreth）是动作研究学科的创始人，他们将工人的作业过程分解为若干个动作，通过取消无用动作，改进有用动作，从而提高工人的工作效率并减轻疲劳。这对夫妻也是畅销传记小说《儿女一箩筐》（Cheaper by the Dozen）的主人公原型，该书由他们的两个孩子于1948年撰写出版。弗兰克健在时，他和莉莲先后从事过建筑、医学和康复等行业的工作。莉莲是美国第一位获得心理学博士学位的女性，也是美国机械工程师学会第二位女性会员和普渡大学第一位女性工程学教授。

弗兰克的很多书是由莉莲撰写或者由两人合著完成，但通常都没有署莉莲的名字，因为当时的人们认为女性署名会削弱著作的权威性。所以，当弗兰克突然去世后，即使是他的长期客户也不愿意与莉莲续签合同，于是她不得不重新树立其职业女性的形象。为了不让吉尔布雷斯公司随它的男性创始人一起消失，同时减轻独自抚养孩子的经济压力，莉莲做了许多在当时让人意想不到的事情（或许当今的职业女性认为很平常）。

首先，莉莲在新泽西州蒙特克莱尔市也就是她的家里，创立了一个动作研究课程工作室。[1] 一些公司（甲方）如果不需要她提供上门服务，也可以选择把员工送到她那里接受培训，因为教育被认为是女性的专属职业。如此，莉莲一方面能够继续弗兰克未完成的工作，另一方面，可以减少出差，从而有更多精力来照顾家庭。

其次，莉莲开始在一些更适合女性或者母亲这个角色的领域进行探究。[2] 弗兰克在世时，他们就在孩子们身上验证了许多想法，例如儿童洗澡的"最佳方法"，如何训练未成年儿童练习盲打，如何为儿童安排合适的家务。这对夫妇还开创了利用短片来进行工作研究的先河，他们曾经在实验室里安装了摄像装备，将五个孩子摘取扁桃体的过程进行了全程摄像。这些也为之后的《儿女一箩筐》和续集《群莺乱飞》（Belles on Their Toes）提供了足够的素材。在后一本书中，小弗兰克·B.吉尔布雷斯（Frank B. Gilbreth Jr.）和欧内斯汀·吉尔布雷斯·凯里（Ernestine Gilbreth Carey）这样描绘他们的母亲:"她进入男性工作领域的唯一途径是厨房设计,她在纸上设计了一个高效率的小厨房,就像现在许多公寓里使用的那样。在她的安排下,一个人可以将蛋糕液混合,放进烤箱,然后洗碗,而无需耗费过多的步骤。"[3]

　　莉莲的厨房设计为其赢得了通用电气(General Electric)的合同,并获得报刊杂志的大力报道,同时受到一家新闻纪录片公司的邀约,拍摄一个名为《抚养十一个孩子的女工程师生活故事》的短片,包括在其"高效率厨房"里烤苹果蛋糕的场景。实际上,蛋糕是莉莲唯一会做的菜,因为从她孩童时期到结婚生子,家里的餐食都由保姆负责。通过研究女性在厨房劳作的录像,莉莲计算出了从餐具走到炉子再到水池的步数,以及在制作蛋糕时测量、搅拌、烘焙和清洗所需的操作次数。然后,她重新布置了厨房的各个空间,将炉灶和操作台并排摆放,配料放在上面,平底锅放在下面,冰箱放在旁边。伸手可及的手推车提供了第二个操作台面,任务完成后可以推到水槽边。这便是L形厨房的由来,是现代大多数厨房使用的三种高效布置方式之一。不过现代厨房通常以设置岛台取代手推车。尽管传记作家简·兰卡斯特(Jane Lancaster)指出,相比于其他女性,莉莲似乎对厨房事务并不感兴趣,但当她的女儿欧内斯汀在1930年与查尔斯·埃弗雷特·凯里(Charles Everett Carey)结婚并向其母亲索要一个厨房设计图作为结婚礼物时,莉莲为其合作厨房品牌创造了一个新的设计方案,其中包含一个供凯里使用的操作台和高度超过6英尺(1英尺约合0.3米)的橱柜。[4]

　　莉莲将性别歧视变成了她的优势,甚至在弗兰克还活着的时候,吉尔布雷斯夫妇就把这个家看作是一个劳作场所,他们用四只挑剔的眼睛来观察日常重复性的工作。爸爸认为,一方面,大多数成年人在离开学校的那一天就不再思考了,甚至有些人在那之前就不再思考了;另一方面,孩子渴望学习,并容易受到影响。爸爸坚持说,"你能教给孩子们的东西是无限的。"年轻的吉尔布雷斯在《儿女一箩筐》一书中写道。[5]尽管弗兰克和莉莲一直试图用自己孩子的经历来证明"儿童游戏也可以进行动作研究",但一直到莉莲因为种种社会壁垒不得已将研究转向室内并取得突破后,这项结论才获得世人认可。

　　《儿女一箩筐》一直是我最喜欢的儿童读物之一,但是直到我自己开始撰写关于儿童的书稿时,我才明白其中的缘由。弗兰克对抚养孩子的态度完全是现代的。在他看来,孩子就像小海绵一样,可以通过与成年人交谈获取知识,还可以自学。他们对于知识的渴望程度远远大于大多数成年人。从莉莲在丧偶时期的职业转变可以发现,批判性思维不仅可以用在简化刷牙步骤,还能用在优化生产线。作为一个爱整洁的小女孩,我希望所有的东西都有固定摆放的位置,喜欢为每项任务寻找最佳的完成方式,并开始注意到自己的动作和步骤。当我用最少的碗、砧板和平底锅做饭时,就会想到莉莲。我在

30岁出头时，终于有机会设计一个属于自己的厨房。我轻轻松松画出了厨房的设计图纸，因为儿时多次阅读的《群莺乱飞》早已教会了我大多数需要注意的知识。

就个人而言，自从有了孩子，我发现自己更加专注于住宅（家庭）设计，而不是那些距离自己很遥远的建筑。这种转变一方面是出于职业方向的选择，另一方面也是由于2008年的经济衰退淘汰了大部分像我一样的自由职业者。但即使与儿子愉快玩耍时，我也无法停止批判性思维。我是设计评论家，嫁给了一位建筑师，所以我们给孩子的礼物自然包括三到四套不同类型的积木，分别用纸板、泡沫和木材制成。当我和孩子在地毯上搭积木时，很自然就会想选择哪套更好，该选择什么颜色、什么尺寸、什么图案的积木来搭建以及原因。随着孩子的活动能力越来越强，问题就集中在高脚椅和婴儿车上：我们是买一辆符合他当下身高的婴儿车呢，还是买一辆能随他身高变化的婴儿车？在家附近转悠时，我会想知道为什么游乐场的球状塑料部件看起来和我家后院的金属攀爬架如此不同？陪孩子去学校，我又想问教室里的小课桌为何不是一排排整齐摆放，而是按照使用功能分成几个区域？这里是积木角，那里是儿童用的桌椅，再远处是一块地毯。当我背着婴儿背包、推着婴儿车在城市中穿行时，开始注意道路上的残疾人坡道、地铁电梯、供人休憩的小公园等，还发现在信号灯倒计时结束前，我很难穿过那些宽阔的街道。

生完孩子后，我发现自己突然回到了物质世界，开始关注清洁、活力等，当今世界的各种应用程序能够帮助人们摆脱许多琐事：打电话、准备食物、驾驶等，但它们在某些方面仍然存在限制。例如，你可以将衣服送去洗衣店清洗，但是仍然有成堆的衣服需要收纳；你可以加快刷牙的速度，却不能用观看刷牙视频来代替；婴儿喜欢平板电脑，但是他们仍然需要实际的积木。与莉莲一样，我发现最初的认知是有局限性的。我研究了儿子活动区域内的所有地标，从地毯到房屋，从学校到操场，再到整个城市。如今的中产阶级父母痴迷研究孩子的食物、幼儿课程、体育技能、考试技巧，把注意力集中在日常事务上，仿佛一张练习表、一节钢琴课就能改变一切。但事实上，孩子们吃饭、学习、跑步和聊天，与支持他们完成这些活动的厨房、教室、操场和公共汽车站一样重要。洛里斯·马拉古齐（Loris Malaguzzi）与意大利及其周边地区的父母一起研发了雷焦·艾米利亚（Reggio Emilia）教育理念（侧重于学前教育和小学教育），他将环境看作儿童成长的"又一位老师"：教室里的成年人有自己的角色，但教室本身也有自己的角色，教室里堆满了供孩子们操作和创造的材料，可以将这些放在低矮的开放式书架上，以激发孩子们的想象力。[6]

我把童年发展的每个阶段都看作是与更大、更复杂环境接触的机会，每当一个挑战得到突破时，孩子需要在自己的能力范围内寻找下一个，并把自己的目标定为"掌握"（因为我查阅的许多教科书都是在1970年之前编写的，并且仅将孩子称为"他"，所以我在课本中将坚持相反的立场）。马拉古齐并非唯一坚信儿童主导和以学习为导向的人。心理学家让·皮亚杰（Jean Piaget）的儿童心智理论在20世纪末的教育中占据主导地位，他认为知识必须从经验中学习，比如把一块积木放在毯子下面，然后发现它仍然存在，或者在稍后的阶段，从不同的高度扔下积木，看看会发生什么。通过积极的探索，孩子们将形成自己对这个世界的理解。

　　这就是为什么这本书的每一章都以一个孩子的故事开始。随着对儿童设计领域的研究越来越深入，我越发意识到自己四岁起就很喜欢的作家在小说中用抽象化的语言传达了许多专家的理论或观点。例如，"暴风雪后的城市是孩子的自由天堂"是建筑师奥尔多·范·艾克（Aldo van Eyck）的雪天理论；"建造游戏屋的乐趣在于寻找材料"蕴含了西蒙·尼克尔森（Simon Nicholson）的"开放性材料"理论。如果说莉莲是因那些情节虚构的作品被大众熟知，而非其开创性的工作成就，那也没什么关系，至少她的孩子们的成长经历可以看作是动作研究学科的入门教材。儿童时期的孩子非常善于观察，逻辑缜密的故事和精美的插图都是启发儿童思维的绝佳媒介。绘本、玩具、设施和儿童空间是本书的主要内容，它们和我经常研究的办公楼和博物馆一样，都是工程、实验和思考的产物。它们是为孩子们准备的，但并不意味着是幼稚的。出于认真对待孩子的目的，我必须克服对儿童读物无意识的偏见，因为我既是一个评论家又是一位母亲。

●

　　虽然积木看起来很简单，但事实上它们对建筑师、科学家、预言家及其他真理追求者的帮助很大。美国和欧洲的渐进式教育是老师在孩子面前放一块积木并开始观察后续发生的事情，它不是基于"启蒙"和"鞭笞"的教育形式。

　　在第一章中，我们参观了一家玩具制造商店，这里展示了令人眼花缭乱的玩具功效。这段经历从弗里德里希·福禄贝尔（Friedrich Froebel）的木制立方体开始，旨在通过"自动绑定砖"（乐高积木）的魔力来展示大自然的晶体结构，再到像《我的世界》(*Minecraft*)这样的虚拟世界游戏，它们融合了父母长期以来对平面、几何体和木头的联想，以及对"好玩具"的诉求。

　　在第二章中，我描述了孩子们能够探索的第一个领域——住宅，包括制造商如何开始向父母提供家具，承诺提升言行举止、改善健康、增加创造力以及增强最重要的储存功能。储存空间是家庭住宅设计的永恒主题，首先是阁楼、地下室和车库，然后是儿童尺寸的嵌入式橱柜。在儿童空间需求观念的推动下，美国住宅的平均面积从1950年的980平方英尺（1平方英尺约合0.09平方米）增长到1973年的1660平方英尺，再到2010年的2600平方英尺。先锋女孩劳拉·英格尔斯（Laura Ingalls）小时候并没有自己的房间，她只有一个母亲亲手为她制作的娃娃。她在一所只有一间校舍的学校上学，这是一种出奇耐用的教育建筑，在20世纪为学生提供了良好的服务。[7]

在第三章中，我们带孩子去学校，将单室校舍的共享课桌与当今基于项目学习环境中的"篝火"景色进行比较。然而，孩子们的生活并不仅仅局限于室内。在城市建立专门的游戏空间之前，街道曾是儿童的球场、社交中心和健身场所。

第四章进一步探讨了社区的概念，那里应该是孩子们在厌倦了自家后院之后，能够随意进入的开放空间。本章讨论了游乐场设计的历史以及设计师在其中所扮演的角色。波士顿的第一个游乐场是空地上的一堆沙子，这让各种年龄段的孩子们可以建造他们梦想中的城市；在第二次世界大战之后引入的创意废品游戏场，增加了工具和真正的建筑。作为一个唯美主义者，我对野口勇（Isamu Noguchi）的抽象游戏场景感到兴奋不已，在教室里搭了一天的积木后，为什么要将学校的设施放好固定，而不能随着孩子们的游戏理念而改变？从19世纪末开始，作家、思想家、教育家和政治家们都想把孩子们赶出城市。孩子们离开街道，离开公寓，进入私人住宅，乘公共汽车去郊区的学校。孩子们的游戏场所将成为他们父母主要思考解决的问题，通过建造游戏室和在后院中购买秋千等游戏设施，创造一个个被私有化和消费驱动的童年理想。

在第五章中，我们（就像即将进入青春期的孩子一样）将到达最大的出行圈，可以将家庭、学校、游乐场和街道联系在一起的城市网络。在理想世界中，这些网络将安全地包围儿童的活动领地。在过去的一个世纪里，城市设计师为这种年龄隔离的模式提供了其他选择，这种模式将儿童与自己的城市隔离开来。从崇尚社区空间的进步时代郊区，到摈弃高楼等不适合孩子居住的现代综合开发项目，再到像旧村庄一样建造的新城镇——一点点"密集"，一点点"森林"，规划者们一直在寻找可能让每个家庭成员都快乐的城市生活模式。

某些主题在一章又一章中不断重复出现。这是一本关于设计的书，但书中的许多人物，比如莉莲和经典单元积木（Unit Block）的创造者——卡洛琳·普拉特（Caroline Pratt），都不是设计师。

这些人物中有很多是女性，这在建筑和设计史上是不常见的。弗里德里希·福禄贝尔是幼儿园的发明者，但他选择女性作为员工是因为女性被认为具有培养孩子的天性。看护孩子往往被认为是女性的工作，所以当你为孩子设计一些东西时，你会发现女性教育家、治疗师、慈善家和客户都在寻求问题的解决方案。如果设计师是男性，这项工作可能被忽视。正如策展人朱丽叶·金钦（Juliet Kinchin）所写，"在男性设计师的案例中，拥有育儿经验或教育经历往往被视为减分项，会对其作品造成影响。"[8] 对于在这一领域工作的女性来说，这可能是她们唯一的选择，因为她们没有机会减少或弱化其在家庭中照顾孩子的工作量或角色。

与"谁为儿童设计"平行的话题：儿童真的需要被设计吗？或者更确切地说，如何才能设计出儿童需要的玩具和他们渴望的体验呢？

如此使设计师感到满意的行为已被纳入儿童早期教育中，但随着他们的成长，受到以文本为中心的教育观和安全观的限制，许多儿童失去了为自己创造环境的机会。尽管成年人渴望创造一个更安全、更柔软、以儿童为中心的世界，但在实际的操作过程中，有些东西却被忽略了。简·雅各布斯（Jane Jacobs）在谈到专为儿童设计的环境时说，"他们的家和游乐场看起来如此井然有序，远离了这个伟大世界的混乱与干扰，它们可能在无意中成为孩子们专注于电视的理想场所，但他们饥饿的大脑需要的东西太多了。"[9] 我们人为创造的环境正在使孩子们变得缺乏健康、独立和想象力，孩童们饥饿的大脑真正需要的是自由。将儿童视为公民，而不是消费者，可以打破这种模式，创建一个以公共教育、娱乐和交通为中心的经济共享空间，并向所有人开放。为童年时代而设计的起源可以追溯到19世纪，展示了我们怎么来到这个世界，同时也揭示了抵抗围栏乐趣的缘由。

1　积木

2006年，安托瓦内特·波蒂斯（Antoinette Portis）出版了《不只是盒子》（*Not a Box*）一书（图1-1）。这是一本用牛皮纸做封皮的儿童读物，外观看起来像一个扁平的纸板箱。封面上的书名采用了极具冲击性的红色邮戳字体，而封底则印着"此面向上"几个字。这本儿童读物讲述的故事看似简单，但其内涵丰富。

"你为什么坐在一只盒子上？"画外音问道。

"这不只是盒子。"那只由三条黑色粗线绘制的兔子英雄答道。[1]

在随后的页面中，我们能够看到黑色线条盒子的外面用红色线条勾勒出赛车、山峰、象轿、火箭等各种形状。面对画外音重复地提问，兔子懒得解释，只是回应道："这不只是盒子。"这个盒子其实是百变魔法箱，在兔子的想象中，它可以是任何事物。

图1-1 《不只是盒子》
（来源：百度百科）

画面外那个单调乏味的提问很符合成年人的思维特征，它似乎在禁锢兔子的想象力，但兔子已经做好了展翅飞翔的准备。

波蒂斯的这本书，无论是外观设计还是内容，都向我们传递了一个信息，即我们长久以来一直在使用的许多玩具不应该被固化定义。简单的形状和坚固的材料完全能满足孩子们自由玩耍的需求。他们可以给盒子上色，剪开盒子，钻进盒子里，也可以把彼此的盒子拼叠在一起。盒子只是复杂建筑物的一个基础构件，这个建筑物可以是真实的，也可以是虚构的。"盒子"和它的表亲"积木"一样，自17世纪末以来一直是幼儿教育关注的中心。1693年，在其颇有影响力的书信体著作《教育漫话》（*Some Thoughts Concerning Education*）中，约翰·洛克（John Locke）讲述了一位父亲通过游戏的方式来取代对孩子的枯燥和强制教育，他制作了四块粘贴了字母的木块（一块是元音，另外三块是辅音）与孩子玩拼词游戏。洛克在书中写道："这位父亲为他的孩子们创造了一个游戏，谁在这四个骰子上一次掷出的字最多，谁就赢；得益于此，他的大儿子从来没有被强迫进行拼写训练，但非常热衷于拼写。"[2]

今天的玩具货架反映了洛克以及18、19世纪早期跟随他的教育家们的教育理念，尤其是约翰·海因里希·佩斯塔洛奇（Johann Heinrich Pestalozzi）和弗里德里希·福禄贝尔，他们认为孩子们必须自己观察和动手触摸才能学习。20世纪后半叶，儿童心理学家让·皮亚杰（Jean Piaget）提出了关于认知发展的"建构主义"理论，这一理论主导了当今的幼儿教育：幼儿通过经验学习，也是通过操纵物理学中的物体为自己构建信息；教师只是指导，而不是信息来源。[3]

在《培育美国》（*Raising America*）一书中，皮亚杰学派的安·赫伯特（Ann Hulbert）将孩子描述为"一个独立调查物理世界，解决空间、时间、因果关系和分类的认识论问题的实验者"。[4] 那些质疑兔子在做什么的声音需要提出诱导式的问题让兔子做出回应，这就是教育学家们所说的"框架式教学法"（scaffolding）。

你为什么坐在那个盒子上？今天那个盒子是什么呢？如果把你的毛绒兔子放进那个盒子里会发生什么？如果把两个盒子堆在一起又会怎样？让我们看看结果是否与你预料的一样呢？

当孩子按照自己的想法摆放盒子时，他们会通过自己的感官进行学习。在不同的环境中，或与不同群体的孩子交流时，孩子们也会获得相应的学习。出版商在为《不只是盒子》做宣传时，建议书店举办"自带盒子"活动，邀请孩子们带一个硬纸盒，并提供"剪刀、马克笔、蜡笔（尤其是红色的）、构造纸、胶水棒和任何你拥有的其他工具和工艺用品"。

在过去，玩盒子是极其稀松平常的事情，并不会受到特别的关注或约束。当我还是孩子时，每当听说社区里哪个家庭购买洗衣机都会非常高兴，因为这意味着可以在那家的院子里玩纸盒。这几乎是我以及之前几十年孩子们的共同回忆。19 世纪 70 年代末首次出现瓦楞纸板箱，并逐渐取代了木箱，成为从饼干到厨房电器等各种大小物品的首选包装材料。随着所装物品的体积越来越大（1940 年时，44% 的美国家庭拥有机械冰箱，而在 1935 年这一比例仅为 8%），[5] 这些盒子的使用潜力也随之增加。例如，鞋盒非常适合制作立体模型。

本杰明·斯波克博士（Dr. Benjamin Spock）认为，对于那些无法负担商场里昂贵玩具（例如玩具车或攀爬玩具）的父母，纸板箱或许是不错的选择。他认为，"给孩子一个包装纸箱，它可以被变成一张床、一座房子、一辆卡车、一辆坦克、一个堡垒、一个玩偶屋或者一个车库。"[6]

查尔斯·伊姆斯和雷·伊姆斯夫妇（Charles and Ray Eames）是 20 世纪美国设计界最完美的一对伴侣，他们曾在洛杉矶设计了一栋面朝太平洋的模块化建筑——伊姆斯住宅（图 1-2），他们还利用公司标志性彩色埃姆斯储物柜的纸板箱组装了一个名为"卡登城"的社区。他们在纸箱的表面设计了图案，并在波纹处预留了门、窗和遮阳篷的切割位置。同年，伊姆斯夫妇设计了"The Toy"（图 1-3），这是一款由 Tigrett Enterprises 公司制造的玩具，它为孩子们提供了制作自己的预制结构的机会，这些结构比"卡登城"更加丰富多彩和轻便。[7] "The Toy"结合了薄木销、管道清洁器和一组绿色、黄色、蓝色、红色、品红、黑色且形状为正方形和三角形的加筋纸板。孩子们可以将销钉穿过面板边缘上的套筒以加固它们，然后在边角上安装支柱。"The Toy"采用非常规角度设计的纸板盒，从而创造出扭曲的塔楼。1951 年 9 月，《室内设计》杂志对"The Toy"进行了描述，将其简单的组装和平面设计描述为"从小吉尔伯特穿短裤开始，复杂、令人费解、超级机械的构造玩具到标准的建筑玩具是一种快乐的改变。"[8] 创意玩物（Creative Playthings）是一家总部位于纽约销售现代和教育玩具的商店，早在 1967 年就把一个具有倾斜屋顶和刻痕门窗的纤维板玩具屋列入了他们的产品目录。[9] 该目录还列出了皮亚杰学派儿童发展的四个阶段，并用创造性的玩具产品进行了有益的说明。尽管纸板箱已经在市场上销售，但是它几乎无法改进。纸板箱的造型如此强大，以至于在 2005 年被列入美国国家玩具名人堂。其他入选名人堂的搭建类玩具还包括字母积木、组装积木、林肯积木、乐高积木和小工匠玩具。[10]

我们需要一本类似波蒂斯那样的书籍来提醒我们，盒子可以激发想象力，这是对自洛克时代以来玩具发展历程的评论。正如许多作家所说，儿童玩具游戏是一个由商业营销和市场供给所主导的空间。[11] 但名人堂里的玩具代表了另一种趋势，这种趋势

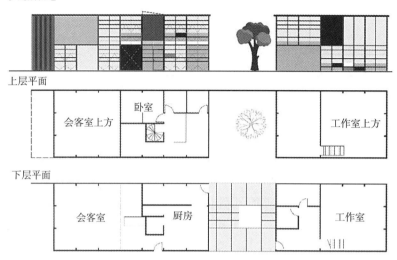

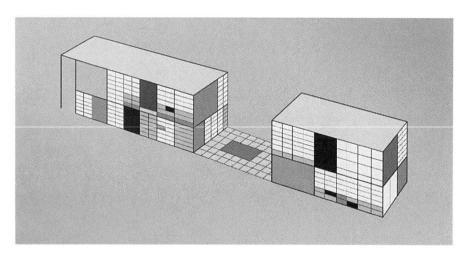

图 1-2 伊姆斯住宅
（来源：译者自绘）

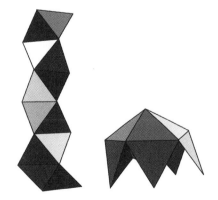

图 1-3 伊姆斯夫妇设计的"The Toy"
（来源：译者自绘）

在这种饥饿营销中起着相反的作用。从大规模生产玩具开始，设计师、制造商、艺术家和教育者制作了用于教学的玩具。在战后时期，一些鼓励想象力、刺激思维、促进积极玩耍、避免暴力的玩具被赋予了"好玩具"的称号。[12] 世界各地都生产类似的玩具，并且均表现出了形式简单、材料真实和缺乏装饰的特点。它们是被商品化的纸板箱，包装上印着宣传创意、安静和几个小时单人游戏的文案。它们很少在电视上做广告，但经常作为样板房和梦想之家的象征——"好玩具"等同于良好的教育。

如果"好玩具"具有教育意义、实用且没有装饰的特点，那"坏玩具"就象征着脆弱、装饰性和炫耀性消费。然而，"好"的定义是一个不断变化的目标，始终与教育理论保持一致。大约在1800年，地图、拼图和游戏被用于教授地理和礼仪知识；大约在1850年，科学仪器和建筑设备通常需要一个成年人的帮助才能完成；大约在1900年，教育者强调利用木珠、木块等简单的素材。[13] 玩具反映了成人社会的态度。正是家长和教育工作者阅读了建筑套装里的说明，声称他们会把孩子培养成工程师、建筑师，或者现在的计算机程序员。

历史学家认为"好玩具"和"坏玩具"之间的对立最早可追溯到18世纪末的玩具市场。在潮流引领者的推动下，增加对孩子生活的"家长干预"，鼓励母乳喂养、家中预留育儿室空间，也随之跟进积木、说教游戏和图画书等儿童用品的销售。[14] 在《实践教育》（*Practical Education*，1798年）一书中，教育家玛丽亚·艾奇沃思（Maria Edgeworth）描述了对"理性玩具店"的需求，出售"球、滑轮、轮子、绳子和结实的小推车"，以及"各种形状和大小，且可以组装和拆卸的木块"。[15]

在欧洲和美国，木制品工业和印刷业是第一批为中产阶级制造玩具的企业。一些早期的积木沿袭了洛克积木的特点，利用积木的六个面来展示不同的符号，例如字母、数字以及《圣经》里的小故事。设计师兼历史学家凯伦·休伊特（Karen Hewitt）将这些早期的商业产品描述为"浸泡在蜂蜜里的玩具"，将玩具视为自己的广告，利用当时新的印刷技术——彩色光刻，使多色图像成为可能，进而在玩具中增加学习的乐趣。为了让孩子把注意力集中在字母上，最好字母块本身不着彩色，或者确保字母使用的颜色能够与下一步的阅读相对应，例如区分元音和辅音。正是基于这一点认识，20世纪的蒙特梭利字母表（图1-4）使用蓝色来表示元音，红色来表示辅音。和其他蒙特梭利教材一样，这些积木被认为具备"自主教育"属性，孩子们可以在大人最少干预的情况下进行自学。[16] 这一经验也融入之后的设计中。

19世纪的一些积木是由抽象的几何形状组成的，纯粹用于建筑拼搭。还有一些是特定的建筑，通常将孩子的游戏与他们国家的建筑历史联系起来。[17] 最受欢迎的建筑拼搭玩具出现于20世纪，它们是兼具字母表和《圣经》故事学习的玩具。正如布伦达（Brenda）和罗伯特·韦尔（Robert Vale）在他们的建筑玩具史《地毯上的建筑》（*Architecture on the Carpet*）中所写的那样，"在美国，林肯积木玩具（Lincoln Logs）（图1-5）以其多种版本的微型小木屋延续了拓荒和狂野西部的传奇；在英国，黑白都铎牌与17世纪赫里福德郡韦伯利村（Weobley）房屋的模糊照片一起出售，让人想起'古老的英格兰'。"[18]

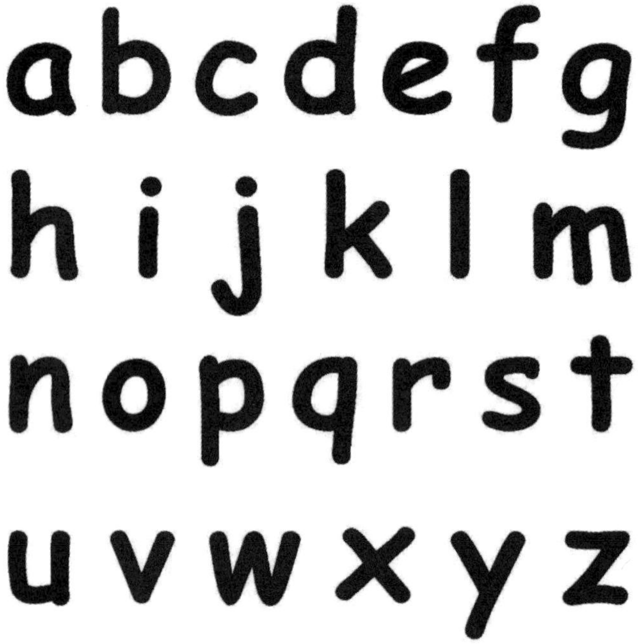

abcdefg
hijklm
nopqrst
uvwxyz

图1-4　蒙特梭利字母表
（来源：译者自绘）

图1-5　林肯积木玩具
（来源：译者自绘）

在20世纪，当中产阶级的母亲在没有帮助的情况下成为家庭主力时，她们接收到了这样的信息：她们应该和孩子一起玩耍，而不是把孩子单独留在远离自己的地方。但是当你需要做家务时该怎么办呢？"好玩具"就是最好的解决方案。从20世纪20年代开始，《父母》（*Parents*）杂志开辟了一个名为"能教孩子的玩具"的专栏。儿乐宝（Playskool）是一家销售家用课桌和黑板的公司，它在20世纪20年代打出了"边玩边学"的口号，在60年代打出了"塑造孩子的玩具"的口号。[19] 媒体研究教授艾伦·塞特写道："提供玩具只是为了让母亲为自己赢得时间，这与现在越来越强调的母亲对孩子的持续监督和干预并不矛盾。但对玩具和学习的重视，以及认为玩具和母亲同样可以教学的想法，很好地解决了这个问题。"[20] 乐高成功地将自己与"创意游戏"联系在一起，利用其广告强调了积木是"安静的、非暴力的游戏"，而非那种标榜"让别人家的孩子通过使用瞄准器追踪小朋友来获得乐趣"的游戏（后者与当今高度逼真的第一人称射击游戏的观点一致）。

《我的世界》是2009年面世的一款沙盒类电子游戏（Classic 版本），创造和生存是该游戏的两种游戏模式，正好与好玩具/坏玩具、深思熟虑/暴力分裂相呼应。虽然生存模式中潜藏着危险，但在创造模式中你不需要战斗或死亡，就能拥有无限的资源，也就是拥有无限数量的方块。不管它是由纸板、木头、塑料抑或像素制成，建筑拼搭类玩具都可以看作是一块空白的石板，同时也是投射竞争欲望的对象。"The Toy"这类培养想象力的玩具，以及印有数字、图片和《圣经》故事的积木玩具，这两种模式自18世纪末玩具行业诞生以来就一直存在。

这段历史为之后拼搭类玩具的具体研究提供了基础，这些案例强调了这种形式在教室和游戏室中的影响和普遍性，以及一些在成人创造力的爆发下从几何学转向生物学的玩具。两百年来，人们一直在追求理想的教育对象，也就是难以捉摸的"好玩具"（Good Toy），隐喻地将木制立方体与最新的电子游戏联系在一起，并将3D打印连接器与经典的万能工匠玩具（Tinker Toys）联系在一起。

●

当你四岁坐在一张矮桌子旁的长板凳上时，双脚刚好碰到地面，两边各有一个同伴。你面前的木桌上画着细线网格，间隔4英寸（1英寸合2.54厘米），一直延伸到桌子边缘。一位老师拿着一个木箱出现在你身后，她把木箱放在你面前的桌子上，从底部向后滑动，却看不到盖子，然后把箱子举起来。在你的面前是一个木制立方体。你一碰它，它就散了。噢，不！你的老师只是笑了笑，于是让你去检查零件。原来它不是一个立方体，而是八个，你开始把它们堆成一个塔。这是在幼儿园的场景。

纸板箱是想象力的载体，是一块轻得足以让孩子举起的积木，是尺寸转化为体积的例证。木块就是这样：坚固、自然、不可改变。对弗里德里希·福禄贝尔（图1-6）来说，街区是教育开始的地方。当他在19世纪早期建立第一批幼儿园时，他给孩子们提供了积木，给未来的教师提供了一套教学系统，他认为该系统将通过手指和感官

图1-6　弗里德里希·福禄贝尔
（来源：搜狐网站）

展现自然和数学的奥秘。积木不是扔在地上的东西，而是有仪式感的小雕塑。我看过米尔顿·布拉德利（Milton Bradley）制作的一套原始的福禄贝尔积木，这是他们的第一家美国制造商。这个盒子具有令人愉悦的重量和神秘感。将顶部向后滑动，你会看到里面有另一个立方体。在这种清晰的排列中，孩子们可能会发现这个世界。

福禄贝尔出生于1782年，是一个博学多才的人，擅长绘画和其他形式的视觉交流。十几岁时，他在德国的图林根森林（Thuringian Forest）接受了伐木工人的训练，学习了植物学和林业，并对当地的花卉和树叶进行干燥、装裱和分类。在耶拿的一所大学里，他听过数学和科学的讲座，想象着当一名制图师，把信息转换成图形。他找了一份测量师的工作，考虑过当一名建筑师，之后又决定教书。1805年，他接受了法兰克福模范学校的职位。

在这里，通过绘画、手工和对自然的体验，孩子们接受了一种有组织的整合教育。正是这种教育，造就了福禄贝尔本人。这所学校由约翰·海因里希·佩斯塔洛齐（John Heinrich Pestalozzi）的一名追随者开办，他在1798—1825年间创办了一系列类似家庭般的模范学校，培训来自欧洲和美国的教育工作者。他的灵感来自让-雅克·卢梭（Jean-Jacques Rousseau）在《爱弥儿》（*Emile*，1762年）中描述的童年概念。[21] 佩斯塔洛齐具有开创性的决定是取消已经在有组织的学校中占据主导地位的单向死记硬背的学习方式。

佩斯塔洛齐认为女性是最适合当老师的人。他的理论是，女性会像母亲一样鼓励孩子，而不是像主人一样管教他们。1801年，佩斯塔洛齐出版了著作《格特鲁德如何教导她的孩子：试图指导母亲如何教导自己的孩子》（*How Gertrude Teaches Her Children: An Attempt to Give Directions to Mothers How to Instruct Their Own Children*），这本书也把教育放在了女性的手中。书中，他的教育理论包含四个基本原则：（1）当孩子们按照自己的兴趣学习时，他们学得很好；（2）感知是一切学习的源泉；（3）孩子们通过活动学得最好，所以体育必须是课程作业的一部分；（4）伦理道德教育来自爱和信任，这首先是在母亲和孩子之间发展起来的。[23] 他对性别规范的态度可能会在今天困扰我们，但随着幼儿园的普及，教学已经成为女性就业的最佳途径之一。教育历史学家芭芭拉·比蒂（Barbara Beatty）说建立在福禄贝尔教学和材料基础上的幼儿园运动是最早的妇女运动之一。[24] 在欧美妇女的推广下，幼儿园逐渐被看作是对家庭育儿的补充，而不是替代，这使得幼儿园更容易被接受。

利用孩子天生的好奇心进行积极的强化，取代听写和严格的行为规范制度。相反，孩子们接受的是"实物课程"，从观察矿物质、植物和动物开始，先学习在纸上用抽象的线条、角度和曲线来表示它们，然后逐渐形成更真实的表现形式。教育工作者支持学生通过实践和观察得出自己的结论。在他的小说《伦纳德和格特鲁德》（ *Leonard and Gertrude*，1781 年）中，佩斯塔洛齐建议，母亲可以通过给房间两边的台阶编号来教孩子们数数，通过观察每扇窗户上的十块玻璃来教他们十进制。字母表是通过学生可以触摸和操纵的剪切字母来教授的，这是蒙特梭利教育中仍然存在的一种触觉技巧。除了这些教学对象和绘画练习，佩斯塔洛齐学校还鼓励唱歌（主要是新教圣歌）、跳舞和体验户外活动。这里的地理课是在户外徒步教学，植物课和地质课等通过收集样本来进行教学，数学课则利用苹果和石头作为教具来教学。[22] 年龄较大的孩子可以绘制当地的地形图。接触是为了思考，思考是为了学习。

福禄贝尔的主要贡献是为佩斯塔洛齐的早期教育理论添加了一套标准化的体系。材料中详细的教学方法使福禄贝尔幼儿园成为一个可以复制的典范，而且他确实做到了。1837 年，福禄贝尔建立了他的第一所幼儿园，专为年幼的孩子们设计；到 1850 年，英国、印度、比利时和法国都开设了福禄贝尔幼儿园，而美国的学前教育运动也从接受福禄贝尔教育并移民到美国的妇女那里获得了新的动力。"认识到儿童并非幼稚且不需活动的小人物，这为 19 世纪末接受儿童心理学和儿童研究运动奠定了基础。"诺曼·布罗斯特曼（Norman Brosterman）在对福禄贝尔的研究《发明幼儿园》（*Inventing Kindergarten*）中写道。[25] 改变学校的形式，从一排排的课桌和强调阅读、写作和算术，到一个有儿童大小的家具、积木和歌曲的开放空间和户外花园，后者更受家长的欢迎。

福禄贝尔的玩具灵感来自一个不可思议的模型。从 1814—1816 年，福禄贝尔在柏林大学两年的教学间歇期间，同时组织矿物学博物馆，对外界隐瞒了自己的身份。通过一种新的科学方法开启了对晶体物理性质的思考，让他对自然界的模式有了深刻的见解。然而，水晶太珍贵了，不能放在孩子们的手中。为了制作球体、圆柱体和立方体，福禄贝尔重新使用森林中的原材料——木材。他把前十个教学工具称为"恩物"（gifts），以强调理想的成人和儿童之间的关系。

如果说"恩物"一词暗示了"精神"，那么福禄贝尔发明的"幼儿园"一词则暗示了"幼儿园"的形式：一半是花园，另一半是教室。[26] 福禄贝尔设计了一个"儿童花园"模型，在院子的一边有公共的花卉，另一边有种植草药、油料、谷物和农作物的苗圃。在室内，每个座位的中间标有孩子的名字，孩子们坐在标有网格的石板桌前。

每个孩子都面对自己的工作空间,每次都提供"恩物"给孩子使用,直到孩子从中学到了所有可以学到的东西为止。在颇有影响力的《幼儿园指南》(*Kindergarten Guide*,1877年)中,福禄贝尔的助手玛丽亚·克劳斯·伯尔特(Maria Kraus Boelte)和约翰·克劳斯(John Kraus)写道:"只要孩子们快乐,最好不要干预;当孩子不再满足于独处时,让母亲或幼儿园的孩子拿出自己的盒子,并展示一个或多个构思的例子,以唤起新的想法。"[27] 20世纪70年代,和福禄贝尔的遗孀一起研究过这种方法的克劳斯-伯尔特在曼哈顿东22街开办了一所幼儿园。[28] 1876年,她的学生露丝·伯里特(Ruth Burritt)在费城百年博览会上展出了幼儿园小屋。[29] 把这些东西联系在一起的女人是伊丽莎白·皮博迪(Elizabeth Peabody),她是美国19世纪超验主义运动的积极参与者,也是著名儿童教育家和社会活动家。她组织了这个展馆,说服印刷商米尔顿·布拉德利(最著名的桌游产业之父)制造材料,并撰写了自己的幼儿园设计指南。她写道,幼儿园将成为"孩子们的共和国",与传统学校的"君主专制"形成鲜明对比。[30] 在婴儿时期,成年人应该对孩子长时间陪伴,但随着孩子们年龄增长可以更加灵活,"一个充分的儿童社会"是不可或缺的。尽管福禄贝尔被认为"发明了幼儿园",但实际上是女性实施并推广了这一理念,她们将他略显生硬的方法真实地应用到欧洲大陆和美国孩子的身上。与设计一样,从事教育的女性往往在专业上局限于照顾最小的孩子。如果没有她们的转变,儿童早期教育可能会看起来很不一样。

　　福禄贝尔发明了一系列的儿童教具(图1-7)。第一套教具是一套彩色、用钩针编织的球,又软又弹,上面有一圈绳子,孩子们可以拿着它荡来荡去。第二套教具由一个立方体、一个球体和一个圆柱体组成,它们是枫木材质,嵌有细的金属圈,以使用短绳子挂在架子上。后来三个立方体用绳子竖着挂在一根横杆上,成为幼儿园的象征,而石头版本的柱子矗立在福禄贝尔的坟墓上。[31] 第三套教具包含八个木制方块,在形式和概念上都是最有影响力的。

　　福禄贝尔认为,孩子们天生就喜欢拆东西。积木一旦从盒子里拆开,马上就会被摊得桌上到处都是。然而,在把积木恢复原状的过程中,孩子们会注意到他们是在用小的立方体搭建一个大的立方体。克劳斯夫妇写道:"出于对外部的了解,本能激发了探索内部的欲望,但令他们父母遗憾的是这个年龄的孩子通常会毁掉玩具。"[32] 福禄贝尔清楚地观察到了这种破坏的倾向,并利用它创造了一个带有破坏性的玩具,作为游戏的一部分。在孩子展示天赋的同时,也会展示其内心活动,通过游戏表达对事物的理解。他的积木与当时常见的带有字母和数字的教学玩具,或模制和涂漆看起来像真正建筑材料的玩具形成了鲜明对比。第四、五、六套教具也是由不同数量的积木组成。在每组积木中,孩子们会被引导着进行三种类型的练习。第一种练习涉及构建可能在

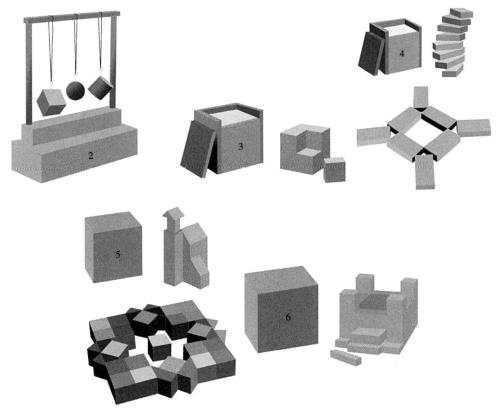

图1-7 福禄贝尔的第二套到第六套"恩物"积木
（来源：译者自绘）

他们的环境中看到的以厚重、抽象的方式呈现的"生命形式"，我们现在称之为"像素化"；第二种练习涉及"美的形式"：风车、星星、雪花、拼布块和风车叶片，每一个都要用到盒子里的所有积木；第三种练习是"知识形式"，也就是早期数学，展示不同排列的分数和等价关系。[33] 这些教具就像福禄贝尔研究的晶体一样：为了学习几何、重力、时间和对称，自然语法中的元素必须被触摸、堆叠、摇摆和重新排列。19世纪的家长可能会问这是全部吗？福禄贝尔和他的追随者证明，没有标记的积木确实足够了。随着克劳斯夫妇在书中详细编排的课程逐渐消失，人们开始支持自由堆叠，剩下的想法是，你可以用一个木制的立方体开始一种教育和学习的生活。

弗兰克·劳埃德·赖特（Frank Lloyd Wright）早期接触到福禄贝尔的方法，成为他的自传中一件老生常谈的轶事。"几年来，我一直坐在幼儿园的小桌子旁（图1-8），桌面上排列着间隔大约4英寸的线条，形成了4英寸的方格；此外，在'单元格'上放置正方形（立方体）、圆形（球形）和三角形（四面体或三脚架）等光滑的枫木块"，赖特后来写道，"这一切的好处在于唤醒孩子对大自然韵律结构的意识，让

图1-8 19世纪末的幼儿园小桌，桌面由网格线划定
（来源："树状模式"网站）

我很快对所看到的这一切产生了建设性的想法。"[34] 布罗斯特曼引用了赖特和勒·柯布西耶（Le Corbusier）的作品，柯布西耶也曾上过受福禄贝尔影响的幼儿园，他们的作品与福禄贝尔的教具非常相似。很难确定他们成年后的工作在多大程度上受到了早期儿童教育的影响，但他们都是有影响力的成年导师，也均生活在设计抽象开始的时代。然而，赖特的彩色玻璃窗被有机地重复，比如，一棵冬葵被转换成直线、三角形和正方形。人们可以看到教具所带来的抽象影响，并听到福禄贝尔将他的工具描述为自然的"积木"。

除了上述教具外，福禄贝尔的教育体系还包括第二阶段的十种"手工艺职业"体验，孩子们将通过穿孔、切割、编织或折叠彩色纸张来修改材料。2012年，在现代艺术博物馆的"儿童世纪"展览中，福禄贝尔的多个活动成果在第一展厅展出，在那里他们建立了进步教育与现代艺术之间的联系。[35] 有影响力的设计师和教师与这种方法有着密切的联系。巴克明斯特·富勒（Buckminster Fuller）设计的网格穹顶直接得益于第19项发明——豌豆工程（图1-9），木棒用干豌豆或软木塞连接在一起。富勒告诉一位采访者："在我上幼儿园的第一天，老师给我们带了一些牙签和半干豌豆，让

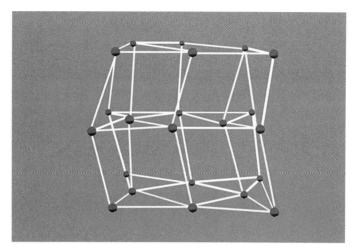

图 1-9 巴克明斯特·富勒和他的张拉整体结构（Tensegrity）
（来源：译者自绘）

我们做构造。由于我的视力不好，我习惯了只看到大块的东西，而其他的孩子眼睛好，对房子和谷仓都很熟悉。当老师让我们做结构的时候，我试着做一些可以用的东西。推啊推，拉啊拉，我发现三角形最具稳定性。"[36] 福禄贝尔的目的是揭示生命隐藏的结构以及孩子的内在力量，而视力不好的富勒可能比大多数人更能说明这一点。他是通过触觉和实验而不是外观来构造。如今的设计师们在福禄贝尔的幼儿园所看到的认知震撼不难追溯：他们的老师、老师的老师以及他们的设计英雄，都从福禄贝尔那里学到了东西。尽管设计师和建筑师从他迷惑性的简单材料中获得了灵感，但教育工作者却在向城市和激进方向扩展他的"目标课程"。

●

城市和乡村学校的教具看起来至少有 50% 是积木，他们被排列在书架上，按大小分类，按名称标记，旁边是没有桌椅的地板。卡罗琳·普拉特（Caroline Pratt）于 1914 年在曼哈顿的格林威治村创办了一所学校，她让积木成为一到三年级的课程。103 年后的冬天，当我在一个下雨的早晨参观一个幼儿园时，我发现孩子们仍然用同样的方式学习。星期一在墙上创建了一张图表，建立了由儿童组成的团队，他们在一个教学合作结构上进行协作，并为结构（教学计划）命名。这些上幼儿园的孩子一开始是做研究和记笔记。到了星期二，也就是我访问的那天，可以看到两支团队搭建的建筑，包括洋基体育场、一架航天飞机和广场酒店。在广场上，工匠们克服了重力，用石块、纸张、纱线和滑轮（教学科学）制作了一个手摇式升降机。他们的灵感来自希拉里·奈特（Hilary Knight）的埃洛伊丝（Eloise）广场电梯库的折叠式原理图，这幅插图至今仍是儿童文学中最伟大的视觉空间之一。航天飞机团队在他们的飞船上填满了木制人物，白色包装标志着他们是宇航员（教授社会研究，关于人和他们的工作）。普拉特的方法是让孩子们通过观察、提问和制作，来学习一切。在普拉特看来，"一切"指的是他们世界的结构，而不是宇宙的结构。如果你在幼儿园构建了一个真实的或虚构的建筑，到三年级的地板上绘制一张城市地图，用他们木工车间的木头、墙纸、纸板、网和织物等定制建筑。

福禄贝尔让孩子们遵循他的计划，有序使用积木。普拉特是新一代接受过训练的教师中的一员，他们反对福禄贝尔面向对象学习的狭隘思想。到20世纪70年代，幼儿园教学用具已经成为美国中产阶层的主流；1900年时，出现在蒙哥马利·沃德的邮购销售目录中。[37] 米尔顿·布拉德利是福禄贝尔教具的两个竞争制造商之一，他试图通过在立方体上添加字母来扩大销售市场，从根本上改变了它们的用途。但更实质性的发展来自安娜·布莱恩（Anna Bryan），她在路易斯维尔创办了一系列免费幼儿园。她发现孩子们对创造性的游戏远比福禄贝尔的指示更感兴趣，她观察到："当玩教具的时候，孩子们会用积木做床、椅子、桌子、炉子和橱柜，与最初的设计构想并不一致。"[38] 布莱恩在芝加哥大学实验学校为约翰·杜威培训教师，孩子们在那里玩实物，学习手工、烹饪和家务。杜威在一篇名为《福禄贝尔的教育原则》（*Froebel's Educational Principles*）的文章中写道："要么让孩子自由发挥想象力和喜好，要么通过一系列正式的指示来控制他的活动，而没有任何中间地带的假设太荒谬了。"[39] 与杜威一起工作过的教师爱丽丝·坦普尔（Alice Temple）在1900年的国际幼儿园联盟大会上发表讲话，批评福禄贝尔的手工艺过于抽象："在金属丝架上编织一个植物纤维的小篮子，或在游戏室里编织一块厚重的烛芯地毯，而不是一小块容易撕裂且相对无用的纸垫。"[40] "幼儿园-福禄贝尔"单词已经被公认为美国儿童童年的一部分，但是到了20世纪初，幼儿园所带来的影响还没有定论。

普拉特在她1948年的回忆录《我从孩子身上学习》（*I Learn from Children*）一书中写道："我开始从事教学的时候只有17岁，那是全国范围内唯一的一所只有一间教室的学校。我没有从正规学校接受过教师培训，甚至可能根本没听说过'教育学'这个词。"[41] 尽管普拉特后来在纽约市的师范学院获得了教育学学位，但她始终认为，她所受的教育，甚至是教育史，都不如她在观察她的学生时学到的东西多。普拉特相信材料和实践学习的重要性。她的文凭是手工训练和幼儿园教学方法，从1894—1901年，她在费城女子师范学校教木工，她被期望"能够将木工与语言、算术和学校的其他工作相互关联和协调。"[42] 学校里的女孩们被教导测量、绘制和修改工作图纸，直到准确无误，然后用木工制作出图纸上的三维设计。这门课程的核心是制作和思考之间的联系，以及教授更抽象概念的手工艺，但选择有限。[43] 当普拉特有机会在曼哈顿地狱厨房（Hell's Kitchen）的哈特利大厦（Hartley House）领导自己的木工班时，她开始了实验：她让孩子们先制定一个计划，然后选择模型，用自己的方法制作和改造物品，最后孩子们把完成的作业带回家。他们不是在完成一项要在夜幕降临时放回盒子里的练习，而是在追求自己的愿景。她发现，当她以这种方式管理教室时，纪律和动力会自动发挥作用。

在她的回忆录中，普拉特对教育界普遍存在的浪费现象感到沮丧：我曾经问过一位烹饪老师，为什么她不让孩子们用面粉和酵母做实验，看看他们能不能做成面包。她惊讶地说："那可太浪费了！……"

在学校里，有一次我看到一个小女孩从一堆精美的画纸中，一张一张地抽取，直至五十张。她用蜡笔在每一张上面做了个记号，然后扔掉。浪费了50张纸，却没人说："不要！"那个小女孩是第一次去上学，她很害怕，那五十张纸对她来说是个开始；她画画，然后玩积木，然后回答在她旁边玩耍孩子的问题。几个星期后，她开始在自己的恐惧丛林中寻找出路，学着做一个快乐、忙碌的小女生。[44]

其他老师认为是浪费的东西，普拉特却认为是必要的。普拉特给自己设定了一个更宽松的模式来设计积木，在没有提供工具的情况下实现木工车间自由，在教室里放足够的积木，以便有材料可以浪费。现代城市的孩子们不容易"从生活中收集游戏材料"，她的玩具就填补了这一空白。[45] 从1908年开始，普拉特还生产了一系列木制玩具、有关节的玩偶和农场动物，旨在使其简单到能立即被认出来，以激发孩子们的创造力（比如缝纫、建造房屋）。普拉特将"似乎在邀请你来玩"的"做-有"（Do-Withs）和"做-无"（Do-Nothing）区分开来，后者是一种乏味的玩具，只是坐在那里，作为"旁观者"（Look-Ons）是一种自动运转的发条玩具。[46] 这些玩具是普拉特在格林威治村的一个车间里制作的，并在金贝尔百货公司出售。尽管媒体进行了大量报道，但普拉特的玩具生意还是失败了。到了1913年，她有了游戏学校，积木是11个四五岁孩子课程的核心部分，这可能才是美国第一所幼儿园。

普拉特的积木通常被称为单位积木或基本砖，这些积木是我童年时在家和学校使用的主要材料（图1-10）。单位积木为 $5\frac{1}{2}$ 英寸 $\times 2\frac{3}{4}$ 英寸 $\times 1\frac{3}{8}$ 英寸，比例为4∶2∶1，大到可以在地板上使用，小到可以让三岁的孩子操作。在前校长凯特·特里（Kate Turley）的"城市与乡村"（City and Country）办公室的墙上，有一张列出了构成一套教室的所有积木的单页纸。首先是"砖块"或"单位"，即系统的主力军。接下来是"0.5个单位""两个单位""四个单位"。普拉特积木是我在童年时代玩的一个版本，

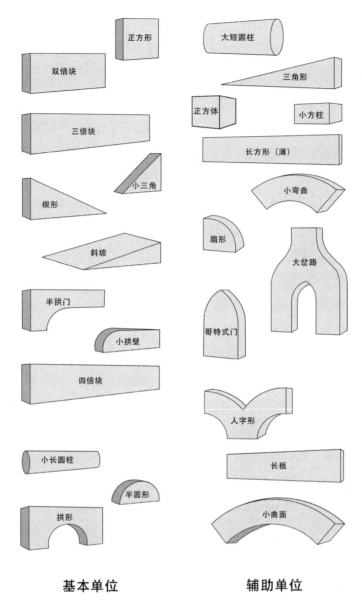

图1-10 单元方块游戏（1950年纽约创意玩具股份有限公司）
（来源：译者自绘）

如今在大多数幼儿园都很常见。它体现了乐高的一些模块化思想，因为较小的部分可以组合在一起，用正方形、三角形或带有半圆形开口的拱门可组成更大的整体。具有一乘二比例的积木似乎总是使用得最快，迫使孩子们把更具特色的正方形、直角三角形模块，重新组合成令人满意的砖，就像福禄贝尔的"立方体中的立方体"一样，教授他们基本的几何原理。以0.5单位沿其长轴分裂是"黄油"，因为它形似于一块黄油；以0.5单位沿着短边对角线分裂是一个"斜坡"，沿长边分裂是一个"三角形"。

孩子们会发现，一个正方形、一块黄油、一个斜坡和一个三角形都是半个单位。在三四岁孩子的课堂上使用这些可爱的昵称，而在幼儿园给五岁的孩子们则用的是数学术语。教学页面上写着"努力保持一致"，这样整个学校里的孩子和成人都会说相同的区块语言。

更大单位的积木以及后来普拉特开发的用于户外游戏的木箱和积木集，都受到了另一位女性改革者帕蒂·史密斯·希尔（Patty Smith Hill）的启发。作为哥伦比亚人学师范学院的教育家，希尔对福禄贝尔的积木尺寸不屑一顾："从福禄贝尔时代继承下来的小立方体、圆形、正方形和三角形，对于儿童期的这一阶段来说，是不成熟、构造不良的材料，因为一次不小心的手指滑落，甚至是一次深呼吸，都可能在一眨眼的工夫里毁掉孩子的积木。"[47] 希尔从小就玩砖块、木桶和木板，并在父亲经营的女子神学院的木工店里制作自己的玩具，这使她有能力发展自己的大型积木系统（图1-11）。希尔积木最终由世纪之交的玩具制造商肖恩胡特钢琴公司（Schoenhut Piano Company）制造，使用金属棒或栓钉将木质结构固定在一起，以使建筑更稳定、更持久。她的一套地板积木包括柱子、砖块、轮子和杆，有些构件甚至长达3英尺。这些建筑不是在桌面上，而是在地板上，因为它的规模比福禄贝尔的1英寸单位积木大16倍，孩子们不得不招呼伙伴来帮忙，通过学习形状、数字和构造，增加了社会交往的维度。[48]

在此之前，积木一直被认为是一个或两个孩子的个体玩具，可以教授精细的运动技能、结构、对称和数学知识。但希尔和普拉特发现，积木不仅可以是一种物理挑战，还可以是一种联系。希尔的积木定义了一种另类的游戏，在树林里建造堡垒，或在后院建造游戏屋，这是一种大规模、富有想象力和合作性的游戏。如今，当幼儿教育工

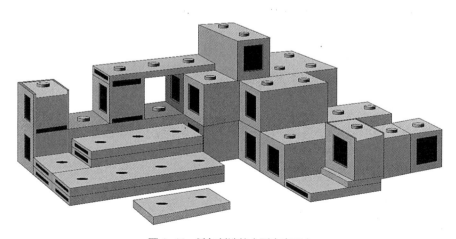

图1-11 希尔创造的大型中空积木
（来源：译者自绘）

作者谈到发展社交和情感技能时，他们通常认为玩纸板块和学写字、玩拼搭一样重要（另一部分是游乐场互动，我们稍后介绍）。随着孩子们越来越多地使用数字工具，平台上的社交活动也成为重要的设计元素，近年来，研究人员一直在钻研如何在虚拟游戏空间中教授礼仪。2013年，一位匿名作者在《经济学人》(*The Economist*)为单元积木的100周年诞辰而写的一篇文章中，列举了长期以来许多关于单元积木教育效益的说法："合作建筑可以发展语言和社交技能。这种以'单位'为基础的一半、两倍和四倍的尺寸，结合柱子、坡道、曲线、扶壁和其他特殊形状，为基础数学和几何奠定了基础。平衡和坍塌告诉我们重力的本质。斜坡和柱子可以用来做简单的杠杆和支点。仔细放置积木发展了手眼协调能力。难道这一切将教育的潜力都过分归功于一堆简单的木块吗？"[49] 作者的结论是否定的。

●

　　希拉里·佩奇（Hilary Page）的父亲从事木材贸易。很早的时候，他就注意到儿子对制作玩具和游戏很感兴趣。有一年，他从当地锯木厂给年少的佩奇带来了两吨废木材作为礼物，佩奇在这个私人木材堆上工作了好几年，把它作为新发明的基地。成年后，他称赞父亲指引他走上这条路，在接受采访时他表示，"他有一个聪明的父亲，在童年时就给他提供了自己制作玩具的机会。"[50] 许多经典的建筑玩具都是基于木材。福禄贝尔、希尔和普拉特对木材和木工有着深刻的理解，他们从小就接触这种材料，并接受过将其转化为人类使用工具方面的培训。19世纪的玩具制造商开始把制造玩具作为一种副业来消耗边角料，当他们发现儿童玩具比成人玩具更有利可图时，他们重新定位了自己的业务范畴。[51] 佩奇也是从一堆木材开始了他的玩具制作生涯。

　　在英格兰什罗普郡的什鲁斯伯里公立学校（Shrewsbury Public School），佩奇展现出了早期的创业天赋，将自己对摄影的兴趣转化为一项为其他学生冲洗照片的业务。毕业后，他跟随父亲从事木材生意，但在1932年，二十八岁的他决定将他毕生对玩具的兴趣付诸行动。他在萨里郡珀利的戈德斯通路6号开了一家名为Kiddicraft的商店。这家小商店出售从俄罗斯进口的木制玩具，包括俄罗斯套娃、叠环和其他经典游戏室玩具。与之前的普拉特一样，佩奇之所以投身于这项事业，是因为他对学校为儿童提供的服务深感失望："直到二十年前，我第一次当父亲，为一个非常小的孩子挑选一个合适的玩具这一难题使我产生了强烈的震撼。我花了好几个小时在玩具店里闲逛，在与店员交谈的过程中，我发现他们对整天出售的玩具的游戏价值，普遍缺乏理解和考虑。我试图向他们解释，玩具不一定是在商店里设计、制造和销售的，我遇到的一些重要的玩具是用日常家用设备即兴制作完成的,例如平底锅和平底锅盖、棉线卷、空罐头等,但他们对这方面相当不感兴趣,毫无疑问,他们觉得我是个十足的讨厌鬼。"[52]

在经营商店期间,佩奇每周三都会去当地的幼儿园,和孩子们在地板上玩耍,弄清楚哪些玩具最吸引他们。在玩的过程中,佩奇对木材作为儿童玩具的主要材料不再抱有幻想。他观察到,所有给孩子们用的东西都应该是可以放进嘴里的,但当时不可能创造出完全不脱落或不被咬掉的油漆或瓷釉。孩子们的玩具应该可以每天清洗,但潮湿的木头很快就会腐化。他在1946年为每日图形塑料展(Daily Graphic Plastics Exhibition)写的一篇题为《塑料作为玩具的材料》(*Plastics as a Medium for Toys*)的文章中写道:"灰尘和细菌无法附着在光亮的表面上,各种鲜艳的颜色对孩子来说是更具吸引力的。"[53]后来,佩奇指出了"完美设计"对于创造高质量玩具的重要性。这种玩具被生产之前,必须先进行模具的精细设计和制作,因为它们与木头或金属材料不同,不能在事后进行加厚或切薄修改。婴儿的玩具极易磨损,也不可避免地被从婴儿车里扔到地上,而一件玩具如果很快就坏了,无论从哪方面来说都是最令人不满意的。

1936年,佩奇独立成立了一家专门生产热塑性脲醛树脂材料的模制玩具的公司,名为英国塑料玩具有限公司(BRI-PLAX)(图1-12)。他创立的Kiddicraft公司也采用了这种塑料材质,但合伙人持怀疑态度,不过佩奇坚持了下来,并于1937年生产了他的第一批塑料系列玩具,命名为"Sensible Toys"。这些玩具大多以他从俄罗斯进口的经典木制玩具为基础,但重量更轻,更耐用。在这些产品中,有被称为"建筑烧杯"和"金字塔环"的堆垛机,有被称为"比利和他的七个桶"的嵌套器,还有用三角形连接而成的牙胶和拨浪鼓。所有这些产品现在仍然可以在任何大型超市的婴儿用品区找到。

但佩奇还发明了一种新东西,即1940年在英国获得专利的"自锁建筑方块"(Interlocking Building Cube)。这是一种立方体塑料块,顶部有四个凸起,或称螺柱,

图1-12　由佩奇设计的品牌为BRI-PLAX的互锁建筑立方体产品及其包装封面
(来源:Hilary Page玩具网站)

敞开的底部可将这些双头螺栓紧密地固定在其中。一张拍摄于 1939 年左右的黑白照片展示了由八个自锁建筑方块拼搭的塔状建筑，上面用两个并排的方块固定在下面的底座上，从而形成一个 T 字造型。这种结构看起来是合理的，但用常规的正方体木块是不太可能实现的。散落在桌面上的几个自锁建筑方块从顶部和底部展示了其实现自锁的原理。上面写着："最初的五年里，拼搭积木一直是'最受欢迎'的玩具。BRI-PLAX 互锁建筑方块比普通的涂漆或抛光积木要先进得多，因为它们的建筑效果更好。它们是自着色的，即使儿童不停地吮吸、咬啃，也不可能造成掉色或损坏。它们可以被无限次清洗，保持安全卫生。"[54]

一张第二次世界大战后的照片展示了一个类似的自锁建筑方块玩具，但是增加了两个玩积木的孩童（一个男孩和一个女孩），其中，女孩在建造塔楼，男孩在帮忙（图 1-13）。照片上的宣传文案写着："这个玩具教会手指控制、平衡和耐心。"

到 1953 年，玩具的教育宣传变得更加具体，Kiddicraft 希望人们知道它的诚意。照片中没有家长，因为佩奇对孩子独自探索材料有强烈的执念："给孩子一个玩具，然后立即告诉他玩具的创造者如何使用它的方法，这是一个巨大的误导。"[55]

第二次世界大战期间，所有非必要的塑料生产都停止了，佩奇又回到了他的本源，在美国进行主题为"战时的儿童"的巡回演讲。他写了第二本书，名为《战时玩具》（*Toys in Wartime*，1942 年），向有孩家庭展示了如何用家用物品、回收的盒子和其他

图 1-13　Kiddicraft 互锁建筑立方体

（来源：Brick Fetish 网站）

种类的"废料"制作自己的玩具。但是，一旦有材料可供使用时，佩奇又开始了生产。由于战前的生产经验，他在塑料玩具生产方面一直处于领先地位，佩奇在如今被称为"大童"潜水艇系列产品的基础上又增加了一些新东西。面向七岁及以上儿童销售的"自锁砖"尺寸更小，基本尺寸为 2 英寸 ×4 英寸，底部是开放式的。与普拉特的单元块一样，该系统建立在 1 英寸 ×2 英寸的基本砖之上。侧面的狭缝允许二维的门、窗和印有砖块的卡片插入塑料件之间，套装还包括光滑尖顶的"完成"件，用于屋顶的山墙或围墙的顶部。佩奇在 1947 年申请了 2 英寸 ×4 英寸基本砖的专利，后来又申请了侧缝和底板的专利。

"自锁建筑砖"在 1947 年的伯爵宫玩具展上首次亮相，佩奇建造了一个像他 5 英尺 6 英寸的女儿吉尔一样高的真人大小的坚固摩天大楼。在 1948 年的一则平面广告中，一个男孩自豪地炫耀他用 Kiddicraft 积木建造的小屋："这就是我建造的房子。"产品的说明书主要供儿童父母阅读，上面写着："按比例制作，简单而完美地结合在一起，它们为各种各样的现实模型提供了基础。"[56] 与福禄贝尔和普拉特的积木一样，这些抽象的立方体是针对学龄前儿童的，让位于大一点儿童的现实主义砖块。在英国建筑玩具市场被麦卡诺（Meccano）的一种用金属零件制造工作机器的工程玩具所主导时，Kiddicraft 的广告文案可能想表达一种观点，即大一点的孩子需要一个更大、更富有成效的挑战，而不是简单地堆叠东西。

当你读到佩奇的发明故事时，可能会想到，自锁塑料积木听起来是不是很像来自丹麦的乐高（LEGO）积木？乐高创始人奥特·柯克·克里斯蒂安森（Ole Kirk Christiansen）在公司成功生产木制玩具的基础上，于 1949 年在丹麦的比隆德推出了塑料自锁砖。那么哪一个先出现？直到 20 世纪 80 年代，美国玩具制造商泰科（Tyco）和乐高之间发生了一起专利诉讼案件，佩奇的 Kiddicraft 和乐高之间的联系才被披露（图 1-14）。当泰科开始在中国香港生产连锁积木时，乐高起诉了泰科。《星期日邮报》（*Sunday MelodramaTically*）刊登了一篇关于这起诉讼的报道文章，夸张地将 Kiddicraft 称为"萦绕乐高乐园的幽灵"。[57] 戈德弗雷德·柯克·克里斯蒂安森（Godtfred Kirk Christansen）是奥勒·柯克·克里斯蒂安森的儿子之一，长期担任乐高的总经理。在戈德弗雷德的证词中，他和父亲在制作自己的积木之前曾见过佩奇的积木，他们在 1947 年购买英国的注塑成型机时收到了样品。"在与哥本哈根一家模具工厂的共同合作中，我们对积木的设计进行了修改，并制作了模具。与 Kiddicraft 积木相关的修改包括拉直圆角和将英寸转换为厘米和毫米，这使得积木的尺寸与 Kiddicraft 相比改变了大约 0.1 毫米，同时积木上的螺柱也被压平了。"[58] 乐高与佩奇公司的所有者达成协议，该公司于 1981 年改名为赫斯泰尔－儿童游戏公司。赫斯泰尔－儿童游戏公司的专利代

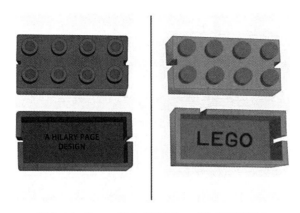

图1-14 Page积木（Kiddicraft）与乐高积木
（来源：译者自绘）

理人在接受《星期日邮报》采访时表示："佩奇提出了这个想法，乐高接受了他自己无法商业化的想法。"佩奇的遗孀表示，佩奇本人从未见过乐高。

20世纪50年代初，佩奇转向了另一个玩具创意，即微型Kiddicraft积木，它以更精确的细节再现了现实生活。他设计了300个食品和家居用品的微小模型，使它们尽可能准确，并向制造商授权了品牌名称。佩奇提交了200个设计方案，但他无法履行所有协议。压力使他的公司濒临倒闭，佩奇于1957年6月24日自杀。Kiddicraft还在继续，但从未想出如何利用佩奇的洞察力进一步发展。尽管今天乐高积木的普及似乎已成定局，但像Kiddicraft一样，丹麦公司仍在努力，说服父母们需要塑料的、可互锁的积木和木制积木。

●

有一段时间，乐高因为材料和颜色都不自然，被认为是一个闯入好玩具通道中的坏玩具，但它试图让自己成为有教育意义的、有创造力的儿童必需品。和其他积木创新者一样，奥特·柯克·克里斯蒂安森最初也是一名木匠。他在1916年创立了自己的企业，为比隆的房屋制作简单的家具和橱柜。在大萧条时期，为了维持生计，他开始制作玩具和小型家居用品。最终，他认为在经济低迷的情况下，玩具是更好的生意。正如"LEGO Legend"中描述的一样，奥特在员工间举办了一场公司更名征集比赛，最终"LEGO"这个名字脱颖而出并获胜。[59] LEGO是丹麦语"leg godt"的缩写，意思是"玩得开心"。[60] 重新命名的乐高公司在20世纪30年代生产的玩具是木制的汽车、船和动物形状的玩具。他们确实制作了积木，并在积木的侧面印有字母、数字和动物插图等。

1947年，一位英国推销员来到比隆，拜访了克里斯蒂安森，向他推销该公司的注塑成型设备。新机器到货时，它附带了可以生产的样品，包括Kiddicraft积木。乐高公司花了几年时间优化积木设计，并锁定了他们所需的原材料——醋酸纤维素。1949年，该公司首次生产了鱼形的拨浪鼓、飞机上的熊以及没有标记、五颜六色的新积木块。[61]积木块有2英寸×2英寸或2英寸×4英寸两种尺寸，顶部有螺柱、有侧缝，还有嵌板窗和门。这些积木作为四种不同尺寸的礼品套装发布。1950年产品的目录页展示了由红、绿、白、黄、褐色砖块组合而成的房屋、摩天大楼和其他建筑物，并展示了不同尺寸的布景功能。最初的乐高积木仅在丹麦有售，销量不佳。在20世纪50年代初，尽管其他塑料玩具已被广泛接受并且销售良好，但Kiddicraft积木和乐高积木都没有在拼搭积木上取得成功。两家公司都将它们的产品视为像木块一样的抽象元素，但消费者对它们的看法并不相同。乐高公司必须打造一个人人都想玩的城市模型玩具。

改变乐高游戏的是在1955年纽伦堡玩具博览会上宣布的乐玩系统（System of Play）。乐高公司需要自己的宇宙，这要归功于戈德弗雷德·柯克·克里斯琴森与哥本哈根顶级百货商店进口商麦格辛·诺德百货商店（Magasin du Nord）之间的偶然相遇。在1954年的伦敦玩具博览会上，买家告诉戈德弗雷德，大多数玩具似乎都是一次性的，市场上没有系列类的玩具。[62]戈德弗雷德研究了公司的产品线，并认为乐高积木最有可能成为这种影响深远的系列玩具。在此之前，乐高积木的定位一直比较尴尬。一方面，乐高积木的体积太小，无法像木质积木或Kiddicraft积木那样吸引幼龄儿童；另一方面，乐高积木的尺寸也不能与玩具汽车等其他玩具匹配。乐玩系统是将乐高公司现有的玩具产品进行整合，并叠加一些新的元素，最终形成了一个微缩的城市模型。乐高公司在一块巨大的乙烯平板上增加街道标识，按照1∶87的比例制作车辆、树木、灌木模型，并将公司现有的拼搭建筑玩具摆放在其中。乙烯平板上写着"建造你自己的乐高小镇"。最后，乐高成为一种可添加、可扩展的建筑性的产品，足以与散落在地下室和游戏室油毡地板上的上一代工程类和火车玩具相抗衡。

随着二战后城市扩张和婴儿潮的到来，玩具的发展也把握住了时代脉搏。麦格辛·诺德百货商店允许乐高在一楼为"乐玩系统"设置一个大型展示区，并允许其每年在这个虚拟小镇中添加一些新的场景，从而提高了产品销售额。如今，乐高集团经常被批评煽动消费者的购物欲望，它把乐高积木隔离在自己品牌的生态系统中，并结合每个时代的时尚元素推出新套装，但这是该公司销售战略的一部分，其历史比人们意识到的要长得多。他们在20世纪70年代和80年代初的广告中宣扬的自由游戏，反映了美国文化中一个短暂的时刻：嵌入式木块的幼儿园价值观重新回到了前沿，但这绝不是家庭玩具的现状。乐高的竞争对手是电视世界流行的枪械和公仔，在他们的衬托下，乐高显得非常稳重。

游戏系统在网格平面图上设计了一个以汽车为中心的大型城镇，使村庄现代化和合理化。在接下来的几年里，该公司又增加了一个加油站、一个消防站、一个汽车展厅和一个教堂，以及摩托车、交警、路灯，大众甲壳虫等一些金属配件。最初的埃索加油站、车库和大众汽车展示厅的建筑看起来像20世纪20~30年代带有圆角的丹麦功能主义白色建筑。[63] 在Brick Fetish网站上，乐高历史学家吉姆·休斯（Jim Hughes）写道，戈德弗雷德希望这套带有许多与交通相关附加内容的玩具能够将街头安全作为其教育价值的一部分。[64] 严格来说，游戏系统是一种室内玩具，让孩子们在自己舒适的客厅里扮演城市规划者。《游戏之地》（*The Place of Play*，2009年）一书的作者马艾克·劳瓦特（Maaike Lauwaert）认为，随着孩子们的活动变得更有组织性和受家长控制，他们被迫远离了社会。游戏室里摆满了玩具，被认为可以取代城市街道上的社交乐趣。劳瓦特说："在20世纪50年代，游戏室成为建筑实践中不可或缺的一部分。虽然19世纪中期和20世纪初的家政指南提倡儿童与世俗事务分离，让儿童与成人世界保持距离，但20世纪50年代的建筑师们设计的住宅将孩子和游戏集中在休闲区和开放式的客厅中。"[65]

由乐高公司和瑞典制造商布里奥（BRIO）以及美国玩具制造商创意玩具（Creative Playthings）制作的木制玩具，具有与渐进式教育工具相关的抽象形式、自然材料和原色。[66] 尽管今天的乐高似乎已经摒弃了人造性质，但2013年一篇关于一家日本公司计划用木头制造这种自锁积木的文章表明，能否使用塑料仍然是一个问号。"喜欢乐高却讨厌塑料？"Apartment Therapy网站询问道。该网站是十多个设计博客的其中之一，以木砖为特色，由Mokulock制作的"天然木制乐高"。[67] 被描述为"手工制造"和"全天然"的2英寸×4英寸镶钉块以"无印良品"的极简主义方式具有明显的视觉吸引力，有一个未经漂白的棉袋用于存储，并被包装在一个棕色的纸板箱中。但在这些积木的漂亮外表之外，还潜藏着一些非常基本的功能问题。Designboom网站上的一篇评论指出，产品的一项免责声明称，"由于材料的特性，在不同的温度和湿度下，这些部件可能会变形或组合不精确。"[68] 另一位评论者提出"乐高积木如果是木制的，每年生产的数量非常庞大，将造成不可持续性和森林被砍伐"。玩具需要像我们的食物一样必须手工制作吗？我理解为什么我的孩子想用木材做自己的玩具，还需要别人为她做吗？

这种对"非自然的"塑料玩具取代"天然的"木制玩具的焦虑，其根源比我们意识到的更深。在《设计创意儿童：世纪中叶美国的玩具和场所》（*Designing the Creative Child: Playthings and Places in Mid century America*）一书中，设计历史学家奥加塔（Ogata）探究了婴儿潮是如何重塑美国景观的，并衍生了对数千座新住宅和新学校的需求（我们将在后面的章节中讨论这个问题）。随着这些新建工程的出现，人们对美国儿童应该如何、在哪里以及用什么工具接受教育产生了新的思考。当奥加塔带你穿过那个时代的游戏室、教室和玩具店时，你就会清楚地看到当前高收入家庭儿童的审美，特别是玩具箱里的东西，有多少是在20世纪40年代末和50年代建造的。人们听到了福禄贝尔、普拉特和佩奇的呼声，他们敦促家长让孩子自己探索玩具，给孩子工具，而且不要妨碍他们。关于木材的问题，奥加塔写道："在受过教育的中上层阶级中，木材成为现代教育玩具中永恒、真实和精致的物质象征。"[69] 她引用了罗兰·巴特（Roland Barthes）的《神话》（*Mythologies*），他把塑料和金属描述为"粗俗的"和"化学的"，并认为木材"是一种熟悉的和富有诗意的物质，它不会切断孩子与树、桌子和地板的亲密接触。木材不会缠绕或分解；它不会破碎，但会磨损，可以使用很长时间。"[70] 正如斯波克博士所主张的那样，抽象的木制火车比现实的金属火车更可取，而创意玩具公司则把家具和玩具结合在一起，制成了空心积木（Hollow Blocks）：一面可打开的枫木方块，可以用作储藏室或建造堡垒。为了在那些新的郊区游戏室中占有一席之地，乐高必须证明自己在真实性和质量上达到了这些标准。

在此期间，乐高还做了两件事，使其有别于其他塑料积木制造商，并确保了其悠久的历史。首先，针对积木结合力不佳的投诉，该公司改善了积木的质量。正如佩奇所预料的那样，创造一个更好的模具是保持塑料玩具与众不同和质量好的关键。他们测试了许多不同的设计，孩子们更喜欢底部有三根圆柱的积木块，在那之前，积木块是中空的。螺柱安装在空心管和积木块的侧壁之间，这意味着它们在大多数情况下都能保持在一起，但仍然很容易拆卸。乐高称这种能力为"离合器动力"。[71] 1958年，这种新型螺柱设计在丹麦获得了专利，并最终在其他33个国家获得了专利。新的设计允许积木以更多的方式组合，从而产生更复杂的组合。乐高还设计了一种斜面积木，从侧面看就像一个直角三角形，是创造斜屋顶的理想选择，这样可以建造更真实的建筑。1963年，该公司将用于制作积木的塑料从醋酸纤维素升级为ABS树脂材料，也就是今天使用的材料。

其次，戈德弗雷德起草了《乐高游戏原则》（LEGO Principles of Play），并于1962年分发给公司的每个人。他们是这样运作的，现在仍然在指导公司：

（1）乐高——发挥无限潜力；
（2）乐高——是女孩的，也是男孩的；
（3）乐高——适合每个年龄段；
（4）乐高——全年比赛；

（5）乐高——健康安静地玩耍；

（6）乐高——长时间的游戏；

（7）乐高——发展、想象力、创造力；

（8）乐高——乐高越多，其价值越高；

（9）乐高——提供额外套装；

（10）乐高——每一个细节都是品质的体现。[72]

乐高在广告中阐述了其与众不同的"游戏原则"，并且读起来像是幼儿园渐进式目标的品牌版本。在20世纪50年代，许多消费者对塑料仍然持怀疑态度。劳华特写道，《时代》杂志认为，塑料永远无法取代"优质而诚实的"木制玩具，尽管前者的材料可能便宜、容易清洁、耐用、色彩丰富，但它永远"与人造、肤浅和虚构联系在一起"。[73] 1998年，安东尼·莱恩（Anthony Lane）在《纽约客》（*New Yorker*）上写道，"克里斯蒂安森的天才之处在于，他能让这种新材料给人的感觉几乎和木头一样舒适和可靠。"[74] 丹麦以高质量设计和装饰艺术而闻名，而这也成为玩具的一个属性。乐高继续强调其木制和塑料玩具的生产价值，并用优质的材料和制造工艺来证明更高的价格是合理的。优质玩具往往是设计简单并由传统材料制成的经典玩物。"好玩具"没有广告或性别区分，是非暴力的和持久的。好的玩具能激发孩子的创造力，只要父母愿意继续增加额外的玩具，他们可以玩耍整个下午，甚至整个童年。

虚拟小镇作为一种推销手段，其美妙之处在于，它可以像现实生活中的城市一样无限扩展。乐高游戏原则中指出："乐高玩具越多，其价值就越大"。20世纪60年代刚推出的美国乐高广告，间接地对其原则进行了宣扬。1962年11月，乐高在《星期六晚报》上刊登了一则充满探险精神的广告：一对兄弟站在他们自己制作的乐高城市中，同时写着："乐高是你能给孩子的最具创意的冒险。"[75] 而1967—1968年的另一则广告则让乐高积木的耐玩性变得更加明确："把神奇的乐高积木送给一个五岁的小女孩，她可能会拼出一只骆驼。小男孩周一会把他的乐高玩具变成一架飞机，周二是火车，周三是摩天大楼……乐高积木是一件让小朋友玩到圣诞节都不会厌倦的玩具。"

但是，乐高公司在整个20世纪60年代的营销活动一直在创意游戏和现实主义建筑之间徘徊，这种徘徊一直持续到今天。佩奇写道，创造者需要退后一步，让孩子们自己展示如何使用玩具，而不是用乐高编号指示引导孩子们的手操作。早期的乐高套装都有完整的设计图纸，一些复杂的连接也会有单独的图纸。1964年变得更加具体，并开始使用现在与乐高积木紧密相关的30°方向的等距图。他们在制作过程中排除了猜测，但作为副产品，创造了一种构建集合的最佳方法。[76] 1978年，乐高公司进一步脱离了与Good Toys相关的自主游戏，开始以"游戏主题"为中心逐渐形成今天的乐高。为了在叙事类玩具（包括 Playmobil）的竞争中生存下来，乐高公司不得不进行重组。城堡、海盗、西部、太空以及新的城市场景，重新采用了城镇规划的想法。乐高建筑历来都是封闭的，模仿城市规划中结构的坚固性；现在，新的建筑像舞台布景或玩具屋一样开放，越来越多的迷你人物为玩具屋家族服务。[77] 叙事从安静的结构转变为充满个性的行动。最近，乐高因其不断扩大的商业连锁品牌而受到抨击，这是"坏玩具"的终极标志。最初的游戏主题包括一个普通的城堡，如今搜索"乐高城堡"，会出现《冰雪奇缘》系列、《我的世界》系列和《忍者》系列，一个由魔法、忍者和亚洲屋顶乐高组成的虚构宇宙。你无法从其他品牌买到一座忍者和公主可以和睦相处、男女皆宜的城堡。

2014 年，一则 1981 年的乐高广告突然走红。广告上是一个扎着红色辫子的小女孩，她穿着牛仔裤和蓝色运动鞋，手里拿着最新的乐高作品——绿色底座上堆叠着五颜六色的积木。该广告文字写道："这真是太美了。"[78] 这则广告是由女性创意总监朱迪·洛塔斯（Judy Lotas）创作的，灵感来自当时国会通过的《平等权利修正案》（*Equality Rights Amendment*）以及洛塔斯的两个女儿。尽管这则广告在当年令人印象深刻，但二十三年后，它作为一种抗议形式在网上疯传。2012 年，乐高公司推出了"乐高之友"（LEGO Friends）。这是一款专为女孩设计的乐高玩具，以粉色和紫色为主色调，配有曲线优美的迷你玩具，在心湖城有一系列类似玩偶屋的场景。在新的乐高世界里，女孩们甚至不能给自己的城镇命名。在洛塔斯的广告中，工装裤和运动鞋巧妙地唤起了乐高游戏原则的想象力、无限的可能性和男女皆宜的特质，这些都被推翻了，取而代之的是一种更狭隘、叙事式的游戏模式，其中包含了许多定制的组件。

现在，乐高的自由积木游戏与艺术项目、成人、缺乏色彩联系在一起。在哥本哈根北部的路易斯安那现代艺术博物馆（Louisiana Museum of Modern Art）的儿童展馆（Children's Wing）里摆满了一箱箱黄色的乐高积木，孩子们可以在父母观看艺术作品时搭建这些积木。2005 年，冰岛艺术家奥拉弗·埃利亚松（Olafur Eliasson）在阿尔巴尼亚第三届地拉那双年展的公共广场上发起了集体项目（Collective Project）。该项目由几箱雪白的乐高积木和一组围成一圈的可折叠桌子组成。十年后，这个项目作为临时设施安装在纽约高线公园的北端，用了两吨白色乐高积木和著名建筑师的初期建筑方案。[79] 当我第一次听说这个项目的时候，觉得很荒唐，乐高为什么能称为是艺术呢？但当我亲眼看到这个项目时，改变了想法。后来 Coach 总部的脚手架挡住了乐高的积木箱子，这是哈德逊广场再开发项目中建造的第一座摩天大楼。当白色的塔身在平地上拔地而起时，银色的塔楼高高耸立在建造者的头顶上方。为了激发集体的创造力，高线公园的设计团队由 Diller Scofidiot Renfro 建筑师事务所和詹姆斯·科纳的 Field Operations 景观设计事务所组成，设计理念是保留铁路的原始结构，同时引入丰富的植被和休闲设施，创造出一座独特的"立体花园"。之后，这里就变成了无人管理的状态，所有来到纽约的人都可以参与这场公共艺术的搭建。单一色调、数量巨大的乐高积木块以及公园人潮带来的匿名性，这一切将成年人和孩子们带入了一种创造的状态。在创作情绪的渲染下，原本打算在树上刻下姓名首字母的愿望转化为在那些最初由建筑师设计的塔楼之间建造带花边的过道上。即使是在人潮涌动的时候，许多游客也会坐下来玩上一个小时或更长时间的积木，竟然忘了自己是在旅游。在这里，你会听到各种各样的语言，但没关系，他们都专注于拼搭各自的作品。我对他们的专注程度感到无比惊讶。白色的积木将混乱变成了艺术，就像木制的洛克积木一样，突然变得充满禅意。我能理解埃利亚松（Eliasson）为什么选择单色，但我仍然希望我们也能像广告中那个红发小女孩一样无拘无束地参与其中。

●

积木已经成为童年的象征，从安·马丁（Ann Martin）最畅销的《保姆俱乐部》（*Baby-Sitters Club*）丛书的手绘标志到德国施维纳弗里德里希·福禄贝尔坟墓上的石制纪念碑，随处可见积木的身影。尽管福禄贝尔的方法可能已经被淘汰了，但无论是卡罗琳·普拉特（Caroline Pratt）的单元积木还是乐高的低龄儿童积木系列得宝（Duplo），学龄前或幼儿园教室很少能找到没有某种形式的积木。随着数字技术越来越早地进入孩子们的生活，积木已经成为好玩具的象征，作为一种超越品牌的东西，以及从玩具、编程语言，甚至是像超级流行的《我的世界》这样的游戏中从物理到数字领域意义的载体，也就不足为奇了。这些技术依赖于我们对积木和自锁砖文化的熟悉程度，利用了组装和拆卸的便利性，正是这种便利性让福禄贝尔认为积木可以向孩子们展示整个世界。

麻省理工学院媒体实验室（MIT Media Lab）研究乐高的米切尔·雷斯尼克（Mitchel Resnick）教授与同事在 2009 年发表的一篇关于如何开发 Scratch 编程语言的论文中写道："我们一直被孩子们玩乐高积木的方式所吸引和启发。""给孩子们一个装满乐高积木的盒子，他们马上就开始捣鼓，把几块积木拼在一起，这一新型的结构给了他们新的想法……我们希望 Scratch 的编程也能有类似的感觉。"[80] 事实的确如此：在 Scratch 中，初级程序员会看到一个屏幕，屏幕上用颜色编码的"箱子"排列着命令。蓝色块被标记为不同的动作、紫色块被标记为表情、粉色块被标记为声音等。从"箱子"中选择一个命令并拖放至进入脚本区域，孩子可以让她的精灵（程序控制的机器人，最初是一只黄色的猫）做一些动作。拖拽更多的命令，并进行排列组合，这样可以创造出更复杂的动作，就像用更多的乐高积木拼出更复杂的结构一样。可视化的程序为儿童编程提供了快速构建和测试的机会，无需进行过多的准备、学习和计划。Scratch 的命令块会给出提示，告诉用户哪些命令可以组合，哪些不能；有些具有通用连接器，有些具有选择性连接器。[81] 自主性和创造力是将一些电子游戏重新定义为"好玩具"的核心。在《计算机作为画笔：技术、游戏和创意社会》（*Computer as Paintbrush*：*Technology*，*Play*，*and the Creative Society*）一文中，雷斯尼克阐述了计算机"不仅是信息机器，而且是创意设计和表达的新媒介"的论点。[82] 雷斯尼克写道，将游戏、技术和学习结合起来并不新鲜，他引用福禄贝尔那个时代的技术来开发玩具，"其明确目标是帮助幼儿学习诸如数字、大小、形状和颜色等重要概念"。技术不断进步，积木也无数次迭代发展到塑料自锁砖等。

  Scratch Blocks 积木的颜色和黏性建立在佩奇和克里斯蒂安森最初的洞察力之上，即有时孩子们想要做一些既能快速组装又具有粗糙持久性的东西。在开发 Scratch 以及后来为五到七岁儿童开发的 Scratch Jr. 的过程中，麻省理工学院媒体实验室团队借鉴了他们在 20 世纪 90 年代开发乐高头脑风暴（LEGO Mindstorms）的经验，这是一种将机器人技术添加到乐高积木的物理数字混合体。这不是一次飞跃，而是一次迭代，从一触即散的积木，到自锁砖，再到添加杠杆、齿轮和滑轮来让砖块移动，最后添加电路和电源，让这些机器不需要人工即可运转。修补、构建、连接和调试都是麻省理工学院媒体实验室的传奇教授西蒙·派珀特（Seymour Papett）所说的"建构主义"的一部分。[83] 儿童发展与计算机科学的玛丽娜·乌马斯基·贝尔斯（Marina Umaschi Bers）教授曾在麻省理工学院媒体实验室与派珀特合作，并与雷斯尼克和宝拉·邦塔合作开发 Scratch Jr. 编程语言，她这样解释道："孩子们构建自己的想法、在做自己的项目时会学得更好，这听起来很像普拉特、希尔和杜威的基于对象的学习策略，但这回是以计算机为主要工具。"派珀特的"建构主义"建立在皮亚杰学派的"建构主义"的基础上，从字面上讲，就是结合了在物理和数字产品中实践学习的理念，并将实践学习推广到小学和中学教育中。[84] 当前流行的学习理论在某种程度上是基于派珀特的建构主义理论发展而来的。[85]

  贝尔斯将物理 – 数字的比喻扩展到游戏围栏和游乐场，以描述当今父母和孩子们所面临的数字景观。由聊天室和《我的世界》公共服务器组成的互联网像一片森林，没有边界，也无人监管。儿童教育应用的互联网就像是游戏围栏，安全、色彩斑斓，装饰着可爱的卡通人物，但通常是商业化的，提供给家长选择的玩具数量有限。她的理想是一个有围栏的游乐场，孩子们可以自由探索，触摸和测试，体验适合他们的年龄发展的风险，并表达他们的自主性。在操场上，他们接受的不是伪装成娱乐的教育。对学龄前儿童来说，像 abc 和 123 这样的学前班课程并不是一项基本任务，而是通过假装、尝试各种方式的滑梯或在泥土中划出赛道来获得乐趣。积木也可以起到类似的作用。在塔夫茨大学（Tufts University）儿童研究与人类发展部（Department of Children Study and Human Development）下属的埃利奥特－皮尔逊儿童学校（Elliot-Pearson Children's School），幼儿园的孩子们用积木来上课，这是一种"Scratch Jr."，专为那些还不会阅读、正处于只会用手作为主要学习方式的孩子们准备的。

这种数字与物理的结合，将计算机编程推向越来越年轻的受众体，并不单纯是一件好事。这个年龄的孩子不需要学习运行命令，就像他们不需要知道字母表一样。然而，类似学习似乎每天都在增加。我购买了《机器乌龟》游戏（Robot Turtles），这是一款基于派珀特最初 LOGO 编程语言的儿童桌游；该领域是基于积木、昂贵得多的产品，包括 Cubetto（一款将编程实体化的木质游戏玩具）、美科（mCookie）以及由贝尔斯（Bers）和金德实验室机器人公司（KinderLab Robotics）开发的 KIBO（基博）。在塔夫茨大学（Tufts）贝尔斯的发展技术（DevTech）研究小组，她一直致力于研究一种适合七岁以下儿童发展的产品，这是一种"数字操纵器"，她明确地将其与传统的蒙特梭利和福禄贝尔联系在一起。他们开发了机器人编程的创造性混合环境（Creative Hybrid Environment for Robotic Programming，CHERP），并最终开发了一种可爱的小轮式机器人推车作为他们的实体化身，即基博（KIBO）。[86] 为了让他们的基博机器人移动，孩子们将一系列木块拼合在一起，这些木块上标有不同运动指令的彩色符号，比如"前进""旋转"或"摇动"，然后用一个绿色的"开始"和一个红色的"结束"按钮，将积木锁定在相应的位置。[87] 这些积木的设计意味着孩子们不会犯语法错误，比如把"开始（Begin）"放在序列的中间。物理领域的编程也为更多材料的使用提供了可能性：在她的书中，贝尔斯描述了一个类似于创意废品游戏场的景观，由乐高积木、羽毛、管道清洁器、纸巾盒、吸管和试验阶段使用的尼龙搭扣连接，这些都是建筑项目本身的有趣材料，但实际上是由 CHERP 块和嵌入的机器人元素动画组成。"孩子们在地板、桌子、电脑等物理空间中工作，"贝尔斯写道，"孩子们身体很忙。在学前阶段，运动技能的发展是日后成长的基础。"[88]

贝尔斯的混合方法还包括游乐场游戏的另一个元素：社交。她描述了通过一系列简单的组织变化来鼓励孩子们在编程项目中协作和互相帮助的方法。大多数教育环境中的机器人项目都会给单个孩子或群体提供一个预先分类的工具包，在家里也是如此。但在她的项目中，她把特定项目的材料放在房间中央的分类垃圾箱中，迫使孩子们协商各自需要什么，并引入了稀缺和可取的概念。DevTech 团队还创造了一种被称为

"低技术含量的工具"：在一天的项目开始时，孩子们会得到一张打印出来的照片，他们的照片与其他孩子的一系列照片放在房间的中央。老师们每天都会提醒孩子们，在自己的脸上和他们接触过孩子的脸上都划一条线。在一天结束的时候，他们会向合作最多的孩子们写一封感谢信。研究表明，孩子们在一起使用电脑时，实际上可能比在做其他并行任务（如拼图）时互动更多。[89] 贝尔斯认为这种社会教育是数字世界的一个重要组成部分，与编程和电脑游戏被视为孤立主义的刻板印象相反，它朝着安全的数字世界发展，这仍然为发展线上和线下的关系提供了机会。

奥拉维尔·埃利亚松（Olafur Eliasson）的集体项目为父母和孩子们提供了一个可以玩积木的公共场所，在这里他们可以进行交流和协作。当然，家庭也具有相同的特征。《我的世界》是一款由瑞典游戏设计师马库斯·佩尔松（Markus Notch Persson）创造的视频游戏，Java正式版由魔赞（Mojang）于2011年发行。面世后，它迅速成为历史上仅次于俄罗斯方块的第二畅销视频游戏。微软在2014年以25亿美元的价格收购了它，截至2017年2月，它已经售出了超过1.21亿份。研究新媒体使用和教育类游戏历史的文化人类学家伊藤美（Mimi Ito）曾写道，"这种空前流行的学习游戏改写了游戏规则。《我的世界》的核心是在网络社交世界中构建和解决问题。块状的独立氛围为《我的世界》中的DIY创意文化作出了贡献，让孩子们觉得自己有能力把它变成自己的东西。"[90]《我的世界》通常被描述为一款"沙盒"（sandbox）游戏，这意味着当游戏启动时，用户会看到一个详细的天然环境，而不是一个完全空白的新鲜沙盒，这里有草地、天空、森林或山脉，他必须有所收获。网格的建议与福禄贝尔的线性表格一样清晰，因为低分辨率图形中方形像素是可见的，棕色和绿色线条逐步形成一个正方形的草地。稍后我将更深入地讨论沙盒的历史，可以说，在空地上堆沙子是19世纪晚期改革者们第一次尝试建造的游乐场。佩尔松和魔赞在他们有限的数字空间中也做了类似的事情，即提供一个充满原材料但没有口头指示或至少在一开始没有叙述的环境。《我的世界》玩家学习控制，在创造模式中找到玩具橱柜中的材料，或在生存模式中允许制作材料的动作，就像孩子伸手去触摸福禄贝尔礼物中的八个木块，或佩奇在修补巨大木堆一样。与《我的世界》的终极教育潜力同样重要的是，你的沙盒可以与他人分享：你可以独自玩，也可以加入世界并参与合作。

《我的世界》与制作玩具的悠久历史之间的关系并没有被忽视。科林·范宁（Colin Fanning）和丽贝卡·米尔（Rebecca Mir）在2014年的一篇文章《教学工具：渐进式教学法和建构游戏的历史》（*Teaching Tools: Progressive Pedagogy and the History of Construction Play*）中写道：《我的世界》之所以能够获得如此积极的反响，主要是基于历史上关于游戏和建筑的成熟理念，特别是那些长期存在的建筑玩具类型所推广的理念。"[91] 换句话说，正是这些"实物课程"启发了 Scratch 和 CHERP 的学术思维。魔赞似乎在 2011 年的预告片中明确承认了《我的世界》在玩具系列中的地位，旁白说道："让我们去一个所有东西都是由积木组成的地方。那里没有规则可循，唯一的限制是你的想象力，这次冒险就看你的了。"他可能读到了 20 世纪 60 年代乐高广告的副本。在采访中，隐居的佩尔松描述了自己玩乐高积木的经历。作为一个 20 世纪 80 年代在瑞典长大的孩子，他可能也接触过布里奥及其竞争对手的经典木制玩具。

范宁和米尔还发现游戏开发者彼得·莫利纽克斯（Peter Molyneux）对线下 / 线上做了很明确的对比，并表达了对乐高的普遍怀念："从某种程度上来说，乐高曾经是一种创意玩具，也是一种社交。我认为现在不再是这样了，它更具规范性。乐高曾经只是一大盒积木，你把积木倒在地毯上，然后搭建东西。"[92] 这就是游戏《我的世界》，就像由威尔·赖特（Will Wright）设计的沙盒游戏《模拟城市》（Sim City，1989）和《孢子》（Spore，2008）一样，它提供了一个虚拟的预备的环境，它的流行导致了游戏作为教育媒介使用。《我的世界（教育版）》（*Minecraft Edu*）为教师提供教育许可证和预先编写的教学计划，使用该游戏教授科学、工程、数学、语言和人文学科。一节示例课让学生用一半红一半蓝的墙建造一所房子，探索"一半"的不同物理表达方式，并围绕数学概念创建一个叙事来展示理解。这节课还建议学生在数字和物理之间来回穿梭，在这两个领域构建自己的建筑，或者至少在现实世界的图纸上进行规划。[93]

芝加哥建筑基金会（Chicago Architecture Foundation）举办了将现实世界的建筑探索与线上建筑相结合的夏令营。"夏令营学员追寻答案的问题包括：'这是如何设计的？''建筑师是怎么想的？'和'这座建筑能告诉我们什么故事？'等。"[94] 2014年，Mojang 和联合国人类住区计划（UN-Habitat）合作的"Block by Block"项目试图将《我的世界》作为公共空间设计中社区参与的建模工具。如果孩子们正在建造某个地方，为什么不去迎合他们呢？如果孩子们知道如何使用这个工具，而不是昂贵的专业 3D 建模软件，为什么不使用他们的语言呢？然而，范宁和米尔提出了一个警告：随着文化的发展，关于创造力的观念也在更迭变化。就像塑料被乐高积木"救赎"了一样，围绕数字领域的语言也试图将新的像素化积木融入关于教育玩具的更大叙事中。[95]

在《纽约时报》杂志的封面故事《我的世界》一代"中，克莱夫·汤普森（Clive Thompson）报道说，当他看到自己八岁和十岁的儿子使用"红石"时，他第一次瞥见了《我的世界》构造的复杂性。红石就像游戏块状环境中的电子管道，让孩子们不仅可以建造静态的结构，还可以建造活动的机器。佩尔松巧妙地设计了红石，在某种程度上模仿了现实世界的电子设备。汤普森写道："开关、按钮和控制杆可以打开和关闭红石，使玩家能够建立计算机科学家所说的'逻辑门'。"[96] 在《我的世界》中，孩子们模拟计算机芯片的电路，以及连接计算机内部代码行的"与""或""否"的链条，更通俗地说，是驱动一台简单机器所需的物理连接。乐高头脑风暴已经被计算机领域重新吸收，孩子们同样有潜力通过挑战、失败和重新尝试来探索"计算思维"，使他们的奇思妙想付诸实践。与纯粹的积木数量一样，玩家可以自由使用"红石"，通过反复试验来想出一个主意，而不用担心火灾、洪水或资源浪费，这提供了一个比现实世界更好的环境。

帕蒂·史密斯·希尔（Patty Smith Hill）以及后来的卡罗琳·普拉特（Caroline Pratt）逐渐认识到，大型积木是培养孩子们相互交流的一种手段，希尔特别设计了一些巨大而笨重的积木，让小孩子无法独自移动。合作、协商和相互叙述是幼儿园的重要组成部分，这也是贝尔斯和开发技术团队用他们的无语言"协作网络"解决的问题。在《我的世界》和其他线上多人游戏中的农场、森林和海洋中，没有老师，也很少有成年人来设定行为规范。一个玩家或一群"暴徒"开始"恶意破坏"，可以摧毁或毁坏别人的建筑，也可以把新手赶出游戏，并创建线上社交团体，这与高中的小团体和社交破坏者没什么不同。汤普森报道了康涅狄格州的达里安图书馆，他决定托管自己的《我的世界》服务器；办一张借书证当入场费。"我会接到一个电话说：'我是玩家Dasher80，有人进入了我的土地，破坏了我的房子。'"图书馆创新和用户体验助理主任约翰·布莱伯格（John Blyberg）告诉汤普森。[97] "有时图书馆管理员会介入裁决纠纷。但布莱伯格说，这种情况越来越罕见"。"一般来说，自治会接管这一切。我登录后，会看到10~15条消息，开头是'谁偷了这个'，然后每条消息都是这样的。""最后，它会说：'没关系，我们解决了！无视这条消息！'"

2015年，伊藤美美和合作伙伴塔拉·泰格·布朗（Tara Tiger Brown）以及凯蒂·萨伦（Katie Salen）推出了"互联营地"（Connected Camps），这是一个基于"我们安全、适度、儿童友好的《我的世界》服务器"上的线上夏令营和课外活动项目。伊藤和她的合作伙伴看到了在专用服务器上创建一个更好的线上游乐场的机会：同样的组件，更好的监管。"很少有教育项目真正在虚拟空间中为孩子们提供适当的指导。"伊藤告诉我："一些极客家长可能会运行自己的《我的世界》服务器，但你不会真的想每天和你的孩子坐在操场上。同样，你也不想成为那样的父母。"[98] 互联营地的创始人试图创造的是"更像一个具有积极价值观的有机社区，在那里你可以让大一点的孩子指导小一点的孩子。"孩子们从与他们有共同兴趣但不一定被视为权威的导师那里学得很好。互联营地培训高中和大学生担任辅导员，并向他们支付薪酬，为他们提供聊天的主持人特权，并在发生冲突时提供脚本。鉴于技术和数字文化变化的速度，成为社区的有机组成部分是关键。伊藤说："玩《我的世界》的孩子从来没有真正被指导过如何在聊天中与人互动"。"这不是孩子们需要学习的唯一东西，但孩子们必须理解数字行为和数字空间的规则，就像他们需要了解如何在房间里行走一样。"

　　当我第一次开始研究数字游戏时，我希望能找到数字游戏取代实体游戏的能力，或者在我们的网络世界中寻找木制积木过时的理由。但这并没能实现。学龄前儿童很难跳过面向对象的游戏，无论他们多么熟练地使用智能手机。《我的世界》、"*Scratch*"和《乐高头脑风暴》等在线和改编版本游戏都是为年龄较大的孩子准备的，它们与乐高积木一起使用，或者是为了超越乐高积木。积木和建筑类的玩具已经吸收了现实生活中的物理和数学成果，下一步可能涉及更复杂的结构、运动、电路和协作。如果你仔细选择你的数字画笔，接下来的在线步骤也会涉及同样的内容。仅围绕学习数学技能或科学原理来定义教育潜力是狭隘的，因经济限制或错误地认为所有电子游戏都是坏玩具，从而大量避免使用现代电子游戏，可能会让孩子处于不利地位。数字玩具货架和现实世界很像，充斥着闪烁的灯光、可爱的角色和性别差异。正如你不应该假设所有的方块都是一样的，也不能假设所有的数字游戏都是相同的。材料只是更大游戏体验的一个方面，这或许会被成年人调节、支撑或破坏。要理解一个玩具的根源是木制、塑料、像素的或者是混合的，你必须看到它在孩子手中的潜力。为了了解孩子们能做什么，你需要给他们提供开放式的、可替代的工具和体验，并由他们自己创造世界。

●

　　从福禄贝尔立方体到单元积木再到乐高，建筑玩具的世界似乎是一个由直线和锐角构成的宇宙。《我的世界》似乎将这些设计原则扩展到数字空间，但玩具的未来可能会完全以另一种形式出现：不是通过建筑工作室，而是通过科学实验室。以艺术家迈克尔·杰奎因·格雷（Michael Joaquin Grey）创造的"游戏系统"（Zoob）为例（图 1-15）。它的名字代表着动物学、本体论、个体发生学和植物学。Zoob 家族有五个形状像微型杠铃的组件，每个组件都有 2.5 英寸长。中间的组件由黄色塑料制成，有两个像高尔夫球一样有凹痕的球形末端，中间部分有凹槽，被称为"citroids"。与"citroids"造型相反的组件是绿色的，它的两端像张开的手，这样设计能够更好地夹住球体，被称为"orbits"。其他组件基本上是"citroids"和"orbits"的混合体，有的一端是球体，另一端是一只手；有的中间有缺口，有的没有。这些组件分为五种颜

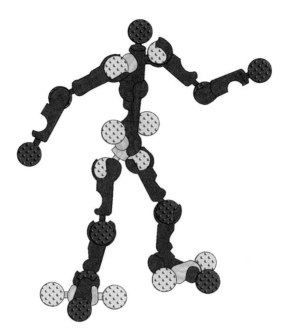

图1-15 Zoob 模型搭建
（来源：译者自绘）

色，每种颜色对应一种类型的组件。五个 Zoob 组件可以进行二十种不同方式的连接。人们意识到，建造玩具是主题和变化原则的最佳例证。从孩子开始接触这些玩具的那一刻起，它们就教会孩子相似和不同的原则。

格雷在 Zoob 上的巨大飞跃是，他把生命的组成部分看作是块状以外的东西。街区是基于立体建模的原理，模仿了农业社会的建筑体系，也被称为堆叠。[99] 无论是石头、砖、泥、沙、木头，还是玩具乐园里的塑料，这些积木都能起能落。在工业革命期间，对工程的新理解和提炼原材料的新技术促成了钢结构的诞生。更大、更高的建筑，用更少的材料制成的更薄的墙壁，改变了城市的建筑。建筑装置反映了这种用梁和大梁围合空间的新方式：麦卡诺（Meccano）工程玩具、架设装置和巴克明斯特·富勒（Buckminster Fuller）圆顶的三角形跨度，都把这些先进的东西放在了孩子们的手中。但有了 Zoob，你可以造出主体。Zoob 是 20 世纪 90 年代基于科学原理的新玩具浪潮中的一员，其他玩具还包括混沌塔（Chaos Tower）、建乐思（K'Nex）和霍伯曼球（Hoberman Sphere）。四四方方的块状结构过时了，分子开始流行起来了。格雷非常了解玩具制作的历史，他拥有雕塑学和遗传学的双学位，有将事物简化和与复杂生物结构相结合的背景。有一次，我把当时六岁的儿子和他那 250 件装的 Zoob 放在房间里一个小时，回来后发现他的地毯和架子上摆着自然历史博物馆的恐龙，从长颈的阿巴托龙到两条腿的迅猛龙。他用乐高积木和麦格磁铁砖（Magna-Tiles）搭建了可能会发生动作的场景。Zoob 因为模拟骨骼的潜力明显，可以用它建造"演员"，他的房间就成了叙事剧的舞台。

我觉得 Zoob 很"聪明"，但直到我去格雷在切尔西的公寓拜访时，才意识到它的全部能力。一只实物大小的"Zoob 猫"，有着黄色发光的眼睛，从一个架子上发出"嘶嘶"声，而在一张由风化木板做成的长桌上，坐着一只意大利面锅大小的"Zoob 海胆"。把它拿起来，它就会像一个活物一样弯曲起来。生活的幻觉太诡异了，我差点就放弃了。在房间角落的半透明塑料箱里，放着更多的模型：Zoob 可以是人字形图案的织物，像皮草一样厚实，可以连接起来形成一条莫比乌斯带；Zoob 作为空间框架，与环环相扣的圆环相连，可以形成一个表面弯曲的外围；灰色的 Zoob 作为骨骼手和手臂，精确地塑形骨骼数量；绿色的 Zoob 像一根优雅的树枝，摇晃时叶子会颤抖。在 2010 年拍摄于同一客厅的 YouTube 系列视频中，格雷像魔术师一样操纵一个由三个银色 Zoob 组成的链条，演示了从一维到二维再到三维的转换。[100] 但直到格雷向我展示时，我才意识到 Zoob 也可以模拟力学。轨道之间的连接是为了运动而设计，它可以像活塞一样被推进推出。它有弹性，而一组相互连接的三角形可以弯曲却不断裂，更像一个减震架。相比之下，以前建筑玩具的刚性和静态系统就显得古老而缺乏弹性。球窝关节与我们的肘关节非常相似，可以进行 360° 的活动。这个 2.5 英寸的部分看起来像手指的骨骼延伸，或者当站在轨道的两个金属片上时，看起来像一个小人。在发明者手中，Zoob 模仿了无数生物。

MOMA 策展人保拉·安东内利（Paola Antonelli）说："Zoob 是对复杂系统和生物学所有思考的完美融合，并浓缩在一个孩子可以使用的玩具中。"她将 Zoob 纳入了现代艺术博物馆的建筑与设计收藏中。"玩它，可以让你无需任何人教授或说教就能熟悉这些概念，从而变得有文化。"[101] 安东内利补充道，在她的成长过程中，作为欧洲知识分子的父母带她去斯堪的纳维亚的玩具店，木材是那里唯一的材料。"就像早期的建筑玩具响应现实世界的建筑趋势一样，我们想要的只是闪闪发光的塑料制品。"安东内利说，"Zoob 反映了当代建筑师对建筑结构不断增长的兴趣。"所有这些都来自一套廉价的、被大量生产的玩具，75 件的玩具零售价不到 20 美元。

格雷的早期投资者都是艺术赞助人，他的初期模型是在电脑上设计的，并通过 20 世纪 90 年代的基本立体平版印刷技术（现在称为 3D 打印）用塑料打印出来，而且可以立即获得。铸造一件铝制模具的成本为 15 万美元。格雷说："一旦它不再是一件艺术品，就可以被迅速复制，复制的价格要让人们负担得起。"第一次制作时，每件的成本高达 30 美分。它必须通过减少塑料用量和简化内部设计，将成本降至几美分。"如果它是由德林、特氟龙或其他混合物制成的，性能就不会减弱，你就拥有一个 5 美分而不是 1 美分的东西。但如果 120 件的价格是 90~100 美元,它的市场前景要小得多。"[102] 每个 Zoob 的两块部件通过声波焊接成型,在中间留下几乎察觉不到的接缝。如果你踩到一个 Zoob 上,金属片就会脱落,格雷说这是制造商的一个失误。塑料被注入模具的位置正好是一个金属片的中心,留下一个小的凸起。这个凸起是玩具最需要移动部位的一个薄弱点。在讨论木制玩具时,总是把质量和价格联系在一起,这贯穿了格雷的设计过程。他需要不断地重新设计一款已经在脑海中构思的经典积木产品,这最终使他对玩具设计师的生活失去了兴趣。"你必须让人们知道 Zoob 可以做什么,而不仅仅是把它弄得粉嫩闪亮。"

当人们知道我正在研究这本书时,我就经常被要求推荐最好的建筑玩具。我的简短清单上包括乐高的子系列德宝(Duplo)(图 1-16),它对蹒跚学步的孩子来说更容易操作,最常见的是在无商标彩色的箱子里出售;Tubation 玩具(图 1-17),一组直的、L 形、T 形和 X 形的管子,可以连接成弹珠滑道、乐器和动物骨骼;前面提到的 Magna-Tiles 和 Zoob。一旦你买了这些,也许还有一些适合五岁以上儿童的乐高积木,你最好的选择就是给你的孩子买更多的积木。埃利亚松集体项目的自由部分在于它的丰富感,就像城市和乡村的教室里摆满了积木一样。孩子们从跑步中学习创造力

图 1-16 乐高的子系列德宝
(来源:亚马逊中国)

图 1-17 Tubation 玩具
（来源：亚马逊中国）

和谈判技巧，但是你需要足够的东西让他们走得更高或更远，或者绕着房间走一圈。但是，一位父亲想知道，如果所有的部件都能组合在一起会怎么样？如果建造玩具的世界不是分开的，而是联系在一起的呢？

2011 年，卡内基梅隆大学（Carnegie Mellon University）的戈兰·莱文（Golan Levin）教授观察到他的儿子试图制造一辆汽车。《福布斯》（Forbes）后来报道说："除了面临着工程方面的挑战之外，四岁的小莱文还面临一个困难，即他用来制作车架的玩具——组装式玩具（Thinkertoys）无法与用作车轮的建乐思连接。"[103] 莱文·佩尔（Levin père）决定做点什么。如果他在 20 世纪 90 年代就有了这个想法，当时格雷正在开发 Zoob，成本将会高得令人望而却步。但到了 2011 年，3D 打印的成本下降了，莱文和肖恩·西姆斯（Shawn Sims）可以创建一套数字蓝图，免费链接 Zoob、乐高、建乐思、Bristle Blocks、Tinkertoys 和其他五种建筑玩具，形成一个疯狂的系统。"适配器套件让你的乐高积木可以和林肯积木一起玩。"小发明（Gizmodo）网站写道。而《福布斯》称这个名为"免费通用建造套件"的项目旨在"解放乐高积木"。蓝图是项目的一部分，可以免费下载，打印由下载者自行决定。这种方法巧妙地利用了按需打印新世界的一个漏洞。如果合作伙伴试图在商店里销售连接器，他们就会被其他参与其中的玩具制造商以侵犯版权的罪名起诉，就像泰科诉乐高案中发现

Kiddicraft 原始专利的案件一样。"这不是一个产品，而是一种挑衅"，莱文在《福布斯》中说道，"我们应该有发明的自由，而不必担心侵权、版税、坐牢、被起诉和被大型企业欺负。我们不想看到在音乐和电影中发生的事情在此领域上演。"[104]

博物馆获得的数字打印样品是用 3D 打印机自带的白色肉质热塑料制成的，刻意设计成普通的、没有具体风格的，标志着它们不同于其他色彩斑斓的商业 ABS 塑料。帕梅拉·波普森（Pamela Popeson）在 MOMA 的 Inside/Out 博客上发表了一篇文章，她认为这些连接器是一个乌托邦式的项目。"你可以说我是一个狂妄的乐观主义者，但我相信，为了兼容而做出的最小努力会大有帮助。"[105] 兼容性和普适性一直是积木的创造者们所追求的：一个能够解释世界的系统，一套可以制造一切的部件。免费的通用建造工具包是一个极客（GEEKPAPA）爸爸从版权霸者手中夺回沙盒的方式。但莱文这么做是出于对儿子的同情，他试图像《不只是盒子》中的兔子一样，逃离可见的领域。

戈兰·莱文想要给儿子自主权，让他拥有一个更大的游乐场，不是通过买更多的玩具，而是通过更多地使用他已经拥有的玩具。让工具包开源、免费，是另一种颠覆性的商业化方式，自从开始为儿童制造玩具以来，这种商业化就一直伴随着玩具：制造一个没有小小商标的塑料砖。如果一个孩子想把 Tinkertoys、Zoob 和乐高连接起来，他（她）可能会求助于隐形胶带或胶水，并根据年龄和技能测试改进他（她）的解决方案。莱文找到了一种更优雅的方式，让他的儿子有更多的想象空间，他的思维超越了版权和操作手册的围墙花园，关注的是一款尚未接受的教育游戏。"坏玩具"只是放在那里，按既定的顺序被拆分和拉扯，一旦解体就毁坏了。"好玩具"让孩子们用最简单的物理部件，将他们自己的世界重新拼接在一起，创造出想象中的城市。英国皇家空军（F.U.C.K.）在 2014 年的库珀·休伊特史密森尼设计博物馆（Cooper Hewitt, Smithsonian Design Museum）展出主题为"用户的复仇"（Revenge of The User）的展览。策展人埃伦·勒普顿（Ellen Lupton）在目录中写道："用户正在拆卸和重新组装消费品，将制成品世界视为一套需要重新加工和改写的零件。"[106] 而所有这些制成品呢？它们装在纸箱里。

2　住宅

"他们到底是谁?"

"霍米利、波德和小阿丽蒂。"

"波德?"

"确实,把这些称作他们的名字并非完全准确。他们声称拥有自己的名字,而且与人类的名字截然不同,但用半只耳朵就能分辨出它们也都是借来的。他们一无所有,所拥有的一切都是借来的。即便如此,我哥哥说,他们还是认为自己是世界的主人,真是一群敏感又自负的小家伙。"

"你是什么意思?"

"他们认为人类的职责就是为他们服务,脏活苦活都应该由人类来做。"

——玛丽·诺顿(Mary Norton),《借东西的小人》(*The Borrowers*,1952年)(图2-1)

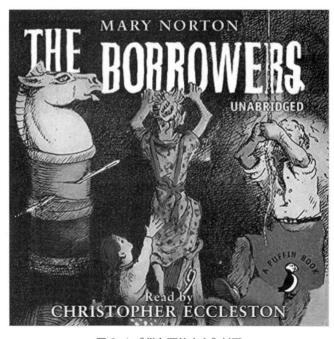

图2-1　《借东西的小人》封面

(来源:亚马逊中国)

在玛丽·诺顿1952年的小说《借东西的小人》中，我们第一次偶然接触到我们的小主人公，这似乎理所当然。借东西的小人，像老鼠一样高的智人，住在我们房子里隐蔽的地方，只是偶然被瞥见，就像壁炉架上的一个动作，或者窗帘上的一个影子，他们的姓氏来自他们居住的房间和家具。霍米利、波德和阿丽蒂的姓氏是"钟"，因为他们住在大厅的落地钟下面。他们认为所谓的"人类豆"是粗心大意的巨人，他们会掉下别针、火柴盒、线轴和面包屑，以便更好地为借东西的小人提供东西。我读了这本书很多次才明白，借东西的小人都是孩子。那些被成年人认为无足轻重甚至不存在的小人物，是家里的小暴君。正是上面的这句话给了我启示，它在语言的传递中有轻微的模糊，导致孩子们的发音严重错误，以及当被成年人嘲笑时，孩子们感到被深深地冒犯。孩子们确实认同"时钟"，并对他们的小世界和其中的微缩模型着迷，但这本书也敏锐地观察了孩子们和父母对家庭看法之间的差距。这本书对房子的材质进行了深入的描写，从前厅地毯的粗糙度到吸墨纸的柔软度。成年人逐渐习惯了这些元素，基本不去关注它们。借东西的小人通过简单的技巧使纺织品变得巨大，从而呈现出物品的纹理。

在理解孩子们的存在如何改变现代住宅时，尺寸是首先要考虑的问题，其次是空间和材料的问题。儿童的身高比成人矮，他们需要适合他们身材的家具，但也需要适合他们能力的家具。尽管在19世纪之前，人们为儿童提供了根据他们的身高而改造的椅子，但直到童年被视为一种独立的，甚至是令人向往的生存状态，这些椅子才变成了既有用又有趣的家具。有用的是，儿童保育员成为一种更稀缺、更精英的资源；有趣的是，母亲们开始把教育看作是她们在家里角色的一部分，并购买兼具玩具和座椅功能的家具。然而，孩子的身材和能力通常都是暂时的。当婴儿变成学步儿童时，婴儿的跳跳椅（我认为它是世界上最丑的东西之一）就过时了；随后，蹒跚学步的儿童学步车也被丢弃，换成了踏板车。早在"共享经济"出现之前，父母们就把短期内需要的东西通过交易传承下去并以此换取所需的财物。聪明的设计师试图用木头或硬纸板，或者使用廉价或可回收的材料，在不花费过多成本的情况下，为孩子们的实际需求量身定做。小事物和小人物被视为实验的沃土，因为他们的需求在不断变化，而且具有内在的随意性。

"凑合"不仅与节俭有关，还与创造力有关，而创造力正是通过盒子和积木游戏培养出来的。借东西的小人显然擅长自己动手。从某种意义上说，他们生活在一个前工业化社会，过于孤立，无法与商店交往，尽管他们最珍贵的财产都是由巨人们在商店里购买的。一张张吸墨纸、火柴盒和别致的雪茄盒，波德用这些雪茄盒为女儿阿丽蒂打造了富丽堂皇的卧室——"顶棚上画着可爱的女士们，穿着漩涡状的雪纺，在蓝天的背景下吹着长长的小号"——在他们的新环境中，这些都是地位的象征。纸板箱是想象力的另一个渠道，是孩子们一下午可以发挥想象和进行创造的材料。随着20世纪美国住房拥有率的增长，越来越多的成年人想要重拾过去的一些动手技能。工业生产可能已经逐步淘汰了手工技艺，但成年人将19世纪的职业变成了业余爱好，DIY运动由此诞生。很多家庭发现，给孩子们太多现成的东西会扼杀创造力，还会增加预算。在20世纪50年代，DIY手册为父母们指明了家中的特定区域，让父亲使用电动工具，让母亲使用油漆样本。在20世纪70年代，DIY手册回到了最基本的东西，建议将纸板箱作为一个起点，通过建造你自己孩子大小的家具、储物柜和玩具，将游戏重新融入成人的生活中。

当他们变得贪婪，并拿走了一些对成年人仍然有价值的东西时，这本书的结局和最终被发现的时刻就到了。成为钟家帮凶的那个正常身材男孩卧病在床，躺在满是不想要的东西的屋子里，这是教室旁边旧的育儿室。当孩子们在房子里第一次有自己的空间时，通常是在楼上或楼下，里面布置着过时的家具，就像钟家的房子一样。诺顿在书中写道："那时，教室里堆满了破旧的箱子、一台破缝纫机、一个假人模特道具、一张桌子、几把椅子和一架废弃的钢琴，这些东西底下铺着被单，上面盖着被子。因为曾经使用过它们的孩子们，也就是索菲姑婆的孩子们，早已长大、结婚、去世或离开了。"童年创造了一套嵌套在成年需求中的替代产品。[1] 至少对中产阶级家庭来说，每个阶段都会有一系列包括新的衣服、书籍和物品等必需品，并需要一个地方来存放它们。老房子有阁楼和地下室；现代建筑试图消除这些额外的空间，以支持更小的平面图和更高效的存储空间。围绕儿童及其物品的妥善安置，出现了一系列文学作品，后来还出现了一个专门的职业。本章的后半部分讲述了在过去的两个世纪里，美国的孩子们如何慢慢地占据了他们的家，从没有自己的地方到拥有半个房子。到20世纪中期，儿童房和游戏室，甚至用设计师乔治·纳尔逊（George Nelson）的话说，多代人居住的"没有名字的房间"成为热烈讨论的焦点。它们应该是色彩鲜艳的还是朴素的？像作坊一样装修，还是按照孩子的兴趣来装饰？储物空间一开始听起来像是一个沉闷的话题，后来变成了一个巴洛克式的话题，豪华的储藏室和像巨型玩具一样的客厅家具就是一个例子。越来越多的儿童用品成为家居设计的另一个元素，正如加州大学洛杉矶分校的社会科学家发现的那样，这可能会淹没21世纪的家庭空间。[2] 这些小人物对我们的生活方式产生了巨大的影响。

●

抚养孩子甚至可以让受过观察人类行为训练的成年人对物质世界有新的见解。大约在1972年，随着年幼的托尔·奥普斯维克（Thor Opsvik）长大，幼儿高脚椅已经坐不下了，但坐普通椅子还是太小了。他唯一能找到的都是小椅子，用来坐在小桌子旁，远离大人的活动。他的父亲彼得·奥普斯维克（Peter Opsvik）注意到了这一点，作为一名工业设计师，他有能力为此做点什么。结果就是设计了婴童高脚可调节餐椅（Tripp Trapp），两块锯齿状的涂漆山毛榉木将座椅平板和脚踏板连接起来。这是一把适合孩子的椅子，它不是儿童尺寸，会随着时间的推移而变大，而且永远不需要被封存。自20世纪70年代初以来，制造婴童高脚可调节餐椅的斯托克（Stokke）公司已经生产了一千多万把椅子。我当时认为，在儿子两岁的时候给他买了一把婴童高脚可调节餐椅，在4年后可以把它传给妹妹。但九年过去了，哥哥还在用他的橘色椅子，我们不得不为妹妹买了第二个李子色椅子。我将它们看作是一种投资。如果你参观现代艺术博物馆（MOMA）的咖啡厅，你会看到彩虹系列的婴童高脚可调节餐椅等待顾客使用；我还在丹麦设计博物馆（Designmuseum Danmark）的咖啡厅看到过它们，我的孩子们向他们的"老朋友们"招手，画廊墙上的椅子和咖啡厅正在使用的椅子几乎毫无差别。

婴童高脚可调节餐椅的系列设计在许多厨房地板上随处可见，用起来很防滑，这证明了奥普斯维克的远见卓识。他不是为某个年龄或某些能力的孩子制造椅子，而是为所有孩子们制造椅子（图2-2）。在整个20世纪，设计师一直在为有标准和特殊需求的儿童家庭设计家具、房间和住宅，寻求一定程度的适应性。2012年，现代艺术博物馆举办了一场名为"儿童的世纪"（The Century of The Child）的展览，其中包括一个5英尺高的婴童高脚可调节餐椅，可供成年人坐在上面体验儿童的视角。当我坐在博物馆橡木地板上的那把大椅子上晃动双腿时，感觉博物馆的地板很低，处于一种脱离现实的状态。在展览目录中，策展人将所有为儿童设计的作品描述为"包容性"，这一术语通常用于残疾人的设计。[3]但这是有道理的：儿童和许多残疾人一样，不太适合工业化世界的家具。

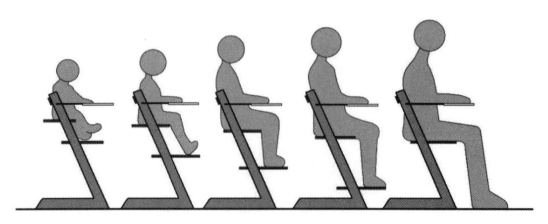

图2-2　儿童坐在婴童高脚可调节餐椅里的成长草图

（来源：译者自绘）

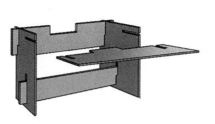

图 2-3 《游牧家具》中的简易拼插书桌
（来源：译者自绘）

自 19 世纪中期以来，儿童家具已经成为一个单独的类别，但它花了一百多年的时间才使包容性和适应性设计成为独立专业。1973 年，当设计师詹姆斯·轩尼诗（James Hennessey）和维克托·帕帕内克（Victor Papanek）编写他们的 DIY 手册《游牧家具》（*Nomadic Furniture*）（图 2-3）时，他们指出没有适用于儿童、妇女或残障人士的标准尺寸。[4] 儿童家具的创造者们大体上是根据自己的后代来设计的，许多为残疾人设计的产品都是本土生产的。20 世纪 60 年代末至 90 年代间，通过的立法规定了平等使用设施和接受教育的机会，这将改变包容性、普适性和辅助性设计的必要性。活动人士积极寻求消除身体障碍的项目，以便残疾人能够独立生活；他们还选择将自己描述为"残疾人"，而不是以前可以接受的"残障人士"。现代艺术博物馆的策展助理艾丹·奥康纳（Aidan O'Connor）写道："设计师从整体上考虑儿童，拒绝简单地制作成人产品的微缩版或将其装饰成儿童产品的样子，继续贡献能够扩展设计物品的能力和环境，以改善和改变日常生活。"[5] 博物馆刚刚获得了一把治疗用的高脚椅，克拉巴特（Krabat）的"骑师"（The Jockey），可以让孩子坐在一个高度可调的马鞍上，椅背和脚踏板都有绑带。"骑师"的目标是为教室里的残疾儿童提供轻便、可移动的支撑，让他/她与同学们保持一致。据该产品网站介绍："紧凑的设计将注意力集中到孩子身上，而不是椅子本身。"[6]

在彼得·奥普斯维克 2008 年出版的《重新思考坐姿》（*Rethinking Sitting*）一书中，他以餐桌为基准线，展示了一个孩子从婴儿到青少年的相对位置。"我开始画各种体型的人，他们的肘部都在桌面高度。"奥普斯维克写道，"由于肘部和下背部在同一高度，椅子的靠背可以永久固定在桌面的高度。"[7] 这些座椅既宽阔又坚固，可以像梯子一样使用，而且是可调节的，所以可以通过每年把它们调低一个档次来记录孩子的成长。椅子面朝前，可使全家人的头都在同一水平线上；椅子面朝后，是一个踏步凳，非常适合拉到柜台做饭或到食品储藏室寻找零食。锯齿状的底部沿着地板拖动，几乎不可能翻倒。奥普斯维克把婴童高脚可调节餐椅看作是孩子们解放的工具，它可以适应孩子们的成长，而不是为不可避免地淘汰而设计的工具，它可能会让孩子们更顺利地参与家庭生活。奥普斯维克写道："我的希望是，这将使孩子们坐在餐桌前更愉快、更容易地进行活动。""用餐时间可能会变得更加放松，当物理环境适应了他们的身材和需求时，孩子们会更容易集中精力在餐桌周围活动。"尽管婴童高脚可调节餐椅为满足美国和欧盟（这两个国家和地区标准不同）的高脚座椅安全标准而配备了更多具有约束力的装备，但这种遏制并不是奥普斯维克最初计划的一部分："为什么各个年龄段的孩子不能随心所欲地在椅子上爬上爬下呢？"

这是一个很有说服力的问题。在长达几个世纪的历史长河中，高脚椅大多指向控制和文明，而非自由。高脚椅看起来更像牢房而不是梯子，家庭聚餐听起来更像是一件家务事，而不是一个满足孩子需要的环境。它的目的是把孩子提高到成年人的高度，同时也是为了学习他们的家庭礼仪和正确的饮食方式。在前几个世纪，人们对孩子的期望是顺从，而不是享受。现存最早的高脚椅是在 16 世纪晚期和 17 世纪早期，精心雕刻或用皮革装潢成成人样式的座椅，都是模仿成人家具的风格。[8] 通常这些椅子的前面没有横栏来固定孩子，而是被推到桌子的边缘。博物馆收藏了一系列高而纤细的椅子藏品，从尖尖的、哥特式雕刻拱门到简单弯曲的温莎梳背、天鹅绒软垫迷你椅，再到带后轮的藤条和弯木椅子，都反映了家具时尚的范围。作家科林·怀特（Colin White）在《育儿室的世界》（*The World of the Nursery*）中写道："温莎高脚椅（图 2-4）是失败的，因为它们不成比例的长腿让它们看起来像长颈鹿。"[9] 在 19 世纪，当上层阶级在他们的餐厅里搭配成套的椅子变得越来越普遍时，儿童座椅也被要求与其他椅子相配套，以承认他们作为家庭成员的存在和重要性。

直到 19 世纪 30 年代，高脚椅才成为典型的中上阶层家庭物品的一部分。儿童已经有了一席之地，并开始拥有自己的家具。首先是玩具和书籍，其次是家具，最后才是空间。高脚椅变成了一个可以容纳儿童进行社交的地方，也成了一个简单地被约束的地方。人们认为市民社会依赖于成员的自我约束和控制，这些越早教给你的孩子越好。对于无法控制自己的婴儿来说，家具必须填补这一空白，支撑他们并放慢他们的速度。[10] 在这一时期，教室的家具和布置也给我们上

图 2-4　温莎高脚椅
（来源：译者自绘）

了类似的一课：坚硬的公共长椅，作为一门课或"形式"的背诵，一种字面上的群体思维以及阅读、写作或算术的教育。当孩子们坐在大人的餐桌上时，家庭价值观在用餐时间得到了推广。由外科医生和解剖学家阿斯特利·帕斯顿·库珀爵士（Sir Astley Paston Cooper）在1835年设计的"仪态椅"是一种高背高脚椅，有一个小圆座，没有脚凳和扶手，目的是确保孩子不会偏离正确的姿势。[11] 常见的惩罚是让孩子们长时间坐在教室或育儿室角落里的这种椅子上。别的高脚椅则以其他方式限制了孩子的活动，当孩子离开自己的地盘时，就会形成一个封闭的空间。

到了19世纪50年代，制造商开始在餐桌上添加儿童尺寸的餐具。起初，这些餐具的样式与成人餐具一样，但"坐在餐桌前"说教的思想最终体现在了餐桌上。吃饭的时候会出现《圣经》的场景、牧师的格言以及关于勤奋或慈善的插图引文。碗、杯子和盘子上也绘有童谣或字母表，所以吃饭时会在碗底显示这些信息。这些菜肴的设计，就像坐在餐桌前所引发的互动一样，旨在弥合儿童和成人之间的鸿沟，让他们足够舒适，足够有趣，表现得更好。过去的几个世纪，在收入水平较高的时候，家庭教师和婴儿护士等在育儿室里会教孩子们如何拿勺子，用身体约束他们并清理看不见的脏东西。但是在整个19世纪和20世纪早期，由于工业岗位吸引了更多的年轻女性，中产阶级雇佣保姆的机会减少了。[12]

此外，《建议手册》强调了母亲教导的重要性：应该通过榜样和积极鼓励的方式，将母亲的举止和教育水平传递给孩子。[13] 诉诸体罚是母亲失败的标志。不仅仅是孩子们的生活受到这项新使命的约束和限制。高脚椅、游戏围栏和婴儿车，成为保姆的无生命替代品，也成为母亲们的无声助手。现在母亲们必须做饭、打扫卫生，让孩子远离麻烦，同时也指导他们保持良好的行为举止。一位19世纪早期的专家认为，"应该同时教会孩子坐下和从桌边站起来；在别人得到服务的时候等待，而不表现出急切或不耐烦；为了避免噪声和谈话，如果他们不再被限制在育儿室里，就可以看到美味佳肴，而不必期待或要求分享它们。"[14] 根据古物学家莎莉·凯维尔·戴维斯（Sally Kevill-Davies）的说法，美国家庭生活的"更放松的风格"意味着孩子们与大人一起，在客厅和餐厅里花费更多的时间。[15] 英国上层阶级和中产阶级的孩子在育儿室里是与成人分开吃饭的，而美国人的用餐被认为是"礼仪和自我克制"教育的黄金时间。孩子们在家里练习礼仪，准备迎接公司的聚餐，这应该能展示这些课程的学习效果，以及母亲在育儿方面的能力。[16]

19世纪对礼仪的重视和礼仪的恰当展示，让我想起了21世纪对健康饮食的一些强调，以及许多家庭晚餐的烹饪书。在这些书中强调了一家人一起吃饭的重要性以及父母吃各种食物的示范，包括辛辣的、绿叶的和不熟悉的食物。孩子们不应该羞于尝

图 2-5　1865 年儿童与她的父母享用下午茶
（来源：搜狐网站）

试咬一口，而是要通过重复和接触来鼓励他们。虽然不强调训练孩子与同伴一起吃饭，因为餐厅用餐更有可能是挑战了今天人们的礼仪和口味，但有一类争强好胜的父母喜欢告诉别人他的孩子吃了甜菜、寿司或扁豆，这些食物通常放在印有字母、世界地图或其他当代知识和文化象征的餐垫上（图 2-5）。

随着 19 世纪过去，家具制造商对儿童舒适度和成人实用性的关注增加了，而对装饰的重视程度却下降了。新的、工业化生产的椅子是由轻质弯曲木和藤条制成的，有时还带有轮子。椅腿岔开以防止倾倒，并减轻了温莎高脚椅"长颈鹿般的外观"印象。有些餐椅有可移动的托盘，这样孩子们就可以离开桌子吃东西，还有供腿和脚休息的踏板。[17] 这些弯曲木椅的外形，看起来就像家里的餐桌，周围环绕着经典的咖啡椅，类似于 20 世纪开始高脚椅的布置：宽阔的站姿，升降托盘更容易清洁和移动。椅子的高度确保了孩子的视线水平，而托盘则将她试图自己进食的结果与家庭其他成员的餐食分开。轮子，或是带有细立柱和藤条，亦或是灯芯草座椅的轻质结构，意味着这把椅子可以很容易地从厨房搬到餐厅，既可以清洁，也可以让孩子在母亲的视线范围内。在进餐期间,勺子、磨牙玩具和绳子上的木线轴可能会系在托盘或手臂上,以保证坐在椅子上的婴儿有事可做。[18] 制造商通过提供多种尺寸的选择、创造可以从高到低位置转换的椅子和摇椅、在背面刻上"BABY"字样、添加内置算盘珠或者"卫生皮革布"座椅等来区分他们的产品。孩子和父母的特殊需求开始推动这类家具不必要向成人家具的方向发展。1877 年出版的《橱柜制造商的模式书》(Cabinet Maker's Pattern Book)中有一把带有可选镂空座椅的高脚椅,这样椅子可以先用来吃饭,然后再用来消化食物。[19] 家庭中最小成员的"宝座"正在发生变化,变得更像是一个不成熟活动的中心,而不是纠正错误的关键。高脚椅的发展反映了儿童空间从家庭生活的外围到组织原则的转变,从旧阁楼转变为专门建造的空间。

直到 18 世纪,孩子们都生活在建筑历史学家玛尔塔·古特曼(Marta Gutman)所描述的"代际融合的世界"中,在那里,他们可以向身边工作的成年人学习,而孩子们与成年人相比除了衣服之外,几乎没有什么可以称之为属于自己的东西。孩子们只能使用这些成人空间,从私人住宅到公共街道、院子或公共场所,因为他们别无选择。古特曼写道:"在 1500 年,根本不可能找到一个有儿童卧室的房子,一个有操场的社区,或者一个有公立高中的城市。"[20] 在 17 世纪的美国,荷兰和英国殖民者的房屋主要由两个房间组成,按功能和形式划分为大厅和休息室。在大厅里,一家人做饭、吃饭并进行大部分日常活动。休息室放着家里最好的东西,包括一张最好的床,一家人都睡在上面。[21] 家具、挂毯、茶具,甚至镜子都是手工制作的,被代代相传。没有多余的、暂时的或幼稚的东西。童年是一段需要度过的时期,而不是在其中徘徊,因为 16 和 17 世纪的成年基督徒认为孩子天生有罪。只有通过努力工作和严格的约束,他们才能成为道德正直的人。他们越早开始为家庭作出经济贡献越好。

自从 1960 年菲利普·阿里埃斯(Philippe Ariès)的《儿童的世纪》(*Centuries of Childhood*,1962 年翻译成英文)出版以来,历史学家之间就一直在激烈争论他那句"在中世纪社会,童年的概念并不存在"是否属实。[22] 后来的大多数学者都不这么认为,但是阿里埃斯引发了几十年的儿童研究,这些研究至少一致认为,在 18 世纪人们对儿童的态度发生了根本的转变。[23] 洛克、卢梭、裴斯泰洛齐以及其他早期哲学家和教育家认识到儿童是一个独立的个体,童年是一个可能会被成年人影响的时期,他们建立了一个孩子们拥有自己的物品、房间和空间的 19 世纪。

纵观儿童用品的物质文化,直到 19 世纪早期至中期,人们才看到一系列中上层阶级使用的产品和场所,这些产品和场所在 21 世纪被人们所熟知,包括木制玩具、育儿室、小学和游乐场。即使围绕这些物品的人际关系有所不同——更多的保姆,更少的老师——为儿童设计的根源也从这里开始。儿童必须受到保护,而不是被推向世界。

上层阶级有办法，现在也有义务为他们的孩子提供一个安全的、有吸引力的、快乐的成长环境。尽管下层阶级有这种愿望，但他们很少有空间：根据1902年芝加哥大学社会学家查尔斯·R. 亨德森（Charles R. Henderson）的说法，19世纪后期的城市改革者对要求家庭共享廉租房的公共生活条件感到震惊，担心这可能会鼓励"共产主义思维模式"。[24] "首先考虑家的隐私"美国劳工专员查尔斯·P. 尼尔（Charles P. Neill）在1905年说道，"这意味着让你的家人远离其他家庭。"[25] 这一时期的文学作品通常聚焦于圣洁的孩子身上，他们能够教导长辈关于爱和个人牺牲的意义。其他一些流行的故事讲述了成年人被一个孩子从放纵的罪恶中拯救出来的故事。[26] 让孩子接触不相关的成年人就等于让他们的生活走向不道德；甚至与异性的父母或兄弟姐妹合住一间卧室（19世纪以前大多数家庭的生活方式）也会招致罪恶。[27]

对儿童产生新态度的同时，成人生活的新模式正在改变公共和私人领域的结构。工业革命推动了工作和家庭生活的分离，因为工厂的工作吸引了男人和女人远离农场和其他家庭手工业。《家庭指南》（*The Domestic Guide*）是女性文学的一种新类别，其作者强调有必要将公共生活、私人生活和女性的家庭工作分开。[28] 户主的卧室可能仍在楼下，紧挨着客厅，但保姆和孩子的卧室却藏在楼上。[29] 家庭，现在是工作之余的休息场所，也受益于新的、更便宜的工业产品，以及人们有钱购买现成的家具、衣服和玩具。正式的前厅开始装饰起来：鸟笼、盘子和放盘子的架子，脚下铺着地毯，墙上挂着印花图案。儿童家具仍然是阁楼和储藏室里的物品。直到20世纪初，房屋规划或公寓设计中，作为身份的象征，应该在楼上或住宅后面创建一个私人卧室区域还是在楼下或前面设置一个主卧室之间摇摆不定。

为了保护家庭以及与之相关的工作，妇女不仅把孩子带离了城市，发现自己也被孤立了。尽管郊区家庭主妇的无聊更多地与20世纪60年代有关，但早在19世纪60年代，所谓的唯物主义女权主义者就批评妇女的从属经济地位，认为她们的工作被忽视而且没有报酬，并反对每个妇女做饭、打扫、独自照顾她的家人。梅露希娜·费伊·皮尔斯（Melusina Fay Peirce）于1868年和1869年在《大西洋》（*Atlantic*）杂志上发表了关于女性经济地位依赖他人的文章，抨击女性教育的浪费以及她们需要征得父亲和丈夫的许可。[30] 她的解决方案是"合作家政"，即妇女们联合起来购买一栋建筑，为其配备烹饪、烘焙、洗衣和缝纫的设备，共同完成这些工作，并向丈夫收取零售价。一旦在某个地区建立起来，合作社成员的家庭就可以搬到没有厨房的住宅里，这些住宅位于城市街区的中心，而不是沿着街区的边缘，在住所周围共同拥有一个院子。每36个地块中就有一块将被用于建设合作建筑，这是重组后家庭空间的工作引擎。皮尔斯的写作和演讲受到了广泛关注，1869年，她试图在马萨诸塞州剑桥市鲍街的一栋出租大楼里成立"剑桥合作住房协会"。皮尔斯成功地建立了洗衣店和商店，但从未建立过厨房。她的追随者的丈夫们对自己的妻子为他人的舒适而工作这一想法感到不安，而她自己的丈夫，一位哈佛大学教授，恳求她去度假，从而破坏了她的想法。皮尔斯关闭了她的合作社，但她仍然对后来的思想家，如爱德华·贝拉米（Edward Bellamy）和夏洛特·帕金斯·吉尔曼（Charlotte Perkins Gilman）产生了重要的影响。贝拉米的未来主义小说《回顾》（*Looking Backward*，1888年）设想了2000年的波士顿，市民在公共厨房吃饭，几乎可以即时送货到家，在集中商店购物，每个人都得到相同的信用额度（有点像今天的基本收入提案，不分职业）。他们还住公寓里，以此实现更民主的商品分配。[31]

从一开始，这种单独住宅的家庭就很清楚，它将给母亲带来更多的工作，儿童只是在孤立和复杂的环境中成长。但尽管如此，它仍然是美国人的理想。在这个新建筑中，为儿童留出了空间，他们应该受到保护，不受成人活动的影响，因为他们曾经是成人活动的积极参与者。科林·怀特（Colin White）写道："育儿室是'一个人的房间'，这暗示着房子里一定还有其他房间"。在美国的小木屋和英格兰北部的工业住宅中都没有育儿室。"在育儿室里，孩子们可以吃清淡的食物，玩些孩子气的东西，远离家中成人空间的灰尘、香料、烟火和谈话。"玛尔塔·古特曼写道："在这个房间里，孩子没有参与任何有助于家庭经济的生产性活动。"[32] 相反，孩子花了家里的钱。怀特称赞建筑师 a. W. N. 普金（a. W. N. Pugin）在19世纪30年代和40年代的英国家中"发明"了育儿室，使其成为一种奢侈品：普金的哥特式豪宅被视为英国新富制造商获得体面的入场券。在这些房子里，普金设置了日间育儿室和夜间育儿室，它们的位置离父母的卧室很近，但又不是太近，似乎需要保姆。[33] 这种由保姆照料的独立套房在美国的上层阶级比较少见，因为在那里孩子们仍然需要融入各个经济阶层的一般家庭生活中。在美国，内战后建成的维多利亚式郊区，标榜自己是逃避城市问题的地方，也是妇女和儿童的保护地。这些公寓价格多样，靠近铁路线，吸引了业主和租客。在19世纪中后期，家庭劳动力很便宜，所以抚养和教育孩子都可以在家里进行。美国早期幼儿园的倡导者提倡必须让中产阶级母亲摒弃她们的孩子只需要在家里就能得到保护和养育的想法。家庭本身的装饰应该是有教育意义的，所以妇女们购买了希腊雕像和日本卷轴，在郊区的寓所里摆满了从世界各地的城市购买和进口的物品。维多利亚式住宅的蔓生、反简约的特点，具有多层和奇怪的隐蔽空间，实际上是将家庭隐私与正式社交生活结合起来的理想选择，也为孩子们留下了隐藏和存放物品的空间。[34]

最早的育儿室家具基本上都是经过改造的废弃物品，比如《借东西的小人》里的回收物，成人桌椅的腿被锯短了，以适合孩子和保姆的二等身份。但随着时间的推移，即使维多利亚时代引入了将儿童隔离在家中私人空间的新方法，它也投入了相当大的精力将他们作为自己身份的象征展示出来，这是我们今天仍在努力解决的悖论。我们开始看到用柳条或编织的头巾做成的摇篮；带板条侧边的长方形婴儿床；还有悬挂在两根立柱之间的小床，以便可以左右摇晃。[35] 穿洞或编织的侧面使木制框架更轻，更容易移动，也让婴儿可以看到外面，保姆也可以看到里面。这些小床的风格从文艺复兴时期的精致到温莎风格的端庄，都被流传下来，因为它们大多用于白天。他们的小用户实际晚上睡在实用的婴儿床里。婴儿车在19世纪60年代开始流行，成为主要城市新公园散步仪式的一部分，婴儿车的设计灵感来自摇篮：第一辆是推着的婴儿车，而不是像马车一样拉着，是用木头制成的，配有织物和皮革兜帽。最精致的装饰是镀银的饰物，甚至还有微型油灯。"婴儿是'家庭生活崇拜'的终极产物，也是家庭和文化期望的中心。婴儿车的设计是为了吸引人们对婴儿车主人的注意，并把婴儿展示到最好的地方，就像深色天鹅绒托盘上一颗明亮的宝石"，历史学家卡琳·卡尔弗特（Karin Calvert）写道。[36] 1880年以后，许多婴儿车的设计都考虑了安全带，而且空间足够大，可以一直使用到孩子6岁。过去，父母总是催着孩子们去劳动，而现在却让他们无所事事，给他们穿上白色的衣服，为他们提供书籍、游戏、玩具，还需要一个保姆给他们找点事做。

　　育儿室和婴儿车之间隐藏与展示、自由与控制之间的这种推拉，把我们带回到那把高脚椅以及它在房子里的位置。在整个20世纪30年代，人们一直强调餐厅是共享家庭生活的场所，当时关于孩子在家里的位置和社会要求的正式程度的新观念开始推倒典型的两层中产阶级家庭的墙壁。在1931年3月出版的《父母》杂志上，家居装饰编辑海伦·斯普拉克林（Helen Sprackling）写道："当家里有孩子的时候，餐厅是多么重要的地方啊！这个房间的用途远不止于此。它优雅高贵的气氛直接影响着日常生活和举止，使人们的生活更加高雅，情趣也更高。它的魅力和亲切感使一日三餐成为一种乐趣，晚餐的家庭团聚是一天中期待的快乐。"[37] 斯普拉克林说，像早餐壁龛这样"丰富多彩的非正式性"的新空间无法取代"柔和烛光魅力"的餐厅，从各个方面来说，这个房间教会人们品味。

　　然而，十年后，她的杂志在描述"整个家庭住宅"时，却摒弃了餐厅。在两次战争之间，对养育孩子的重视从儿童在成人空间中的位置转移到他们自己的房间，从他们如何通过诸如高脚椅之类的附属设备适应成人房间转移到房间如何适应他们的需求和兴趣。斯普拉克林赞扬了家庭聚餐的重要性，但她的语气标志着19世纪《礼仪手册》的转变：不应该通过晚餐来教授纪律和约束，而应该是家庭凝聚力和态度，就像在奥普斯维克的家里一样。晚餐的课程不是为了外在的表现，而是为了孩子的内在成长,这对孩子是有益的。

●

> 房子可能是家庭的城堡,但几个世纪前人们就已厌倦了住在城堡里。
> ——乔治·纳尔逊(George Nelson)和亨利·赖特(Henry Wright),
> 《明日之家》(*Tomorrow's House*,1945年)[38]

孩子们的育儿室,以及女主人可能在其中完成工作的厨房和工作室,都像给游艇提供动力的引擎一样,与漂亮而闲置的前厅相连。但这种懒散是不能容忍的。中产阶级的住房所有权,以及女性工业和文职工作的增加,意味着房子越来越小,保姆越来越少。在《父母》杂志中,母亲在一个城堡里从事做饭、打扫卫生和照看孩子的工作,让孩子们住在自己的角楼里,真的是不行。在整个20世纪,美国家庭的足迹不断扩大,不再拘谨,把孩子们的玩具和他们的需求置于中产阶级家庭的中心。阁楼、地下室和餐厅变成了游戏室、工作室和开放式厨房,通过设计在视觉上连接起来。为了看到这种转变,我们像一代又一代的新父母一样,翻开《父母》杂志,该杂志以"全家庭住宅""有孩子家庭的最佳住宅"和"母亲最想要的住宅"等标题发布了样板房。从20世纪20年代开始,理想的家庭结构是以孩子为中心,这反映了家庭已经不再将儿童视为一个暂时的、潜在的破坏性因素。沃伦·G. 哈丁(Warren G. Harding)和卡尔文·柯立芝(Calvin Coolidge)的总统政府都想建立一个"居者有其屋"的国家。[39] 1922年10月,美国副总统柯立芝在家庭杂志《描绘者》(*Delineator*)上发表了一篇题为《一个拥有住房的国家》(*A Nation of Home-Owners*)的文章,支持美国"更好的家园"第一周的示范活动。BHA(Better Homes in America)活动由该杂志编辑玛丽·梅洛尼(Marie Meloney)负责,并与联邦官员和家庭经济专家合作。他们的努力包括地方委员会和样板房,整个20世纪20年代每年都会展出,旨在促进消费支出。白宫草坪上展示了作曲家约翰·佩恩(John Payne)的殖民复兴之家《甜蜜家园》(*Home Sweet Home*)的复制品,吸引了100万人前来参观,沉浸在总统家门口的美式风格中。时任商务部部长赫伯特·胡佛(Herbert Hoover)表示,要向孩子们灌输这样一种观念:拥有自己的房子是幸福家庭生活的核心。大萧条后,为解决国家住房短缺而设立的政府贷款计划,使得越来越多的美国人拥有住房成为可能。[40] 虽然大萧条在某种程度上破坏了核心家庭的稳定,因为母亲们进入劳动力市场,父亲们失去了工作,但对那个时代的怀念往往是家庭团聚、听收音机、玩大富翁等流行的棋盘游戏。[41] 战后新住宅中的家庭房间将为这类活动提供一个中心位置,并有自己的家具。

第二次世界大战后，这些贷款计划以及由其支持的郊区开发项目主要面向白人家庭。"造成这种状况的主要责任完全落在联邦政府的肩上，联邦住房管理局（FHA）办公室将种族主义住房政策和做法制度化，这些政策和做法是由房主贷款公司（HOLC）于1933年发起的。"[42] 房屋所有权被宣扬为一种爱国主义行为，除非你是白人，否则很难实现。通过《退伍军人权利法案》资助的房地产中，只有不到2%提供给了非白人家庭，因此，非白人家庭的住房拥有率严重滞后了。1960年，白人拥有近3100万套住房，而非白人仅拥有约200万套住房。我在此讨论的模范家庭住宅需要在更广泛的背景下看待：所描绘的家庭都是白人，因此他们所讲述的房屋改造以容纳这个家庭的故事是片面的。由于种族和经济原因，对于许多人来说拥有住房是无法实现的。

美国家庭住宅历史学家，包括小克利福德·爱德华·克拉克（Clifford Edward Clark Jr.）和格温多林·赖特（Gwendolyn Wright），在考虑到美国种族、经济限制、地区差异以及住房种类繁多的情况下，一直在为如何界定这一研究领域而十分纠结。我跟随他们的脚步并从中受益，将大部分精力集中在杂志、广告和博物馆中所看到的20世纪理想家园上，这些都是为了儿童的利益而讨论。克拉克说："无论他们是否能够实现这个理想，大多数家庭都可以将其作为参考点，一个可以审视自己生活并衡量自己成功和失败的镜头。"[43] 这些项目仍然是灵感和住宿的迷人记录，因为住宅失去了房间、墙壁和阁楼，但增加了面积，因为建筑师、建设者和编辑们都追求的是一种能够适应日常生活不断变化的平面图。正如哈里斯所写的那样，这些"普通的住宅旨在超越他们永远不会回到战前生活和条件，甚至有时是为掩盖美国中产阶级、工人阶级的低收入以及民族或种族根源。"[44] 例如，在过去的几十年里，随着非裔美国人、拉丁裔美国人和亚裔美国人在战后社区买房，郊区变得越来越多样化。[45] 这些不同的人口对房屋室内设计的影响，目前只进行了有限的研究；前面引用的加州大学洛杉矶分校关于21世纪家庭的研究并没有揭示基于种族的家庭模式之间的差异，尽管他们的样本确实包括非白人和非异性恋家庭。一个有趣的例子是加利福尼亚州的阿卡迪亚，这是20世纪40年代洛杉矶的一个郊区，为了适应中国市场而进行了改造。新住宅有多间卧室、高温烹饪的独立厨房和后院，可以容纳住在一起的亲戚或访客。[46]

《父母》杂志创办于1926年，原名《儿童》，是一本专为父母而设的杂志，创刊之时正值主流社会对儿童发展的兴趣日益浓厚，发表关于营养、教育和心理学的文章，并就家居设计、购买和缝制儿童服装提供建议。编辑克拉拉·萨维奇·利特尔戴尔（Clara Savage Littledale）从1926—1956年经营该杂志，她还发表了一系列与家庭和儿童有关的公共政策问题的文章，以确保她的杂志不完全以消费者为中心。[47]

1969 年 5 月的一篇文章报道了加州大学伯克利分校对种族融合的承诺，赞扬了他们第一年同时为黑人和白人学生提供校车，以实现整个系统的种族平等；早些时候的一期杂志曾报道过全美仅存的一所单室校舍。[48] 在更早的时期，这本杂志刊登了一些文章，宣传先进的教育、简单的玩具以及室内和室外游戏的松散部件，[49] 父母对买房和装修的预算也非常清楚，这使得它的样板房与同一时期建造的许多著名的现代主义定制房屋进行了有益的比较。编辑们精通当代建筑，但其呈现方式与当时的室内设计杂志不同，强调可承受性和实用性，而不是品位或风格。

1929 年，该杂志开始了一项名为"全家庭住宅"的持续专题月报，内容涵盖从理想的楼层平面图、供暖系统、浴室安排到儿童房的布置等一系列内容（图 2-6）。这一建议非常实用，针对的是零散装修的房主。第一篇文章的作者是哥伦比亚大学建筑学助理教授范德沃特·沃尔什（H. Vandervoort Walsh），他写过几本有关家居设计的书。文章展示了一栋两层紧凑型住宅的平面图，每层有四个房间。一个中央封闭的过道和楼梯提供了进入每个房间的通道。"在撰写这一系列文章时，我一直牢记着一个重要的观点。"沃尔什指出，"房子必须为全家人设计，而不仅仅是为了成年人的方便。孩子们的幸福被认为是最重要的，这是一个研究家庭问题的新角度。"[50] 乍一看，为孩子们提供的住宿条件似乎很简陋：虽然每个孩子都有自己的卧室，但它们都很小，藏在房子的后面。楼下的客厅和餐厅肯定没有放玩具的地方，厨房刚好有让母亲在一个整洁的三角形工作区活动的空间。从厨房到餐厅的通道为她节省了更多的步骤。哪里有"足够的空间，让孩子们可以安全地玩耍，而不需要母亲的不断监督"？我们发现，只有在所有房间上方的一个"宽敞的阁楼"里，配备了儿童尺寸的家具并有大量的空置空间。一幅阁楼的插图显示，它位于一幢带有山墙房屋的屋檐下，为采光和通风增加

图 2-6　"全家庭住宅"

（来源：译者自绘）

了天窗。在平面上标示的门廊也打算作为儿童的领地。有顶棚的空间是房子的一部分，即使在雨天，或者当妈妈不想推婴儿车的时候，孩子们也可以在"外面"玩耍。正如沃尔什所描述的那样，门廊也变成了一种摇摆空间：当婴儿需要午睡或蹒跚学步发出噪声时，只需要一个成年人进行监管。沃尔什认为，孩子们也需要隐私，所以最好把游戏室与成年人工作和娱乐的地方分开。在父母的家庭住宅计划中，有必要设置一个距离母亲指挥所（厨房）不远又不近的房间。

《父母》杂志中充满了对那些紧张的或让人窒息的母亲（今天我们称之为"直升机父母"）的警告，她们监视着孩子的一举一动，而科学的家务管理手册列出了一天的时间表，只有几个小时专门用来照顾孩子。父母建议，一个布局合理的家可以使这一切成为可能，甚至是令人愉悦的："母亲需要像孩子一样玩耍，但如果不使工作变得轻松，照顾孩子和家务就会占用她们所有的时间。"一楼有一个厕所，还有一系列"节省人力的机械设备"，包括电冰箱、洗衣机、吸尘器和中央暖气，即使"家庭钱包"无法支付保姆的费用，也能提供帮助。

正如露丝·施瓦茨·考恩（Ruth Schwartz Cowan）在《为母亲做更多的工作》（*More Work for Mother*）一书中巧妙描述的那样，省力设备所节省的时间不一定是家庭主妇的时间，而是她的帮手的时间。"例如，这位家庭主妇被告知，如果没有帮手，给孩子们提供和大人一样的食物是最容易的；如果孩子们和育儿室的保姆一起吃饭，对孩子们的消化和性情会更好。"[51] 对家庭主妇的时间研究显示，在1900—1920年之间，她们花在照顾家庭上的时间并没有减少。相反，她的投资组合中的儿童保育部分扩大了。来自美国政府机构的信息强调，可以通过母乳喂养来降低婴儿死亡率，通过每日称重来监测儿童的饮食，以及经常去看医生。照顾孩子不再只是教授基本知识和提供衣食，现在女性应该参加儿童研究会，阅读关于育儿的书籍和类似《父母》的杂志，监督孩子玩耍，带孩子去上课。[52] 正如格温多林·赖特（Gwendolyn Wright）所指出的，"郊区的吸引力很大程度上与养育孩子的焦虑有关，即给孩子所需的空间，同时控制他们在家庭之外遇到的人和做的事。"[53]

在地下室可以找到父母和孩子之间更健康的互动，这也被排除在计划之外，沃尔什建议把地下室改装成父子间的工作室。"在这样一个房间里，男孩的创造力得到了发挥，父子之间真正的朋友情谊也会得到发展。"[54] 无论是在地下室、车库，还是在家庭娱乐室的角落，工作台在父母的家居设计用品中层出不穷。通过在室内提供更多的活动，父母可以减少外界的影响，并与孩子保持密切联系。在20世纪30年代，业余爱好成为失业或未充分就业的美国人的一种替代方式。模型制作和木工作坊接管了地下室、车库和阁楼。到了20世纪50年代，这些文章的作者会承认这样一个事实：女孩可能喜欢用工具做东西，或者用电子产品做实验，但修补通常被认为是男孩和男人的专利。20 世纪中期的家庭活动室计划可能包括工作台和缝纫区，以及用来玩玩具的开放空间，但很明显，父亲使用的是锤子，母亲使用的是针。沃尔什房子的外观在 20 世纪初的任何一个城市独栋住宅区或有轨电车郊区都不会有什么错。不同之处在于强调儿童幸福感对整个家庭的重要性，以及强调空间、光线和器具的内部安排，以实现这种平衡。

在 20 世纪 30 年代，家庭安排发生了更为实质性的变化，家长们强调新材料和新建房屋是家庭生活转变的一部分。1933 年 6 月，道格拉斯·哈斯克尔（Douglas Haskell）写了一篇题为《旧的新家》（*New Homes for Old*）的文章，其中包括一张劳伦斯·科彻（a. Lawrence Kocher）和阿尔伯特·弗雷（Albert Frey）在长岛赛奥西特（Syosset）设计的实验性铝材住宅（Aluminaire House）的照片。[55] 哈斯克尔后来成为 1949—1964 年《建筑论坛》（*Architectural Forum*）颇具影响力的编辑。哈斯克尔写道，这种轻量化、镶板制造实验的"目的"是让购买者能够像今天订购汽车一样，以较低的价格订购自己的住宅。装配式家庭生活的梦想还没有实现，但哈斯克尔描述的理想住宅有其他未来主义的方面，最明显的是单层平面图和平屋顶。哈斯克尔说，在屋顶平台上，一家人可以在露天用餐，储藏室不是在阁楼，而是在下面，"在那里你既不用爬梯子，也不会撞到你的头。"孩子们的游戏室位于前厅，有挂帽子、外套的架子和大窗户，因为"医生们一致认为，成长中的孩子和成长中的植物一样需要阳光"。1934 年 1 月，一篇题为《为孩子们建造更好的家园》（*Better Homes for Children*）文章中的房屋规划也把游戏室设置在前厅附近，有独立的衣橱和厕所，还有一个靠窗的嵌壁式座位。这篇文章所附的照片展示了另一间陈设简单的房间，铺着小地毯，挂着图案窗帘。它的主要特点是由一组空心木块堆叠起来形成一个小剧场，门口有一个玩偶等着迎接来访者。[56]

教育专家对孩子卧室或游戏室的布置有很大的影响。基于对象的学习并不仅仅发生在学校，如果父母购买合适的玩具，并给孩子一个追求自己兴趣的环境，它也可以成为家庭生活的一部分。早在黑板彩绘风靡全美之前，玛利亚·蒙特梭利（Maria Montessori）就建议把黑板挂在适合孩子的高度上，而其他的装饰者建议使用软木板，以便孩子们可以张贴自己的作品。[57] 20 世纪早期的大多数儿童专家都一致认为，儿童的环境对他们的前途有很大影响。布莱恩·瓦利·霍伦贝克（Bryn Varley Hollenbeck）在她的论文《为儿童创造空间》（*Making Space for Children*）中写道："为孩子提供一个适当的环境成为良好育儿的代名词。"装饰、游戏空间和用于教育和纪律的玩物都成为专家的权限。当时处于扩张过程中的儿童商业市场开始向家长出售更多的产品，并传递各种各样"成功"的信息。[58] 20世纪头十年里，儿童家具的需求不断增长，到20世纪20年代和30年代，当家长们发布这一建议时，百货公司和家具店已经专门设立了房间和楼层来销售儿童家具。

斯普拉克林为现代育儿室列出了一份清单："干净、整洁的空间，有吸引力但不太刺激的颜色，没有分散注意力和无意义的设计，高度舒适的桌子，坚固并鼓励良好姿势的椅子，表面耐用、容易清洁，没有造成伤害尖角的柜子和写字台，没有吸灰尘的装饰物和设备。"[59] 育儿室是孩子们的活动空间，就像母亲的厨房一样，应该尽可能方便，这样孩子们玩耍就不会有任何物理障碍。"房间里的每一件物品都是以健康、舒适和需求为标准来衡量"，斯普拉克林在谈到1934年的一家"健康第一的育儿室"时，用了大致相同的思路："育儿室的现代主义意味着卫生条件和健康的极致功能。"虽然在1900—1920年之间，五岁以下儿童的死亡率从六分之一下降到十二分之一，但它仍然是一个令人关切的问题。[60] 育儿室的地板是光秃秃的木头、软木或油毡，只有铺上可洗的碎布地毯才显得柔软。在整个20世纪早期到中期，阿姆斯特朗油毡不断地在《父母》杂志上做广告，经常展示带有鲜艳色彩地板的育儿室和游戏室。使用了可水洗的油漆，"死白色"的墙壁，粉蓝色装饰的窗户，用百叶窗而不是窗帘遮阳。房间里没有装饰物和踢脚板，这些传统的元素很难沾上灰尘，家具的表面是珐琅质的，很容易擦拭干净。更重要的是，斯普拉克林指出："房间里没有任何装饰，没有画着'宝贝'的可爱小玩意，它们只是无用的灰尘收集器"。编辑们说，"孩子的幸福应该是设计的首要考虑，而不是粉色和蓝色的蝴蝶结、小仙女和玩具气球。"[61] 健康比美丽或教育价值更重要，是吸引父母注意儿童家具的有效方法，简单的线条、可洗涤的表面和浅色，即所谓的卫生美学，被视为保持清洁和清除污垢的理想方法。空气也被认为是儿童健康的一个重要因素。《妇女家庭杂志》(*Ladies' Home Journal*)等流行杂志建议在卧室外建造利于睡眠、有遮阻功能的走廊，制造商还生产了只露出脸部的睡袋。其他的创新还包括窗床，它在晚上延伸到窗台上，有一个遮阳篷保护，还有新鲜空气帐篷，它连接在一个打开的窗户上，包围着睡眠者的头部，但让他或她身体的其他部分被温暖盖住。[62]

斯普拉克林的设计建议听起来还是完全合理的，而她在现代育儿室的故事中所附的照片，看起来远没有20世纪30年代的成人装饰那么过时。她特别提请注意吉尔伯特·罗德（Gilbert Rohde）的设计，这些设计最初是为他自己的孩子。罗德在20世纪30年代和40年代初为赫尔曼·米勒（Herman Miller）工作，并为这家位于密歇根州泽兰（Zeeland）的著名家具制造公司引入了现代设计，如今该公司以现代设计而闻名。他还为1933年芝加哥世界博览会（博览会的主题是"一个世纪的进步"）的

"生活住宅设计"（Design for Living House）做了室内设计。孩子们得到最先进的设计不是因为他们是鉴赏家，而是因为它符合他们的需要。教育工作者认为，开放式的置物架和玩具盒可以促进培养孩子们独立和整洁，鼓励孩子们照顾好自己的东西。圆角和原本为厨房设计的耐磨材料，如油毡、胶木和可水洗的墙纸，使清洁变得容易。沿用简单的颜色，浅色的油漆和对比鲜明的把手。不过斯普拉克林说，简单的家具也适合点缀壁纸和印花棉布窗帘的房间，重要的是不要给孩子过多的细节：一幅画框应该展示花朵、动物、积木等孩子们熟悉的东西，因为孩子只能从自己的经验中认识事物。事实上，这个告诫对孩子可以触摸和操纵的玩具比对她房间的墙壁更重要。

1928 年，在纽约举行的美国设计师画廊（American Designers' Gallery）展览上，展出了十个完整的房间，伊隆卡·卡拉兹（Ilonka Karasz）是唯一负责完整房间的女性设计师：一个单间公寓和一间育儿室。[63] 育儿室的设计既具有功能性，又能激发创造力。几何尺寸、儿童身高、带有大球形把手的家具便于主人整理房间，培养独立性。木偶剧场、积木和黑板环绕着整个房间，与眼睛齐平，这些都是想象力游戏发出的邀请。地板上的地毯也是卡拉兹设计的，上面有圆点、曲线和漩涡，就像孩子们可能在墙上画的那样。《艺术与装饰》（Arts and Decoration）称赞卡拉兹设计的房间是"第一个为美国儿童设计的现代育儿室"，《艺术》（Arts）称它是"有史以来为儿童设计的最快乐和最实用的房间之一"。[64] 1935 年发表在《房屋与花园》（House and Garden）杂志上的一篇文章中，卡拉兹解释说，现代设计最适合孩子们，因为它给孩子们留下了想象的空间。孩子应该被基本的形状和颜色包围，这样她就可以自己开始操作这些元素。[65] 当约瑟夫·阿伦森（Joseph Aronson）在 20 世纪 40 年代末和 50 年代初为美国玩具制造商设计游戏室时，他采用了相同的模式：黄色的墙壁、蓝色的天花板、红色的油毡地板和最小的装饰。"无论孩子每天看到什么模式，他都倾向于模仿，这对创造力的发展是不利的。如果你一定要有一些装饰性的图案，那就一定是抽象的，或者是孩子自己画的。"[66]

1933 年，《父母》杂志上另一篇关于唤醒科学探究精神的文章提出了一个相关的观点："每个孩子都应该有一个工作的地方，在那里他不会干扰其他家庭事务，而其他家庭事务也不会干扰他"。对孩子来说，那个空间是育儿室或游戏室，但对《六岁到十六岁的科学》（Science from six to sixteen）里的男孩罗伯特来说，那个空间是他的房间。[67] 他的母亲看到他俯伏在一张旧桌子上，桌面上散落着电线、轮胎胶布、图钉、蜡烛、一便士和一角硬币，这些东西从周日开始就没有收起来，让人感到很苦恼。但作家罗纳德·米勒（Ronald Millar）形容这种混乱是必不可少的。罗伯特正在尝试制造电流，到目前为止还没有成功。当他的母亲打断他时，他沉浸在"好奇心的爆发"中。孩子们需要一个空间，在那里他们永远不用把东西收起来，这样就可以随着时间的推移持续进行问题探究。父母的工作是在孩子提问时，或者当孩子感到沮丧时，提供原材料并回答问题。米勒写道："小罗伯特和他母亲的事件清楚地说明了孩子们制造、管理东西的欲望和他们调查事物是如何制造和为什么运行的愿望之间的区别。"当父母给孩子积木和建筑套装时，他们实现了愿望的第一部分；当给孩子们放大镜和磁铁时，他们实现了愿望的第二部分。原材料对这项研究至关重要，从建筑游戏的纸板箱到创意废品游戏场的木头、轮子和工具。米勒写道："用不了多久，孩子就会积累起一箱子各种各样的'垃圾'，这些东西看起来毫无价值，但对孩子来说，它们将是一个名副其实的宝箱，里面有更多奇妙的可能性，而不是一整个塞满现成玩具的商店。"米勒写道，这听起来很像为所谓的修补匠制造当代玩具的制造商，包括万能岩土（Sugru）和模块化电子元件（littleBits）。在玩具中、房间里和游乐场上，人们可以看到一种持续的紧张关系，一方面是追求完美（由吉尔伯特罗德设计的现代育儿室），另一方面是让东西可用（罗伯特凌乱且满是"垃圾"的桌子）。值得赞扬的是，《父母》杂志在提倡卫生的同时，也推广了低成本的清洁教育。在1935年的一篇关于游戏室和卧室组合的文章中，作者写道："如果你给孩子提供一个工作台，要专业一点，不要试图美化这一件家具。"[68]

20世纪40年代，《父母》杂志欣然接受了战后住宅向郊区的扩张。虽然早期关于整个家庭住宅的文章讨论了老式传统建筑的平面图以及改造的问题，而该杂志的住房专题现在关注的是新房，假设它们的白人中产阶级读者都在买房。在第二次世界大战期间和战后不久，流行杂志详细报道了美国人压抑已久的购房欲望。ROW Window公司在1945年10月出版的《美丽的房子》（House Beautiful）杂志上刊登的一则广告显示，一对夫妇正看着他们的房屋平面图，一座城堡在他们的肩膀上飘浮。在下面，我们看到了他们梦想中的独栋别墅，画得就像一个戏剧布景。"你在织魔毯吗？"这篇文章问道。[69] 1946年7月20日的《纽约客》封面上，一位父亲拿着一张蓝图，手牵着一个穿着水手服的孩子。他衣着时髦的妻子拉着孩子的另外一只手，三个人一起飞向他们在云端的梦想之家。[70] 数百万人的梦想变成了现实：1946—1949年间，美国建造了500多万套住房，到1959年，4400万美国家庭中有3100万户拥有了自己的住房。所有权的迅速增长主要归功于《退伍军人权利法案》，该法案为退伍军人提供住房抵押贷款，首付很少甚至没有。[71] 1959年8月15日《星期六晚报》（The Saturday Evening Post）的封面延续了这种梦幻的叙事：一对年轻夫妇坐在树下，把他们的未来想象成夜空中的星座——一所房子，一个游泳池，一个推婴儿车的保姆，一个弹钢琴的女孩，一个打棒球的男孩，外加一些电器，包括吸尘器、电视、熨斗、DIY的小北斗星还有一个电钻。电钻是第一批进入家庭工具箱的工业工具之一：美国百得公司（Black & Decker）的经理们注意到，他们的许多员工从工作中借电钻来做周末的家居装修项目，他们看到了一个新的市场，把电钻重新包装在明亮的盒子里，并通过百货公司和五金店销售。工具包和配件很快就接踵而至，将车间变成了另一个无休止地增加消费者的场所。[72] 历史学家约翰·阿彻（John Archer）用这些图像来说明"梦想之家"在广告、插图、文学和流行歌曲中无处不在。这些歌曲的一个重要元素，就像这些杂志封面一样，是一个孩子的存在：梦想之家伴随着一个家庭而来。

对于那些负担不起梦想或无法直接购买梦想的人来说，他们可以自己动手制作。更多的休闲时间，更多的低价电动工具，意味着你可以自己升级和个性化定制。买一套房子并为你的孩子建造一个工作台，这是一种奇妙的循环，同时也有险恶的一面，即使房子本身就成了你的周末项目。你是它的主人还是它的仆人？《时代》杂志 1954 年 8 月 2 日的封面故事《自己动手：价值数十亿美元的新爱好》（*Do-It-Yourself: The New Billion-Dollar Hobby*）描绘了一个诺曼·洛克威尔式的父亲，跨在拖拉机上，像一个多臂湿婆，挥舞着台锯、油漆滚筒、钻头、链锯和缓冲器。[73] 1952 年，《商业周刊》（*Business Week*）写道："在任何一个郊区的周末，房子的主人都有可能成为自己的勤杂工。他在粉刷门廊，修补管道，或者建一个露天壁炉，这样他就可以在花园里烤香肠了。"[74]《父母》杂志的文章和理想家庭住宅的设计反映了这些兴趣，包括为母亲的缝纫机留出空间，或者在儿子的房间里划出一张空桌子来制作模型。这些计划似乎在说，有其父必有其子，同一杂志上的广告展示了共同专注于建造一张木桌等项目的时刻。[75]

尽管在第二次世界大战期间，成千上万的女性在为国防事业工作，当她们的丈夫在海外时，她们负责家务，但战后的媒体和广告强化了男性和女性的传统领域。房子外面的工作是男性的责任，而里面的工作是女性的责任。在宣威·威廉姆斯（Sherwin Williams）1958 年出版的《家居装饰师与油漆指南》（*Home Decorator and How-to-Paint*）一书的封面上，房主先生穿着牛仔裤，在粉刷科德角（Cape Cod）一座小屋的外墙，而房主太太穿着高跟鞋，穿着褶皱围裙，一边粉刷室内，一边和女儿讨论油漆样品。[76] 如果一对夫妇在一起工作，他站在梯子上，而她则递给他用品。1955 年的一份双面威士伯涂料广告展示了一家人在一栋两层楼高的房子和车库里工作的情景。男人和男孩们粉刷车库、一艘船和一辆三轮车，还有一位穿着油漆工工装的专业人士负责粉刷外面的山墙，而母亲和女儿则粉刷一个现代化的橱柜和一个内部房间。正如卡洛琳·M. 戈尔茨坦（Carolyn M. Goldstein）在 1998 年国家建筑博物馆展览《自己动手》（*Do It Yourself*）一书中的目录中所写的那样，"一本 20 世纪 40 年代的卢米纳尔（Luminall）绘画手册表明，女性拥有天生的审美能力，甚至是神奇的力量！需要正确选择油漆颜色。"[77] 直到 20 世纪 70 年代，新一代的出版物才开始关注"自己动手"的女性，回应女权主义者对性别化广告和媒体的批评。熟练、自信的家庭维修被视为女性解放的一种形式，就像同样的技能被战后男性视为男子气概和目标的象征一样。[78] 在弗洛伦斯·亚当斯（Florence Adams）1973 年出版的手册《我手里拿着一把锤子》（*A Hammer in My Hand*）的封面上，描绘了穿着工作服的自由女神像，她的火炬是一把锤子，还有她的书、一把扳手、一个灯泡和一根量尺。在 1981 年出版的一本儿童读物《克里斯蒂娜的工具箱》（*Christina's Toolbox*）中，描绘了一个同样穿着工装裤的非裔美国女孩，正在用她工具箱里的东西修理她房子周围的各种东西……"就像她妈妈一样。"[79]

1946 年 3 月，《父母》杂志发表了由凯彻姆、吉娜和夏普（Ketchum, Gina 和 Sharp）设计的第一个可扩展住宅：一幢 L 形的单层牧场住宅，低坡屋顶，L 形尽头有一个车库。一年后，也就是 1947 年 10 月，该杂志访问了建造该住宅的两个家庭，讲述了他们的故事，以证明该住宅对不同地点和不同家庭结构的适应性。[80] "可扩展"的标识旨在吸引不同预算的家庭，因为在资金允许的情况下，可以在基本结构中添加更多的便利设施，而对房主的采访强调 DIY 是一种省钱的措施。第一个接受杂志采访的家庭是密歇根州北部的布拉德利一家，他们在罗杰从海军退役后寻找新家。尽管建筑材料短缺，但这家人还是申请了一份建造房屋的许可证，建筑预算为 1.2 万美元，最后大部分工作都由他们自己完成。室内很简单，有天然胶合板墙，白色的厨房有贴花、油毡地板和倾斜的窗户。已经为布拉德利一家的狩猎和捕鱼设备以及布拉德利夫人的家用罐头水果、果酱和泡菜做好了储备空间。当被问及他们为什么"爱上"这所房子时，布拉德利夫人说："因为这所房子是为这个家庭的每一个成员，尤其是孩子们设计的。我记得当我还是个孩子的时候，房子里似乎从来没有真正属于孩子们的房间或地方。在这所房子里，不管我们有多少陪伴，孩子们都能玩得很开心。当孩子们长大后，他们可以在不打扰我们的情况下玩得很开心。"[81] 布拉德利家的孩子们有自己的卧室和一间游戏室，可以进入一个封闭的院子，院子里有他们父亲建造的攀爬结构。这间游戏室的窗台边有内置的书架和抽屉，还有儿童专用的桌椅。值得一提的是，从厨房可以通过橱柜的一扇倾斜门看到游戏室，但游戏室和儿童卧室也可以通过一扇滑轨推拉门与房子的公共房间隔开（图 2-7）。

在 21 世纪，扩大厨房作为家庭指挥所的想法与我们产生了共鸣，因为它仍然是家庭活动的中心。在加州大学伯克利分校环境结构中心的克里斯托弗·亚历山大（Christopher Alexander）和他的同事所著的一本关于城市、社区和住宅设计的百科

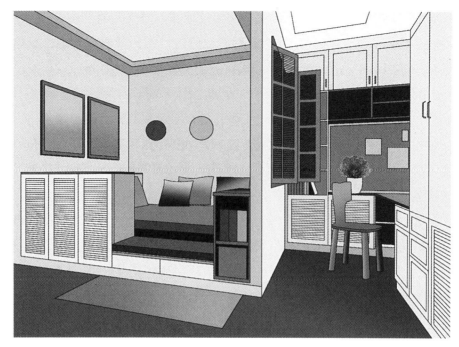

图 2-7　可扩展房屋
（来源：译者自绘）

全书《模式语言》(*A Pattern Language*)中，他把典型的农舍厨房称为任何房屋设计师的基本"模式"，是一种创造一系列理想社会关系的建筑。"孤立的厨房，远离家庭，被认为是一个高效但不愉快的食物工厂，是奴隶时代的遗留；从近代妇女自愿承担保姆的角色开始"，亚历山大写道，"但在一个家庭中，这种分离使这个女人处于非常困难的境地……现代美国住宅，所谓的开放式厨房的设计，已经在某种程度上解决了这一冲突"。[82] 亚历山大认为，开放式厨房做得还远远不够：母亲仍然站在岛台的一边，家人则站在另一边，把吃饭的乐趣和做饭的苦差事分开了。"把厨房弄得比平时大一点"，他们说，"大到足以容纳'家庭娱乐室'的空间"。

三十年过去了，人们可以在"大房间"中看到这一理念的影子，这些"大房间"在商品房中占主导地位，厨房延伸到餐厅区，再延伸到书房。它们不是一个房间，而是三个房间的混合版本，通过引入通高的早餐吧台来减少对厨房的隔离，那些凳子被拉到吧台前，电视作为冰箱的一种平衡。美国人口普查局的数据显示，美国新建单户住宅的平均面积不断增加，1950 年为 983 平方英尺，1973 年为 1660 平方英尺，2010 年为 2392 平方英尺。这不是因为储藏空间的增加，而是因为房间面积的增加：主卧室带休息区和配套浴室，每个孩子都有床和浴室。[83] 到 1972 年，65% 的美国新房至少有三间卧室，一半的新房有超过一间半浴室。[84] 然而，厨房仍然是房子的核心，最近的研究表明，它是家庭中每个人都会使用的地方。加州大学洛杉矶分校家庭日常生活中心在 2001—2005 年间对 32 个洛杉矶家庭进行的一项研究发现，厨房无论大小，都是家中使用率最高的空间。大多数家庭的房屋建于 1970 年以前，有小而封闭的厨房。然而，在这对双职工父母下班和睡觉前陪伴孩子的三到四个小时里，厨房是他们见面的地方，孩子们在厨房的桌子上做作业，手机在岛台的插座上充电，吧台上堆放着成堆的文件、背包和午餐盒。[85] 芝加哥大学阿尔弗雷德·P. 斯隆父母、孩子和工作研究中心（Alfred P. Sloan Center on Parents, Children and Work）对八个城市的 435 个家庭进行了一项更大规模的研究，结果发现了同样的情况：父母与一个或多个孩子在一起的时间有 42.3% 是在厨房度过的。[86] 母亲的办公桌已经从厨房搬到了一间共用的家庭办公室，但冰箱仍然是家庭计划的场所：如果家里有挂钟，它将与日历一起放在厨房里（加州大学洛杉矶分校的研究发现，每个家庭平均有 5.2 个日历，他们认为，这反映了成年人和孩子越来越多的日程安排）。[87] 冰箱是一个存放邀请函、处方、电话号码和其他纸质信息的地方，旁边还有一块黑板或别针板。"从本质上讲，厨房摆设反映了一种忙碌的文化，这种文化已经成为 21 世纪中产阶级家庭的特征。"[88] 研究人员甚至发现，冰箱杂物的密度与房子的相对整洁程度相关。具有讽刺意味的是，如果家庭对旧房子进行了改造，他们会首先改造主卧室，营造出人迹罕至的宁静绿洲。在 20 世纪中期的住宅中，最大的空间是公共空间，连接室内和室外，食物和娱乐，而卧室通常都是小而实用的。在这个组织中，建筑师走在了时代的前列：这就是 21 世纪的家庭生活方式，但许多人仍然没有适合的建筑。

在 20 世纪 50 年代，《父母》杂志社采取了更为明确的现代风格。1955 年 2 月，该杂志举办的第五届年度建筑师竞赛——"为有孩子的家庭设计最佳住宅"，包括卡尔·科赫（Carl Koch）公司在马萨诸塞州康科德建造的一栋房屋。[89] 获得专利的 Techbuilt 系统是美国在建筑半预制方面最成功的尝试之一。二十年前，道格拉斯·哈斯克尔（Douglas Haskel）在《父母》杂志上第一次提出了像买车一样简单地建造一个家的想法。现在，这里有了一个吸引人的例子，用木质后梁框架、预制的 4 英尺 × 4 英尺的墙壁、地板和屋顶板建造而成，科赫声称这些东西可以在几天内组装好，就像一个巨大的玩具屋套件。根据该杂志的说法，科赫这套系统的优点在于它的灵活性："可以一次性完成一个内部房间，根据家庭需要进行扩展、改进或改变。"Techbuilt 的房子不是一个固定的梦想之家，而是一个灵活的房子，旨在为中产阶级提供便利，并适应孩子们的成长。它的售价为 18100 美元（包括家电），有两层，还有一个简单的斜屋顶和顶层阳台。楼上有四间小卧室，旁边楼梯的顶部是一大块开放区域。如果家庭规模扩大，这将是一间未来的卧室。楼下，起居室、餐厅和厨房终于变成了一个房间，固定的楼梯、烟囱和浴室在房子的前面紧密地排列在一起。虚线将厨房旁边的另一个区域标记为"未来的游戏室"，还有位于楼下的第二间浴室。正式客厅和餐厅之间的墙壁已经完全拆除，只有浴室和卧室的门是关着的。孩子们的房间变得非常紧凑，楼下是唯一可以玩耍的地方。

1955年1月的《父母》杂志大胆地指出："每个有孩子的家庭都需要两个客厅。""第二客厅绝不是一种奢侈品，它满足了家庭对真正充足的活动空间的需求。在这里，一家人可以一起工作和玩耍，可以培养自己的兴趣爱好，吃点零食，打打闹闹，或者安静地享受音乐。"[90] 一旦孩子们走出了"积木"阶段，家庭仍然需要一个可选择的区域，不受正式客厅的拘泥，每个成员都可以按照自己的兴趣行事。诀窍是使它适应安静和嘈杂的追求，并与其他生活空间分开。在其他故事中，这样的空间被称为家庭活动室或娱乐室，但材料和布局通常都是一样的：开放式地板，内置家具，可折叠和可打开的橱柜，配有电视和音响，工作台和缝纫机。建筑师乔治·纳尔逊（George Nelson）和亨利·赖特（Henry Writer）在他们颇具影响力的著作《明日之屋》(*Tomorrow's House*) 中称这样的房间为"没有名字的房间"。"我们都读过有关家庭的文章，当今世界的困难是父母的不足和孩子的任性，"纳尔逊和赖特说，"这个没有名字的房间能证明人们越来越希望提供一个框架，让家庭成员在相互尊重和喜爱的基础上，更好地享受彼此。"[91]

这本书出版于第二次世界大战结束后，就在美国开始建造成千上万的科德角和殖民地风格的房屋之前，以一种对家庭真实生活方式的深刻审视，打破了美国人对他们梦想中的斜屋顶房子的幻想。它用图片记录了20世纪30年代美国建造的最现代的房屋，并用散文挑战了读者对重要事物的先入为主的观念。纳尔逊和赖特在序言中说："这本书挑战的不是大多数，而是所有对家庭生活的甜蜜怀旧。""尽管它的方式很有说服力，但它会让许多读者感到不安，他们把牛奶放在最新的冰箱里，开着最新的汽车去上班，却坚持认为科德角小屋仍然是家里最时髦的想法，"他们写道，并抨击那些在屋前停着新款别克（Buick）的房子上和房子里的经过风霜的瓦片、尖桩篱笆、钩状地毯和鞋匠长凳是"假的"。[92] 他们要求读者不要害怕变化，并接受适合现代家庭需求的房子的想法。纳尔逊虽然是一名建筑师，但他最初以作家的身份成名，引起了赫尔曼·米勒（Herman Miller）的注意。纳尔逊被任命为设计总监，但他拒绝亲自完成所有的设计工作，而是邀请了伊姆斯兄弟、野口勇和亚历山大·吉拉德。未来的房子，就像纳尔逊在赫尔曼·米勒生产的家具一样，应该诚实对待材料，也应该满足家庭成员的喜好：开电动火车、听音乐、做木工。原本在车库、阁楼和地下室等偷来的空间里进行的活动，现在应该被合并成一个供所有人使用的多功能房间。纳尔逊和赖特说：

"自从农舍厨房问世以来,第一次在家里出现一个可以容纳全家人的房间。"[93] 这个房间表达了每个家庭的特点,因此无法标准化。标准应该是易于清洁的饰面,结实而轻便的家具,这样朋友们可以围坐在游戏桌旁,或者把椅子靠墙举行一个舞会,还应该有很多内置的存储空间,可以把游戏、玩具和工具放在看不见的地方。1945年《生活》杂志(*Life*)曾刊登过他们的储物墙,一件家具可以容纳普通家庭10000件物品中的1000件。

《父母》杂志上的典型房屋强调了墙壁上的书架,特别是在孩子的卧室,作为增加地面空间和减少杂乱的一种方式。厨房总是有一系列橱柜和电器,但这种美感和材料超出了厨房的卫生范围,直到任何房间都可能受益于橱柜、可擦拭的表面和可擦拭的地板。家庭生活越来越随意,材料不再是需要高维护的窗帘和室内装潢、雕刻家具以及装饰小摆设。玛丽和拉塞尔·赖特于1950年出版的《更轻松的生活指南》以《明天的房子》中的建议为基础,提供了单个房间清洁、娱乐和安排等更多的细节和图表。如果说纳尔逊和赖特的书是针对建筑读者的,书中充满了房屋的小照片,说明了他们的想法,那么赖特夫妇就创造了一本视觉上引人注目的手册,直接针对女性户主,更新了克里斯汀·弗雷德里克(Christine Frederick)早期的家庭手册,详细说明了理想家庭的护理和维护。赖特夫妇甚至推荐了一些对"家庭主妇工程师"有益的、由吉尔布雷斯夫妇开创的运动研究领域的书籍。[94] 他的语气令人振奋。

孩子生命的头两年充满了艰苦的身体实验:爬行、站立、行走、攀爬。为了不让他受到磕碰和挫折,也避免父母的焦虑,所有的家具都要坚固、平整或圆角,没有任何松动或悬挂不稳定的东西。从地板到顶棚的所有东西都应该是可清洗的,但这并不意味着家具是一副医院的模样。没有理由让婴儿家具总是贫血的白色、粉色或蓝色。你可以把鲜红色的衣柜或婴儿床清洁得像浅色的一样干净。[95]

摇篮很快就过时了,所以买一个带轮子的婴儿床,这样婴儿就可以被搬到外面去透气。"你肯定不希望这里的窗户上有褶边窗帘。"粉笔会产生粉尘,最好是蜡笔。孩子们需要一个自己的角落来"随意堆放东西"。他们也推荐空心积木。这一建议在房子各个房间的清晰鸟瞰图中得到了说明。一个特别有效的序列展示了一个大房间,被一个滑动隔板分成两部分,是为兄弟姐妹设计的。[96] 我们看着孩子们和房间在同一个空间成长。在房间的两端以L形安装的嵌入式墙壁,从婴儿床到床,再到沙发。为蹒跚学步的孩子设计的可写墙变成了为青少年设计的海报墙。起初,家具很少,所以地板和空心块制成的低矮部分可以用于开放的游戏。在"打打闹闹"的阶段,隔断被推到后面,房间中央安装了一个室内滑梯,她的一侧是一个玩具屋,而他的另一侧则是火车。对于青少年,隔断是完全封闭的。内置的L形台面成了他的书桌,或是她的梳妆台;

他用体育锦旗装饰，还制作了一个飞机模型，而她还没有把她的洋娃娃送人。她坐在一把古董椅子上，而他的躺椅是由另一位现代家具大师延斯·里森（Jens Risom）设计。

1955年，《父母》杂志也提出了同样的节省空间的想法，他们推出了"二合一房间"。[97] 一对年龄相近的兄妹住在一个大房间里，房间被一扇手风琴式的门分成两间私人卧室。因为这个房间是由车库改造而成的，所以它有自己的户外入口，而且它位于房子的另一端，与起居室和父母的房间相对。白天，这两个房间可以组合在一起，为玩耍创造更多的地板空间，墙壁周围的内置家具为不同的活动提供了场所，以一种非常熟悉的方式开始区分性别。"帕蒂的卧室里有年轻女孩需要的一切东西，"包括充足的玩具储物空间和她床上方壁柜上的下拉门，可以将它变成带软垫靠背的沙发，供阅读或招待朋友。她的书桌有一个拉出式打字机架，桌面可以升高成为一个倾斜的画板。帕蒂这边喜欢安静的活动和社交，主要是给她一个自己的小客厅，配有留声机和唱片。在她哥哥克拉克这边，事情确实更混乱。文章强调了他"不透水"的绿色混凝土地板，为过夜客人准备的推床，以及他的许多爱好："游戏、运动设备和岩石收藏。"文章指出，现在的房间足够大，可以举办孩子们的生日派对。在父母的家庭故事中，男孩和女孩之间的差异一次又一次地体现在装饰上，虽然帕蒂有一张玫瑰珊瑚色床罩，以体现枫树内置的女性风格，但在内容上，男孩的书桌上堆满了收藏品以及制作或科学探究的短暂物品，而女生的课桌上则放着干净的书和写作材料，有时还用作梳妆台。她有沙发和唱片，他有火车和地板玩具。即使家具和地板是一样的，混凝土的不透水性只在他那一半的房间里被强调（图2-8）。

尽管所有的数据都表明，美国人现在拥有的房子比1945年更大，拥有的东西也更多，但焦虑似乎依然存在。商品的价格比历史上任何时候都要低，美国家庭购买了世界上40%的玩具，每年花费2.4亿美元。[98] 结果是，一个住在980平方英尺房子里的家庭，在他们的客厅和两个卧室里有2260件看得见的物品。家庭日常生活中心（CELF）研究了32个生活在"有时异常混乱"中的家庭。在接受调查的家庭中，只有1/4的家庭可以把车停在他们的车库里，而其他家庭的车库里都塞满了东西。CELF的心理学家达比·萨克斯比（Darby Saxbe）和丽娜·雷佩蒂（Rena Repetti）研究发现，这种杂乱实际上影响了母亲的情绪，使她们在

图 2-8　给孩子们的一间"二合一"的房间

（来源：译者自绘）

晚上回家时更加抑郁。"紊乱会造成心理上的伤害，因为它显然会对家庭劳动造成沉重的负担。打扫、清洁、保养、修理、矫正、整理——所有这些琐事都消耗了父母的时间和精力。仅仅是预期这样的工作很可能会产生焦虑和压力，而进行这样的工作对家庭时间的预算来说是一个可衡量的压力"，珍妮·a.阿诺德（Jeanne a. Arnold）在介绍他们的研究时写道。[99]尽管家庭在庭院上进行了投资，这是加利福尼亚式住宅自20世纪中叶以来的另一个重要特征，但研究中很少有父母使用过庭院，他们陷入了利用业余时间管理财产的循环。近藤麻理惠（Marie Kondo）建议放手，然后想办法减少那些让你快乐的东西所占的空间。

这些厚重的储物墙（图2-9）实现了房子里的所有东西都有一个地方存放，包括孩子们的东西。但近几十年来，这些橱柜里的东西激增。数百万人求助于《改变生活的整理魔法》(*The Life Changing Magic of Tidying Up*)一书的作者近藤麻理惠。她的方法被称为"断舍离"（KonMari），在大众媒体上被简化为几个标志性的动作，最著名的是在凌乱的家里举起每一件物品，问自己它是否"能带来快乐"。但在你评估这些物品之前，近藤建议把书、衣服、文件和情感物品在房间中央堆成一大堆。2016年，在《纽约时报》杂志上发表的一篇关于"近藤现象"的文章中，塔菲·布罗德瑟·阿克

图 2-9　储物墙
（来源：译者自绘）

纳（Taffy Brodesser Akner）发现了组织阶层之间的分歧：在国家生产力和组织专业人员协会（NAPO）中，大部分女性对舍弃不感兴趣，而是想为所有东西找到一个地方存放。布罗修斯－阿克纳写道："尽管近藤不认为你需要为了整理东西而购买任何东西，存储系统只提供整洁的假象，而会议（NAPO 年会）的女性们则就节省时间的应用程序、标签制造商、最好的记号笔、她们拥有的最好工具（'超级便笺''抽屉分隔器'）以及对于不及时提供组织目标的客户的最佳实践进行了交流。"[100] 在这种努力中，他们更新并分散了储物墙，将其分成数百个地台和门后架。2017 年，多伦多市发布了《公寓儿童设计指南》，其中包括一个单独的储物部分，建议每个单元设置内置储物墙和入户壁橱，以及婴儿车的底层储物空间和车库停车位附近的储物柜。[101] 双职工和单亲家庭的兴起，终于开始扭转美国人对更大空间和更多郊区的偏好：女性想要更小的房子和院子，更少的通勤时间，更多的垂直生活带来的社交。[102] 我们稍后会回到 21 世纪家庭生活的这一方面，但目前的主要观点是，减少你的足迹并不一定会减少你的东西。储物空间能让家庭变得真正友好起来。

适应性设计协会（ADA）的亚历克斯·特鲁斯德尔（Alex Truesdell）办公室的墙上挂着一张婴童高脚可调节餐椅的照片，这是一个壁橱大小的空间，配备了一个纸板制成的壁柜，还有一个用硬纸板设计的图书馆，里面有关于硬纸板木工的书。"这把椅子我们用过很多很多次了"她说，"因为有很多孩子需要给它加点东西。座位有点太宽了，或者他们需要椅背靠近一点。"[103] 在照片中，一个男孩坐在婴童高脚可调节餐椅改装的椅子上，它配有托盘和硬纸板支架，弯曲的支架可以用来放吉他，这样即使他没有力气拿吉他，也可以学习弹吉他。如果说儿童家具有助于缩小成人尺寸的世界和普通儿童尺寸世界之间的差距，那么纸板家具则使定制负担得起且相对快捷。不过，人们不会太频繁地要求婴童高脚可调节餐椅进行修改，因为"就体贴而言，它就是赢家"，特鲁斯德尔说。在一个不适合儿童、也不适应能力差异的世界里，彼得·奥普斯维克（Peter Opsvik）实现了为大多数人设计的目标，创造了持久且适应性强的东西，尽管代价昂贵。特鲁斯德尔（Truesdell）的使命不仅是填补椅背和座椅之间的空白，而且是填补需求和市场之间的空白，直到每个孩子都舒适并有能力学习。

特鲁斯德尔于 2015 年获得麦克阿瑟基金会（MacArthur Foundation）的"天才奖"。他是 ADA 的创始人兼执行董事，这是一家为残疾儿童制造低成本工具和家具的非营利组织。她现在的任务是教尽可能多的人如何建造这样的设备。残疾儿童的设计无非是最好儿童设计的可变性延伸：残疾儿童可能也需要定制和变化，他们更不容易达到平均值或标准。"残障儿童"一词取代了"残疾儿童"，本身就是对世界无法满足他们需求的一种评论。残障的社会模型认为，残障并不是人本身就有的东西，而是他们与一个充满障碍的参与环境关系的结果。[104] 特鲁斯德尔强烈认为，"残疾"这个词本身不应该适用：她在为儿童客户设计时寻求的是量身定制，这是许多不符合标准尺寸的人会觉得有用的东西。"每个人都有特异性，但是我们有什么不同呢？这将是一个健康得多的对话"，她告诉"技术共和国"（TechRepublic，一个为 IT 专业人士提供在线商业出版物和社会团体的网站）。[105] 我们说话的时候，她一眼就看出我有 5 英尺多高，"对不起，你太矮了，所有的标准椅子你都坐不下，抱歉。这就好像你要为不合身负责，而不是我们让你舒服点，这样你就可以专心写书了。"[106]

在她三十五年多的实践中，特鲁斯德尔通过手机上的照片讲述了她的故事，她一次又一次地回到了物理干预所能带来的智力和社会变革。一个戴着楔形助推器的小女孩，甚至没有背部和手臂，能够坐起来自己进食。一个男孩站在一个可支撑身体的架子里，前面有一张内置书桌，终于能够自己翻书了。市面上针对残疾人有成千上万种商品，但 ADA 没有生产任何你能买到的产品。"我们不是在制造廉价的商品"，特鲁斯德尔坚持说："许多家庭来到这里，他们有可观的收入。他们仍然来这里是因为他们需要的东西没有被制造出来。如果你说，'哦，好贵啊'，这就完全偏离了话题。这些钱从哪里来？谁会批准它？而且，如果我们有这么多人需要它，难道不需要分摊成本吗？"面对如此巨大的需求，特鲁斯德尔转向了 20 世纪 60 年代为儿童普及的一种材料和方法：纸板木工。纸板箱的低成本和延展性，使其成为创意游戏的理想材料，也使其对成年人的设计"游戏"具有吸引力，特别是当这些设计必须是可定制的且可能是临时的。"纸板一直是个问题，因为有人假设你买不起木材，所以做得更便宜"，特鲁斯德尔说。但纸板也有自己的优势。如果能自己做，为什么还要买呢？当你可以和每个人分享你的计划时，为什么不去做一些事情呢？

纸板是她的首选材料，尽管 ADA 的设计团队也使用塑料、金属、电机和其他满足孩子需求的材料。在她看来，其中最基本的是"在餐桌上有一席之地"。据保守估计，20% 的人患有残疾。[107] "如果没有一张残疾人可以舒服地与她的医生、老师、雇主、兄弟姐妹面对面地坐着的椅子，他们就不在会议上，不在教室里，也不在工作场所"，特鲁斯德尔说。特鲁斯德尔本人从不在办公室里坐下来，她就像一只好奇的鸟，不断地跳起来给我看什么东西，跟人说话，或者翻阅家具原型，这些家具是美国助理律师协会位于曼哈顿服装区（Garment District）的两层总部的大部分座位。我们一起坐在一张会议桌旁，四周是顶部倾斜、半圆形底座的短凳。她告诉我："骨盆前倾的魔力就在于此，向前倾斜10°。如果你坐在平坦的东西上，它就不起作用，但不知何故，骨盆向前倾斜会产生魔力。"这些凳子是硬纸板做的，上面有一个从瑜伽垫上剪下来的薄垫子。在我们交谈的时候，我能够轻轻地、连续地改变姿势，不知不觉地摇晃着，我意识到这是为有注意力缺陷问题的孩子推荐的。我刚给我那躁动不安的儿子买了一根锻炼带，把它套在教室椅子的前腿上，这样在他的手和大脑工作时，他的脚就可以有事做了。但现在我想给他做个摇椅。我可以做到，因为ADA的所有设计都是开源的。

特鲁斯德尔指了指贝利，这是一个穿着条纹衬衫、柔软的儿童玩偶，坐在房间的另一头，它的设计是ADA最受欢迎的设计之一：一把普通椅子上绑着一个助推器，可以把贝利的肘部抬到桌子上，支撑他的背部。费雪－普赖斯（Fisher-Price）出售类似的塑料座椅，适合体重50磅（1磅合0.454千克）以下的儿童，但椅背较低，扶手也不那么结实，很难想象一个四岁以上的孩子能坐上这个座椅。"所以他在这里，而你我在这里见面，"她跳了起来，我们走过去，象征性地把贝利包括在内。为了防止他在大人们谈话时感到无聊，她拿起一个细长、边角凸起的纸板托盘，放在他面前。现在他可以玩球而不用担心球从桌子上滚下来，或者把其他玩具放在他够得着的地方。他的手很忙，大人们也不会在他的头顶或视线之外谈论他。等他长大了，ADA给他做一把更大的椅子或更大的托盘，这些会传给另一个孩子。"贝利会生长得非常快，所以如果我们用木头或永久性材料制造助推器，那么重点就在于金钱和持久性"，特鲁斯德尔说，"他需要的可能更少。"

特鲁斯德尔拥有幼儿教育本科学位和视障教育硕士学位。刚入职六个月，她的婶婶脊髓就受伤了，而她的叔叔是易街清洁公司（Easystreet）的创始人，开始改造他们长期居住的家，以确保妻子能继续独立生活。"我叔叔在修改、适应、修复、替换和发明方面的能力是如此惊人。"她说，"这让我的想象力得以发挥，然后他允许我使用工具。"这些技能，我们如今在科技领域里称之为"修补"或"黑客"，它们成为她与叔叔和婶婶合作的关键，使他们的家能够适应她婶婶新的能力水平。"如果她的手腕末端有两个鳍状肢，而不是两只正常的手，她会怎样继续生活下去？"特鲁斯德尔想知道。[108]特鲁斯德尔和她的叔叔、婶婶想出了一种打开梳妆台抽屉的方法：他们把宠物项圈系在把手上，这样婶婶就可以用手钩住抽屉，用手腕拉。这让我想起了我在ADA研讨会上看到的一项正在进行中的工作：该团队正在为一个患有关节挛缩症的四岁儿童研制一种敷料装置，这种疾病会导致关节僵硬或锁紧。他们把塑料挂钩固定在由PVC管制成的机械臂上。胳膊被绑在椅子上，衬衫在钩子上绕了一圈，这样，如果成功的话，男孩就可以把胳膊穿进衬衫的O形口，按下膝盖旁边的开关，自己穿衣服。

"他的父母希望他独立",一个在工作室组装椅子的大学生告诉我。特鲁斯德尔从她最早的实验中学到这些,独立性已经融入了她的作品中。

在一次去缅因州一所盲人学校工作的旅行中,特鲁斯德尔在寻找丢失的游戏机时,在一间储藏室里发现了一把纸板椅子。这把椅子是为四肢不对称的成年人设计的,它让她看到了媒介的可能性。这位客户和椅子的制造者早就不在了,但学校的另一位老师记得它来自一个叫"学习用品"的地方。[109] 特鲁斯德尔回到马萨诸塞州,在阿灵顿发现了一个叫"学习用品"的工作室,由乔治·柯普(George Cope)和菲利斯·莫里森(Phylis Morrison)经营,并在1973年出版了《纸板木匠的进一步冒险:纸板木匠的儿子》(*The Further Adventures of Cardboard Carpentry: Son of Cardboard Carpentry*)一书。[110] 这本书是她纸板书架上的第一本书,很快就有了《纸板木匠:制作儿童家具和游戏结构》(*Cardboard Carpentry: Making Children's Furniture and Play Structures*)以及更多的书。特鲁斯德尔说,在20世纪80年代初,美国社会处于"早期人类创造世界的末端"。在那个时候,快餐还没有发展得那么快,商品目录也没有那么多。我们不是完全由消费者驱动的,她告诉"技术共和国"(TechRepublic),[111] 她的第一个作品是20世纪80年代在马萨诸塞州沃特敦的帕金斯盲人学校(Perkins School for the Blind)制作的,是活动托盘和墙壁,旨在让视力障碍的儿童能够接触到乐器、灯、积木和汽车。她说:"这就像做一个仪表盘,纸板可以用来装迷人、有趣、好奇的东西。"[112]

ADA目前的工作深深植根于20世纪70年代使用再生纸自己动手制作(DIY)的传统,特鲁斯德尔很高兴看到这种传统通过"创客空间"和"创意废品游戏场"重新出现。在办公室工作的时代,家居装修是一项实际操作的活动,为了重新重视这些曾经司空见惯的技能,我们似乎不得不到了失去和疏远它们的地步。就连手工训练似乎也在卷土重来。最近访问曼哈顿下城的一所名为"蓝色学校(Blue School)"的私立学校时,我很欣赏该校小学部的木工车间,这是一个繁忙而独立的空间,墙上挂着工具,还有自己的课程。一年级学生做数字积木,二年级学生做码尺,以此类推,一直到六年级,他们做一个木制的百宝箱。这位现在被称为STEAM专家的科学技术工程艺术和数学老师向我描述了教孩子们在开始切割之前画画的过程,或者至少是一个粗略的轮廓,并试着思考他们所拥有的时间。"从一年级开始,设计过程是一切的基础。我们为什么要这么做?有什么意义?我们有什么选择?我们有什么材料?我们不能做什么?这些都是孩子们计划好的对话。"罗伯·吉尔森(Rob Gilson)说。[113] 然而,木材需要更多的力量和更多的工具,而且这些孩子们正在学习的很多东西都可以通过学校的硬纸板来完成,但学校的预算很少,商店的空间也很小。

特鲁斯德尔抓住了美国转向集体和廉价设计的尾声，这种设计感觉与当代儿童消费文化相去甚远。她的项目承认，所有的孩子都需要适合他们不断变化的需求的家具和空间，而不是接受计划淘汰的循环或拒绝残疾儿童的参与。"人们变得缺乏想象力，因为你买的是解决方案。更无奈的是，因为你不需要修理它，买一个替代品很便宜。然后，能够修理钟表、椅子和鞭子的人就更少了。他们需要赚钱，所以可能会更贵。"[114] 作为 ADA 强调教学的一部分，这家非营利机构也试图将技能传授给它的客户。坐在餐桌前不仅是为了倾听，也是为了行动，这样有时被认为没有能力作出贡献的孩子就可以用正确的工具展示他们的能力。

在我访问的前一天，我们坐的会议桌接待了一群小学生，一群高中生正在教他们制作小纸板箱。"温斯顿·丘吉尔显然相信，如果我们分享，世界上就会有更多的体面"，特鲁斯德尔说，"我们的目的是教授所有这些。我们已经做了很多很多的东西，与一群训练有素的纸板木匠相反，我们不应该只为每个孩子做东西。"与许多参加 TED 演讲和巡回演讲的麦克阿瑟（MacArthur）研究员不同，特鲁斯德尔与她的团队和作为客户的孩子们保持着密切的关系，并让其他人发言。"如果它的寿命比我长，那就更好了，这意味着很多人都必须能够和它对话，无论以何种方式接触到他们。"

3 学校

  这是一间用新木板搭建的教室。它的屋顶有一个像阁楼一样的顶棚,在屋子中间排列着一个接一个的刨花板长凳,每个长凳上都有一个靠背,靠背后面伸出两个架子到后面的长凳上,最前排长凳的前方没有任何架子,最后一排的板凳没有向后的架子。教室两侧各有两扇玻璃窗。窗户和门都是开着的。风吹进来,伴随着青草随风摇曳的声音,能闻到、看到无尽的草原和明媚的天空。

    ——劳拉·英格尔斯·怀尔德(Laura Ingalls Wilder),在梅溪岸边(1937年)

  这段简短的描述中包含了丰富的设计信息。这是1874年玛丽和劳拉第一次到明尼苏达州的胡桃林学校上学时的感受。这家人最近刚从梅溪(Plum Creek)河岸的一间草皮房(之前是个小木屋)搬进一个木质结构的房子里,严格意义上讲这才是她们第一个真正的家。但她们的大部分衣服、家具和少量心爱的玩具仍然是爸爸和妈妈自制的。在星期天的早晨,妈妈给她们穿上从商店里买来的最好的衣服(玛丽穿蓝色花布,劳拉穿红色花布),尽最大努力让她们与镇上的人融为一体。劳拉不会用粉笔,两个女孩也没有写字用的石板,她们只能共用一个妈妈儿时上学用的拼写教材,这个课程几十年来一直保持不变。

  这所学校和他们的新房子一样建造得很好,屋里面布置着一排排的木质长凳,长凳的后面可以用来摆放书籍,这种巧妙的设计消除了独立座椅带来的材料浪费。学生们按照年龄大小和能力高低进行排序,没有受过教育的英格尔女孩坐在最前面,劳拉因为之前学过妈妈的初级读物,所以她和玛丽坐在后排。全校只有一个老师,她先是依次让学生背诵所学的东西,剩下的时间让学生自己练习拼写,直到他们能够很好地把背诵内容拼写出来为止。冬天教室异常寒冷,阳光仅能从窗户中照射进来,学生们在教室里安静地练习着书写,只能依靠房间前方的炉子取暖。这所单室学校的布局是如此死板和重复,以至于九年后,当劳拉自己管理一所学校时,学生们才被允许聚在火炉旁取暖,以免被冻僵在座位上,这被视为一个值得庆祝的日子。[1]

  在那个年代,所有学校的设计都和这本《小木屋》(Little House)书中所描述的一致,在成人眼里,长凳是教室内标志性的设施,这种清晰的布局将房间的功能传递给了孩子们。儿童玩具的相关文献中充斥着建筑隐喻，同样，学校教育文学中也充斥着量化建筑效果的尝试，经常引用瑞吉欧·艾米利亚（Reggio Emilia）创始人洛里斯·马拉古齐（Loris Malaguzzi）的话"环境被认为是第三位老师"。² 尽管"红色小校舍"看起来像是遥远过去的遗迹，但在1913年，美国有一半的学童仍在该国21.2万所单室学校中就读。这类学校大多集中在美国的中西部各州的农村。到1936年，在伊利诺伊州仍有71%的学校只有一个老师。直到1957年3月，康涅狄格州才关闭了最后一个单室学校。³

19世纪的教育工作者推动了小学教育普及。这类学校的关闭并不是学校自我更新的结果，而是由于小学教育的普及使得儿童的上学时间延长了，入学的人数也得到了相应的增加。新的学校由最开始的两个房间逐步变成四个，然后变成两层，并在中间加了走廊。新学校的建筑风格像城市里其他设施一样，增加了门廊和柱子，使得学校成为像邮局或市政厅一样重要的机构。孩子们按照年龄被分配到不同的教室里，而不是通过教室内的家具对学生进行划分。到19世纪70年代中期，带椅子的书桌取代了带架子的长凳。

在本章中，我们将讲述各种教室和学校家具的组合，每一种组合都是为了更好地教育和塑造孩子。当孩子们每完成一个初级课程时，他们就会坐在离老师更远的座位上，这样同一排的每个人都在学习同一本书，并可以作为一个班级前进。实际上，这就意味着教室里的孩子是按照年龄从小到大排列的，最小的孩子离老师和热源最近。随着年龄的增长，孩子们一般在十几岁的时候辍学，男孩们这时开始务农，女孩们选择结婚或自学，他们离后门口越来越近，直到最终离开学校并获得自由。

最早的美国学校改革者也明白，教育和建筑是密不可分的，一座新建筑并不能解决生源减少、种族隔离和学生表现差等问题。这些建筑所体现的教育创新，有时需要几十年的时间才能从私立学校到公立学校，从城市到农村，从白人儿童到少数族裔儿童。

上一章讨论的住房歧视使学校种族隔离成为一个持续的挑战，这意味着我想强调的大多数新理念都是先在白人儿童身上实践的。教育公平一直是20世纪民权运动的重点，而学校建筑也是教育公平主要的体现要素之一。在本章中，我将讨论两类学校，一类是建设于1917—1932年间的3500所罗森沃尔德学校，这些学校在外观上比白人学校要逊色（图3-1）；另一类是20世纪50年代在新奥尔良建造的现代主义学校，这些学校在建筑设计上与本地白人学校一样，但只服务于白种人以外的其他民族。

在白人至上的理念下，罗森沃尔德学校仅教授其他种族学生职业培训类课程，以减少对白人的威胁（美国内战前，许多黑人一直处于未受教育状态）。在同一时期，为移民和美国原住民儿童服务的公立学校被当作种族同化的桥梁，教授英语、英美历史

图 3-1 南卡罗来纳州罗森沃尔德学校
（来源：《建筑师》（*ARCHITECT*）杂志）

和文化，甚至在家政课上教授烹饪。学校必须配备合适的教师，而教师必须与学校合作，因此，美国学校的设计史与政治、教育和时尚有着密不可分的联系。

1968年，《父母》杂志对肯塔基州卡拉布斯市的"红色小校舍"进行了最后一次调查，现代教育工作者（其中一些人距离上一所这样的学校只有20年的时间）发现了"一师制"学校某些令人振奋的特质。[4] 例如，分级制度允许儿童按能力而不是年龄分组，来匹配学生的进步速度，这一特点被应用到20世纪60年代末的许多实验学校中。

《父母》杂志的摄影师兼记者伯纳德·瑞安（Bernard Ryan）对卡拉布斯课堂的"特色"做出评价，他认为这里与英格尔斯时代的课程安排形成了鲜明的对比，这里的老师提供了个性化和小组学习的模式，让学生在完成作业后能够自主选择活动。劳拉采用背诵的方法来学习和教学，她从不质疑背诵的力量。

从最开始，劳拉就被认为是一个学习能力很强的学生，她渴望追赶并超越其他学生。她在书中最出色的表现是在草原小镇上背诵美国历史，可以一直从克里斯托弗·哥伦布时期（Christopher Columbus）背诵到约翰·昆西·亚当斯时期（John Quincy Adams）。[5]

劳拉把校舍结构想象成一座记忆宫殿，她手持指针穿行在第一排长凳和第二排长凳之间，想象自己在地图、插图和总统肖像的指引下，在历史中向前迈进。这一特殊的本领让她找到了第一份学校教师的工作，这是她唯一能挣到薪水的职业，虽然她似乎并不喜欢这份工作。[6]

劳拉的事迹是为了向小镇说明，这里需要一个比单室学校更好的学校，一所能为不同年龄段的学生提供分级教学的学校，这也是小镇人口增长和繁荣的象征。就像前文提到的儿童玩具和儿童房一样，儿童的教育空间同样需要传递文化价值。

在劳拉的童年时期，服从是最重要的，这是对学校外不确定事物的一种防范措施。但教育同时也是一种价值的传导：劳拉作为一名教师，她认为书本学习能为孩子增加保护屏障，来弥补她抚养孩子的盲区。教堂、学校、商店都是广阔的草原小镇上的标志物。学校既是一种实际的建筑，又是一种文明的象征，它采用全美统一的标准来教授女孩们阅读、写作和计算的能力。

●

单室学校的主要设计要素有两个：房间和座位。回顾美国学校的发展史，这两个元素一直是教室内部设计和修改的对象，从毫无特色逐步转变为专利化、风格化的设计师作品。[7]

在单室学校里，长凳是固定的，学生不断更换，一代又一代的学生坐在同一块破旧的木板上，学习同一本书。整个设计十分死板，就像长凳的设计一样，书桌是一块木板，固定在前一排学生的椅子靠背上，椅子与旁边孩子的椅子相连。所有人像是坐在一个"表格"里，作为一个小组被召集起来，为老师背诵。即使到了19世纪70年代，当学校家具第一次作为专利出现时，发明人仍然保持了这种座椅和书桌成排相连的特色。

美国国家历史博物馆中珍藏着一个1873年克斯（Cox）和范宁（Fanning）学校的课桌模型，它有一个铁制的外壳，上面装饰着尖尖的哥特式元素，这种设计风格常常与教育联系在一起，在牛津大学和剑桥大学等英国教学机构中使用较为普遍。倾斜的木制板凳面朝前，可以折叠，弯曲的结构代表了对人体工程学的早期理解，而倾斜的木制桌板则安装在背面，供后排的学生使用。在桌面下，哥特式的装饰书架为学生提供书籍存放空间，书桌顶部的凹槽可以用来放铅笔。该座椅在折叠时基本上没有噪声，可以减少学生被老师召唤时产生的干扰。这张书桌增加的杯形座位和书柜，从舒适度上对英格尔斯学校长椅的改良，通过工业铁制品和机械加工木材零件的结合，体现了制造业的进步。

制造商在设计上的投资也反映了一种新的教育经济：到19世纪下半叶，大部分州开始通过法律规定8~14岁的儿童必须接受义务教育（马萨诸塞州是第一个，在1852年；密西西比州是最后一个，在1917年）。到1870年，至少在城市中，每个州都已经设立了免费的小学,并要求定制相应的设备。教室前方要求安装高质量的黑板,到1875年时,地图和地球仪也成了标配。[8]

到了19世纪末,孩子们开始向更全面的方向发展,学校内的家具也是如此,从长板凳到固定双人课桌,从固定的课桌到可移动的桌椅,从室内到室外。在19世纪80年代,发明家申请了第一批将工作台固定在自己座位上的课桌的专利,使每个孩子都可以坐在单独的座位上。约翰·格伦登宁(John Glerdenning)在1880年的专利模型中采用了细长的铁立柱,这些立柱在中间呈郁金香形状,支撑着一把椅子和一张带抽屉的书桌。[9]伫立在地上的铁制腿将椅子和书桌前后连接在一起,木架防止桌椅向一侧倾斜。书桌的顶部可以翻转下来写字,书(还有偷偷传递的纸条)可以存放在里面。座椅由一块可以支撑的木板制成,椅背由两块木板制成,两块木板呈一定角度,便于学生背部的依靠。

这类书桌成为20世纪大多数书桌的设计模板,每个孩子拥有一个单独的课桌,所有物品(书、铅笔、笔记本)都可以随时拿到。这些课桌经过无数次的改进,填满了进步时代和战后学校的教室,并在人体工程学方面逐步改进。但无论怎么改变,基本上保持了相同的课堂结构:面向前方,以教师为中心,基本上固定不动。设计师的目标是使书桌安静且光线充足。

在20世纪50年代,这些书桌的功能变得更加多样化,可调节高度,并且可以订购不同的颜色,但座椅和书桌相连的模式一直保留了下来。

1957年"美国座椅"的一则广告展示了一间搬到户外的教室,一排排的桌子采用了复活节的粉色和蓝色,周围是花坛。广告内容为"如果你们学校的家具每天都像这样陈列,你每次都会买美国座椅家具!"[10] 20世纪60年代出现了一项创新,即环绕式课桌,这种课桌通常由塑料座椅、金属框架和层压板的书写桌面制成。存储空间移到了座椅下方的篮子中,而L形的顶部则为右手臂提供了支撑,聪明的管理人员同时会为一些使用左手的学生特殊定制一些课桌。这些书桌的优点是轻便、可移动,因此学生可以将教室重新布置成较小的学习空间,并随身携带书写桌面(图3-2)。

2010年,长期生产学校家具的Steelcase公司推出了IDEO设计,即在学生课桌下方安装滑轮的节点椅。《快速公司》(*Fast Company*)杂志在谈到这款新椅子的背景时写道:"如果在过去15年里你曾在教室里待过,那你一定会熟悉课桌移动时桌子腿和地板摩擦时发出的尖锐声音。这看起来只是一个小烦恼,但却是一个严重的设计缺陷:50年前,学校家具的设计主要是为了静态的、面向前方的教学。这种设计已经不再适合现代教室中丰富多彩的教学形式了。"[11] 有了这种带轮子的桌椅,人们可以将光滑的教室地板想象成溜冰场或舞蹈工作室,把老师想象成椅子的编舞者,椅子根据需

图 3-2　马里兰州国会山庄的里奇利·罗森沃尔德学校（翻修过）
（来源：《建筑师》杂志）

要可以排成一排，或围成一圈，开展多种组合，并在一天结束时被收拢到一个角落。你再也不用担心距离教师太远，教师或教师团队会不断地改变课堂上的活动和分组，从教室前面的教学到小组学习，再到单独的会议。曾经被固定或者只能直线移动的学生，通过节点椅实现了在教室中的轻松移动。美中不足的是，节点的曲线和明亮的颜色让我想起了 20 世纪 60 年代对未来的畅想，就像电影《机器人总动员》（*Wall-E*）中地球人乘坐星际飞船的太空舱一样，因为不用走路，他们变得越来越胖。

●

移动节点椅的出现使传统教室发生了很大的变化。另一种颠覆性的设计聚焦在桌子上，将传统单个书桌向大的协作书桌转变。[12] 1930 年，慈善家爱德华·哈克尼斯（Edward Harkness）写信给新罕布什尔州的菲利普斯·埃克塞特学院（Phillips Exeter Academy）院长，询问他希望如何使用自己捐赠给学校的 580 万美元。哈克尼斯说："我的想法是，设计一个八人一组的教学单元……在这个单元中孩子们可以围坐在桌子旁边，老师可以与学生进行交谈并通过辅导或开会的方式指导学生学习，水平较低的学生也会被鼓励发表自己的想法……老师也能知道学生的困难有哪些……这将是一场真正意义的教育改革。"[13] 哈克尼斯认为，学习应该从讨论、提问、表述等各方面展开，而不仅局限于教室前方老师的讲课。即使在美国边境，将桌椅僵硬地排成一排，由一个教师经营的学校也已经消失了，这些地方的学校变得像城市的学校一样，教室按照学生年级分开布置，但更小群体的教育应该用什么样的方式解决呢？因为研讨会需要更多的人员，埃克塞特立即雇用了更多的教师，但围绕一件特制的新家具重新布置教室花了更长的时间：一张椭圆形的短木制桌子，沿着桌子边缘设有12个可以滑动的桌板。哈克尼斯桌（Harkness Table）现在仍在生产，事实证明它是一项真正的技术性变革，尽管它的使用仅限于能够提供小型讨论型课程的学校。教师和学生是平等的，大家共享一张桌子，桌子为每个人提供了相同的座位，没有任何人可以躲藏到后排座位上。[14]

学校财务主管康宁·本顿（Corning Benton）是这张桌子的设计师，这是他从很多模型中挑选出来的。他的第一个版本是圆桌：桌子中间是空的，周围一圈共设置12个椅子，每个人不分等级，完全平等，但这种桌子很难打扫，交流起来也不方便，且很难在教室中移动。第二个版本是一张两端弯曲的长桌，老师坐在桌子的一端，但这个方案让桌子两端的人交谈不方便。最终的版本是一个狭长的椭圆形桌子，桌子中间不再预留空间。桌子底下有木板可以拉出来，方便学生背对背地考试。第一批设计出来的桌子因为太宽而无法通过教室的门口，不得不在教室内就地建造。新设计出来的桌子被许多美国学校采用；新泽西州劳伦斯维尔学校的校长直接向哈克尼斯提出申请，要求他为学校的桌子、翻新教室和新教师提供资金。但是，哈克尼斯通过讨论进行教学的方法具有更大的影响力，以圆桌为象征迅速推广，哈克尼斯课桌远超出了人工制品的意义。

预算较少的学校将椭圆形分解成其他更模块化的几何形状。一旦将哈克尼斯圆桌安装在教室里，它将锁定整个房间的空间布局，用自己特有的方式来表现民主，就像将桌子排成一排的教室一样。20世纪70年代，我所在的开放式中学里，梯形的桌子暗示了一种大胆的新秩序——单元式而非网格式。

20世纪60年代的创意玩具包括这些桌子和其他学校家具。"独立研究和团队研究将在未来时期发挥重要作用。我们必须在开发儿童独立学习能力的同时注重团队学习能力的开发。"在这样的团体中，"孩子们参与得更积极，老师们的关系也更好"。[15] 老师和学生们围绕在一个六边形的桌子上举行研讨会。开会时每个人被分配到桌子的一个边上，大家像梯子一样排成一排，短的一边对着老师，两两之间直接进行交流指导。我的学校是20世纪70年代建造的数百个典型建筑之一，这个六边形小桌的设计，在学校巨大的开放空间中被想象成一个小的特殊空间，这个小空间激发了孩子们更广泛的学习兴趣，被称为分离仓、区域、单元或套间等新名称。[16] 在接受教友会教育时，我们会按照自己的名字来上课，并以游戏的形式进行教学，比如我们通过亲自扮演神仙来学习希腊神话。同时，梯形桌提供了一个灵活的平台，从中可以进行体验式、多形式的学习。

随着灵活家具概念成为新的教育词汇，开放式学校理念也对传统教室提出了质疑。20世纪50年代初，布伦瑞克公司（Brunswick Corporation）开始销售可堆叠的彩色椅子，用金属、胶合板或塑料制成，可以从桌子上拆下来，目的是"把教室变成学习的客厅"。[17] 当学习客厅被认可后，沉重的传统家具被轻便的、模块化的家具取代，教室内部也随之发生改变。布伦瑞克那个时代的一则广告展示了一间令人愉快的现代化教室，教室的窗户很大，窗户下方设计有相应的存储空间，学生的椅子可以根据学习的需求而变化排列模式：椅子可以放置在轻便的独立书桌旁，或者围着一张圆形桌子，或者在教师书桌前面。这则广告同时展示了三种不同的学习状态。

Caudill Rowlett Scott是一家专门从事战后学校设计的公司，他为得克萨斯州拉雷多的一所学校设计了一种教学空间隔板。隔板采用模块化的4英尺方形面板，可放置书架、画架、黑板或海报墙。和许多儿童发明一样，这个隔板最初是在家里进行尝试，由建筑师威廉·W.考迪尔（William W. Caudill）为他9岁的女儿制作。[18] 这些作品是开放式学校的折叠墙和移动橱柜的先驱，这些创新应用后又被抛弃，因为没有人想在一天内多次布置家具。

虽然大多数美国教室的桌椅都是排成一排的，但战后新学校的模式取自20世纪初约翰·杜威（John Dewey）的实验，最终由理查德·奈特拉（Richard Neutra）改编为现代主义学校设计。帕金斯（Perkins）、惠勒（Richard Neutra）和威尔（Wheeler & Will），还有埃利尔（Eliel）和埃罗·萨里宁（Eero Saarinen），所有这些都将在本章后面描述。

1921年出版的《学校建筑手册》中有照片显示，幼儿园中有一个区域为儿童桌椅放置区，摆放着椅子和桌子，另一个区域为老师工作台，一些学生在房间中央的地板上玩着积木和洋娃娃。[19] 在《以儿童为中心的学校》（*Child-Centered School*，1928）一书中，作者哈罗德·鲁格（Harold Rugg）和安·舒梅克（Ann Shumaker）写道："非正式性、灵活性和自由，标志着新的教学理念在学校中的应用。一个教室，根据使用它的孩子的兴趣，可以依次是一个零售，一个工作室，一个银行，一个百货商店，一个农场，整个城市，或一个可以做饭和吃饭的地方。当然还有一些专门用于教学的地方。"[20] 教室里的家具不再是传统的一排排的桌子，而是桌子、椅子、画架、工作台、储物柜的组合，在很多方面都像布置一间多功能的房间一样复杂。在接下来的章节中，教室和校舍也将从一个简单的、为学生遮风挡雨的屋子变成一个有机的、以学生教育为中心的复杂有机体。

●

在今天的美国，学校教育等同于进行正规教学和学习的特殊场所。学校和校舍之间的联系如此紧密，以至于在20世纪60年代，"没有围墙的学校"被誉为革命性的。在学校里，学生在日常环境中学习并与成年人进行交往。

——威廉·温·卡特勒三世（William W. Cutler III），《文化大教堂：1821年以来美国思想和实践中的校舍》（Cathedral of Culture: The Schoolhouse in American Thought and Practice Since 1821）

《1821年以来的美国思想与实践》（American Thought and Practice Since 1821，1989）。[21]

早在1838年，单室学校就遭到了抨击。从19世纪早期开始，建筑师和教育家就开始合作，他们相信学校建筑在改善学生在校内体验的同时，可以激发民众对教育的普及和支持。康涅狄格和罗德岛教育委员会的秘书亨利·巴纳德（Henry Barnard）在《学校建筑》（School Architecture，1850）一书中写道，"目前的学校建筑几乎都放在了位置不佳的地点，周边噪声严重、灰尘多或者临近危险的高速公路，毫无吸引力，学校内外的体验都令人感到糟糕。"

巴纳德提出了马萨诸塞州教育委员会秘书霍勒斯·曼恩（Horace Mann）的一项设计方案，作为未来校舍的样板。[22] 在曼恩的设计中，老师坐在教室前面的一个升高的平台上，面对56张单独的桌子。两边的墙壁上排列着窗户，讲台后面有两块黑板。

将学校教育与设计关联起来，使建筑成为学习过程中的一部分，并帮助教师从收入微薄的青少年或年轻人转变为值得尊重的大师。曼恩认为，普及公共教育"将比其他任何事情都更能消除人为的社会差别"，使国家更接近其民主理想。[23]

1847年，曼恩和巴纳德在马萨诸塞州昆西市创建了美国最早的分级学校。而同时期的其他学校主要由一个或两个大房间组成，每个孩子都有一个座位。而昆西文法学校则有十几间教室，总建筑超过三层，顶部有一个体育馆，方便更多地监督和指导。[24]

整个学校只有在"祷告仪式和其他一般活动"时才会大规模聚会。按照巴纳德的说法，分级学校创造了一种更安静、更让人集中注意力的课堂体验，教师也改变了他们的教学方法，不必在一天内听到几十次朗诵。高水平的学生可以快速地转移到另一个教室，水平较差的学生不会耽误整个年级的教学进度，教师也不会受到倦怠和学生流动带来的影响。这个实验非常成功，到1855年，波士顿所有的文法学校都按年级划分，到1860年时，小学也采用了同样的模式。标准的教室是28英尺见方（面积约合73平方米），有可供56个孩子使用的课桌。[25] 费城和圣路易斯的教育委员会也在

19世纪40年代和50年代建立了分级学校，20世纪60年代，其他主要城市也纷纷效仿。在所有城市中，只有纽约继续建造了带有中央学习室和独立阅读室的校舍。

尽管童年是人类发展的重要阶段，应该受到保护并需要对其教育进行投资，但对于依靠子女收入生存的家庭来说，童年的时间仍然很有限。据美国人口普查局估计，1870年有76.5万名年龄在10~15岁之间的儿童（每8名儿童中就有1名）从事"有酬工作"，到1910年有199万名，到1920年有106.1万名。[26] 在内战后时期，公立高中的入学率极低；到1890年，14~17岁人群中上高中的美国人仅占比约6%。这些孩子大多来自中产阶级和上层阶级，他们是未来4年唯一可以避免进入劳动力市场的经济群体。这一时期的高中课程也相当专业化，以古典模式教育为基础，不重视实用性和职业化的培养；职业培训是通过做学徒来进行的。[27]

进步的改革者们认为童工与新的儿童发展理念背道而驰，他们努力让孩子们不再去打工而是进入学校学习。改革者们将儿童工作与社区工作联系在一起，如芝加哥简·亚当斯（Jane Addams）的赫尔之家，由当地社区成员组织，注重为妇女和儿童提供社交和教育机会。在19世纪90年代，各个州先后通过了《童工法》（Child Labor），限制了儿童合法受雇的年龄和每天工作的时长。这些法律通常与《义务教育法》（Compulsory-Attendance Legislation）相结合，后者的重点是让孩子在学校接受教育直到12岁、14岁或16岁。到1918年，大多数州都在一定程度上实行了强制入学要求，从而导致了公立小学的学生人数在20世纪前20年大幅增加。1916年的《基廷-欧文童工法》（Keating-Owen Child Labor Act）是联邦政府试图禁止使用童工的一项努力，但以失败告终。直到大萧条时期，美国才通过了统一的《公平劳动标准法》（Fair Labor Standards Act）。

为应对大幅增加的学生规模，20世纪初加快了新学校的建设速度，新建学校的民众参与意识和卫生意识得到了很大的加强，所以很多学校建设得十分坚固，一直沿用至今。我自己孩子就读的布鲁克林学校建于1921年，沿用了纽约市教育委员会在19世纪90年代制定的模式，当时学校的建设由C.B.J.斯耐德（C. B. J. Snyder）领导。斯耐德和与他同时代的芝加哥教育委员会的德怀特·H.帕金斯一样，在建造教室时将精力主要集中在了更好的光线、空气和卫生条件上，创造了一个与单室校舍不同的学校，在保障质量的同时，对内部空间进行重新布局和组合。

斯耐德说，他希望"学校建筑本身成为教育的一个重要因素，就像教科书一样。"[28] 教室开始采用标准化的模式，旨在提高采光效果和空气质量。独立的桌子垂直于窗户和墙面呈一排排布局，阳光从学生最理想的左侧肩膀投射过来，这样可以减少学习时受到阴影和房屋前方带来的眩光。[29] 窗户应该覆盖40%~50%的墙壁，并高出地面约 3.5 英尺，以避免侧向眩光，房间的宽度不应超过窗户高度的两倍，以便光线能照射到房间内的所有墙面。帕金斯通常用五扇垂直的"带状窗户"来满足光线要求，"带状窗户"之间通过矩形的砖石来隔开。这种标准化的设计像极了工厂中的工业产品。[30] 1916 年的一篇研究报告指出，理想的教室长宽宜设置为 23 英尺 × 29 英尺，高 12 英尺；1933 年对学校的一项实际调查中发现了相同的结果，两篇报告只有约 1 英尺的差异。如今，当建筑师和教育工作者有更多的资源可以支配时，光线、空气质量、良好的声学效果以及每个房间容纳的学生数量仍是学校设计的主要因素。学生的成绩与教室的设计要素之间有着千丝万缕的联系，两者之间已经密不可分。[31]

除了对教室内部进行改良，很多学校还专门建设了新的教室，这些房间体现了课程的增多和学校建筑在社区中的地位。圣路易斯教育委员会的官方建筑师威廉·B. 伊特纳（William B. Ittner）认为，现代学校是一座城市的纪念碑，有助于"社区的审美发展"。1932 年的费城地区规划也将学校建筑和场地称为"灵感之地"，这反映了人们对宏伟建筑可以提升力量的普遍信念。校园在放学后和周末对外开放。[32] 新建礼堂的晚间讲座吸引了很多成年人。图书馆、体育馆和礼堂作为学校新设施的一部分，在下班之后继续开放，一直延续到经济大萧条之前。大萧条时期，由于工作人员和馆内项目资金匮乏而不得不关停。

这些社区设施通常在仪式大厅和楼梯的两侧对称布置，使学校与图书馆、市政厅、教堂等一并成为城市重要的公共场所。在帕金斯为芝加哥学校制定的标准化计划中，一层的礼堂设置在正门的对面，方便下班后进入；后来，学校图书馆加入了这些集会场所。职业教室白天用作手工培训的车间或家庭科学的实验室，晚上可用于成人教育。[33] 在后来的学校里，帕金斯还将幼儿园搬到了一层，建立了一种模式，即尽量缩短学校前门和最年幼学生教室之间的距离，这种模式一直延续到今天。同时，菜园和带有攀岩设施的游乐场也纳入芝加哥建设标准。1915 年，帕金斯明智地建议将芝加哥公园管理机构和学校董事会联合起来，以便更容易地配置各类设施。[34]

大多数建于 20 世纪前几十年的学校都采用了传统的历史建筑风格，有新古典主义的圆柱、哥特式的石砌护墙或孟莎式屋顶（又称折面屋顶、折腰屋顶，是双折的两坡顶，两面排水）。在城市里，学校最多可以建五层（五层被认为是没有电梯的建筑中人能爬到的最高楼层）。纽约市学校建筑师施耐德（Snyder）创建了 H 形平面设计来处理中间街区的场地，将教室堆叠在现有建筑的墙壁上，并将学校建筑连接到中心，但留下两个开放的庭院，用于采光、通风和玩耍。斯耐德还设计了大窗户、中央供暖系统、室内管道、防火材料和防火出口。德威特·克林顿高中（DeWitt Clinton High School, 1906）是他设计的学校之一，也是当时最大的高中。这是一栋五层楼的建筑，有一个精心设计的三拱形入口，通向两个中庭庭院之一，还有一个精心设计的甚至有皇家气派的檐口。斯耐德相信规范化健康和安全的设计，同时谴责学校设计和外观的千篇一律。他认为学校不是工厂，将它们标准化就是"将教育本身标准化"，将学生视为小部件。[35] 他还将可移动家具引入幼儿园，并认为这个阶段的儿童需要采用不同形式的教室。

新学校的学生们有符合人体工程学的安静课桌、无眩光的黑板，还有一些专业化的教室，比如科学实验室、机器商店和家庭科学厨房等。但大多数教学在内容和形式上仍然受到严格限制。教育改革家、芝加哥大学实验室学院的创始人约翰·杜威（John Dewey），后来与哥伦比亚大学师范学院的林肯学院建立了联系，他这样描述传统课堂："有这样一个普通的教室呈现在我们眼前，它由一排排丑陋的桌子按照几何顺序排列在一起，所有的空间基本都是固定的，所有课桌几乎都一样大，只有足够的空间用于放书、铅笔和纸，再加上一张讲桌、几把椅子，光秃秃的墙面上可能还挂着几幅画，这是我们脑海中出现的唯一可以用来进行教学的地方，这个地方的一切设置只是为了'听讲'"。[36] 在杜威看来，这样的教室对所有的孩子都一视同仁，但是"孩子们一旦行动起来，他们的个性就会完全彰显出来。"为了打破传统教室僵化的结构，他将学校视为以儿童为中心的建筑网络中的一个节点，包括住宅、公园、图书馆和博物馆。学习不应该只在教室里进行，也不应该仅仅从老师传给学生。在教室的墙壁内，他想要打破的是原来一排排的僵化布局：20世纪10年代和20年代林肯学校的照片显示，教室的设置与20世纪30年代至50年代的现代主义学校一样，配有轻巧的家具、用于存放学习材料的地方、靠窗的座位以及为学生作业准备的黑板和布告栏。

杜威以"业余活动"来组织他的学生日，这与教育家福禄贝尔的追随者们想法一样，孩子们可以在这里做饭、做园艺、做木工和编织。但与福禄贝尔不同的是，杜威提供了逼真的游戏材料，赋予孩子们真正的职责并取得切实的成果。[37] 教室成了一个特殊的学习区域，扫帚、拖把、熨斗和盘子是大多数教室中的一部分。孩子们给洋娃娃洗衣服，为他们的班级做零食，然后打扫碎屑。沙盒、工作台、拼图和画架也成为教室家具的一部分。杜威的妻子爱丽丝（Alice）写道，在实验室学校最初成立的几年里，"人们宣传这里开办了一所教授孩子缝纫和烘焙的学校，方便学生的母亲在家里教育他们。"[38] 除了给孩子们行动的自由之外，杜威将学校课程的开发和管理权力交给了教师，他写道："老师的教学没有固定的规则，可以从提问开始，所有的答案都是老师探索出来的。"[39] 实验室学校的纺织教师阿尔西娅·哈默（Althea Harmer）利用家庭艺术和科学教授孩子们历史："通过重现他们典型的职业，孩子们对一个民族日常生活的理解变得生动起来"，她写道。杜威对当时的实际材料和方法的运用，保证了孩子们日常努力得以实现。⁴⁰ 杜威的思想通过《学校与社会》(The School and Society，1900) 等文本进行传播，并最终影响了教育建筑的形式。

●

当城市和移民的孩子有机会在新建的校舍里上学时，20 世纪初美国南部的非裔美国儿童的受教育机会仍然极其有限，他们每年只能在老旧的校舍里上几个星期的学，而且教师的水平也很差。时任塔斯基吉学院（Tuskegee Institute）院长的布克·T. 华盛顿（Booker T. Washington）以"自助哲学"为基础，在战略性慈善行为的帮助下，制定了一个计划来补救这种情况。

历史上，非裔美国人社区在没有公共资金的情况下创建了自己的学校和教堂。1912 年，华盛顿政府提议在阿拉巴马州的塔斯基吉附近建立 6 所乡村学校，资金来自朱利叶斯·罗森沃尔德（Julius Rosenwald）。罗森沃尔德通过在全国扩张西尔斯·罗巴克（Sears and Roebuck）百货商店而积累了财富，并且成为塔斯基吉学院的新受托人。⁴¹ 罗森沃尔德最初提议将学校标准化，像西尔斯著名的购物中心一样，但华盛顿认为当地的参与更为关键。罗森沃尔德基金将出资三分之一；有兴趣的社区将筹集另外三分之一的资金、劳动力或建筑材料；最后的三分之一将由白人管理的学校董事会出资。一旦学校建成，将移交给学校董事会。正如建筑历史学家梅布尔·O. 威尔逊（Mabel O. Wilson）所写的那样，"美国黑人甚至必须支付部分学校的费用，这一事实鲜明地提醒了人们，国家教育经费的分配是不平等的。"⁴² 学生在所谓的罗森沃尔德学校接受的教育是一种实用教育。这些学校旨在教授识字和基本算术，对男孩提供农业和贸易的职业培训，对女孩提供家政培训。⁴³ 当时许多黑人对该教学计划有着复杂的感受：它并没有打破吉姆克劳法或公立学校对非裔美国人的忽视，而是建立了一套平行的机构，由私人资金支付但又捐赠给白人治理的公共系统。将学校的课程限制在职业教育范围内，也是一项旨在使非裔美国人教育更受白人学校董事会欢迎的策略。1912 年建立了 6 所这类学校，事实证明这些学校的成功足以让这个项目继续下去。到 1932 年罗森沃尔德去世时，从弗吉尼亚州到得克萨斯州，南部 15 个州共建立了 5000 多所这样的学校。到 1928 年，南方每 5 所学校中就有 1 所是罗森沃尔德学校。

对于学校的规划者来说，他们必须在学校设计上达到与当时在建的白人学校相同的标准。专业建筑师和教育工作者准备了反映当前正确教育环境思想的方案，并免费提供给社区成员。罗伯特·罗宾逊·泰勒（Robert Robinson Taylor）是麻省理工学院的第一位黑人毕业生，也是塔斯基吉校区 20 多幢建筑的设计师，他为 1915 年出版的《黑人乡村学校及其与社区的关系》(*The Negro Rural School and Its Relation to the Community*)一书作出了贡献。随后，由塞缪尔·L.史密斯（Samuel L. Smith）和弗莱彻·B.德莱斯勒（Fletcher B. Dresslar）撰写的《社区学校计划》(*Community School Plans*)于1920年出版，并在之后进行了更新。德莱斯勒强调学校建筑的实用性——简单的乡土建筑，具有良好的比例和最少的装饰。由于这些学校是由不同的人远程建造的，因此需要制定明确而清晰的计划。"罗森沃尔德学校可能看起来比较传统，但它们融合了许多设计创新"，建筑评论家维托尔德·瑞布奇恩斯基（Witold Rybczynski）写道：

"教室通常由可移动的隔板隔开，以便他们可以合并成一个大空间。最常见的布置是两间教室，旁边毗邻设置一个'工业室'用作商店和讲授烹饪课程，还有前厅和衣帽间（社区学校有更多的教室，包括一个礼堂和一个图书馆）。教室有很高的顶棚和超大的双悬窗，通常排成一排来获取更大的采光面积，这一点至关重要，因为许多场所缺乏电力。通过建筑朝向的设计来获得充足的东、西向光线。塔斯基吉的手册上写道：'教室最好有适当的照明，面向长长的道路将教室内部完全展现出来'。'通风窗'（内部开口）促进了交叉通风，建筑物采用架空设计以便更好地控制室温。"[44]

每间教室都有一块大黑板和三四十个现代化的课桌，椅子有固定的也有可移动的，还有供男孩和女孩使用的独立衣帽间。墙壁设置有深色的护墙板来掩盖磨损，其他地方会涂上相对较浅的颜色以增加室内亮度。历史学家玛丽·S.霍夫施韦勒（Mary S.Hoffschwelle）强调学生在这些明亮、现代的建筑中一定会感到家与学校之间的不同。在她的报告中曾提到，某位承包商（亚拉巴马州一个地区的白人学校董事会主席）在意识到"它会比白人学校更好"后，停止了学校的建设工作。[45]

从建筑学角度讲，著名的罗森沃尔德学校是一所从未建成过的学校，由弗兰克·劳埃德·赖特（Frank Lloyd Wright）设计。赖特在布法罗的长期赞助人达尔文·D.马丁（Darwin D. Martin）是罗森沃尔德的朋友，1928年，他说服赖特在弗吉尼亚州汉普顿师范与农业学院的一处场地上设计一所学校，这里在历史上曾是黑人的聚集地。

赖特设计了一所带游泳池的庭院学校，一座拥有M形屋顶和门上带有羽毛装饰的儿童剧院以及由尖顶天窗采光的教室，改变了样板书中标准的教室样式。粗石墙壁和瓦片屋顶增加了童话般的效果，与现有学校活泼、实用的风格完全相反。在给马丁的信中，赖特承认庭院和游泳池会增加成本，但他说"这是值得的，体育应该占据'教育'的五分之三。"[46] 赖特熟悉20世纪早期教育改革者的思想，这得益于他自己受到的福禄贝尔式教育和在芝加哥的生活环境。

约翰·杜威（John Dewey）和伊芙琳·杜威（Evelyn Dewey）在 1915 年出版的《明日学校》（Schools of tomorrow）一书中介绍了他的库利剧场。1926 年，赖特为橡树公园设计了一系列被称为"儿童交响乐"的运动场，它将游戏室和游泳池结合起来，并采用气球样式的灯具进行装饰。然而，汉普顿的学校设计引起了负面反应。

庭院的设计很好，但被外界认为"完全不适合"。正如威尔逊所写的，"典型的罗森沃尔德学校不仅是严格的纪律强化，而且它的简单使得学校看起来不如白人孩子的学校。"[47] 它们的简单掩盖了其技术特点，即为非裔美国儿童提供了一种最低教育标准的布局，虽简单但有利于学习。

罗森沃尔德学校通过光线和空气反映了进步时代对健康建筑的重视，以及对如何组织教室的最新理解。一些规模更大的学校确实扩大了公共空间，尽管没有像赖特设计的那样富有戏剧性：一所"六教师社区学校"，其平面图呈 H 形，有一个中央公共礼堂，可以为公共活动提供空间、舞台兼会议室。宽敞的前廊使学校成为一个受欢迎的地方，也使以小型住宅结构为主的农村地区具有了城市的气息。[48] 这些建筑没有白人学校的纪念性或中心地位，也不建在城市中心；尽管普莱西诉弗格森案（Plessy v. Ferguson）做出了裁决，但他们是分开的、不平等的。为了通过考试，学校和课程内容的目标都被缩小了，这一策略并未降低设计的有效性，并成功地将公共教育扩展到成千上万名儿童。

在 1954 年布朗诉教育委员会案的裁决之后，罗森沃尔德的建筑瞬间变得过时了，许多使用了数十年的建筑因为破旧而被拆除了。然而，自 2002 年以来，国家历史保护信托组织（National Trust for Historic Preservation）为大约 800 座现存的建筑提供了援助，并将其解读为进步的象征，尽管它们举步维艰，但却是解放黑人儿童的象征。

●

到了 20 世纪 30 年代，杜威的"完整儿童"教育理论已经成为主流。他和其他进步主义教育家强调，公共教育应该关注儿童的身心发展和学业成就。杜威关于改变内部教室结构的想法反映在学校的新计划和关于其建筑在城市中作用的新理论中。现代建筑，直到最近才传入美国，一定程度上解决了传统学校专制、千篇一律的问题。这种新的建筑风格强调光线、通风和清洁度等功能的设计，似乎更加适合儿童，现代主义低矮的建筑风格受到人们的广泛好评。户外教室的想法，通过将花园与教室相结合，使教学空间加倍，成为 20 世纪 30 年代到 60 年代创新学校设计的关键。这些新建筑利用了钢框架和其他20世纪的建筑材料,从而产生了更轻、更大的结构。这种材料和美学上的变化让现代建筑变得更加实用和高效,很快应用到二战之后学校的建设热潮中,满足了战争之后暴发的婴儿潮。从1950—1960年,再从1960—1970年,先后有1000万新生儿童进入了公立学校。1955年,《建筑论坛》的编辑写道:"每15分钟出生的婴儿就能够填满一间教室,而我们已经滞后了25万间教室的提供。"[49] 随着学校建设规模的快速扩张,建筑师四处寻找可以进行参照的模型,其中最具影响力的就是伊利诺伊州温尼特卡区的乌鸦岛学校(图3-3)。

1919—1943年,温尼特卡的学校负责人卡尔顿·沃什伯恩(Carleton Washburne)经常出现在幼儿园集会的前排,他坐在儿童椅上,膝盖顶着下巴。当他要在自己所在的地区建一所新学校时,自然而然希望建筑师能从孩子的角度来设计。[50] "建筑不能太漂亮,建筑物不能只为了让学生待在里边而不好用,建筑的材料必须是不易损坏且允许一定程度上的破坏,装修和布置必须与培育儿童诚实、努力和富有创造力的性格相协调,而不只是一个看起来很粗糙的学习环境",学校活动主管弗朗西斯·普莱斯勒(Frances Presler)写道。

为此,负责学校设计的年轻建筑师劳伦斯·帕金斯(Lawrence Perkins)走出家门向孩子们学习。1987年,帕金斯对一位采访者说:"我必须弄清楚教室里发生了什么,以及为什么普通教室在温尼特卡行不通。"[51] 他去镇上两所建于20世纪20年代初的三层楼的旧学校和一层楼的新学校进行考察,发现这两所学校几乎每间教室都有

图 3-3　乌鸦岛学校照片
(来源:现代主义运动记录与保护国际组织官网)

户外通道。为了吸引孩子们的注意力，他从其母亲露西·费奇·帕金斯（Lucy Fitch Perkins）写的畅销小说《荷兰双胞胎》（*Dutch Twins*）中画出人物，然后向孩子们提出问题。他发现孩子们讨厌教室门上的窗户，因为窗户主要是方便大人们对他们进行监视，学生们也讨厌排队上厕所。艺术类项目需要有自来水，听故事的时候要有舒服的座位。帕金斯还采访了教师、家长和维修人员。管理人员希望学校清扫起来更轻松，包括嵌入式的储物柜、平顶天窗，以及前门台阶下用于融雪的加热线圈。沃什伯恩希望每个班级都是一个独立的单元，并有自己的院子。普莱斯勒想要一个单独的房间，专门用于角色扮演等新奇的活动，可以制作蜡烛，梳理羊毛，并在与大楼烟囱相连的壁炉中做饭（这是三年级学生的学校传统，一直延续到今天）。教师们需要一个灵活的教室，因为每天的工作需要六种不同的环境条件，包括坐在办公桌前、集体讲演、进行个人或集体活动，以及基本的人身需求，如挂外套或使用浴室。[52]

沃什伯恩在温尼特卡学校当负责人时只有20多岁，但他对小学课程进行了重组，并吸收了杜威的"以儿童为中心"的教学理念，增加了他认为更适合幼儿园以外学生的教学内容。1912年沃什伯恩从斯坦福大学毕业后，受雇于旧金山的教育家弗雷德里克·伯克（Frederic Burk），伯克主张终止学校的年级制度，允许孩子们按照自己的节奏学习。[53]

沃什伯恩所谓的"温内特卡计划"（到1925年，温内特卡教育出版社已经开始为其他学校出版自学书籍）通过练习册和频繁的测试来教授算术、阅读、写作、历史和地理等"通用课程"。学生达到成绩要求后，可以继续前进；不及格的话，需要回到作业本上进行更多的回顾和练习。尽管这种制度听起来相当残酷，但曾有教师将"棕色算术书"描述为"这是你见过的最有教育意义的事情"。[54] 同时，每天有一半的时间是留给艺术、科学和社会研究等更具创造性的群体活动。在乌鸦岛的早期，这些活动由普莱斯勒组织。科学课包括做实验、种植植物、照料动物、实地考察。社会研究课程建立了像霍根和普韦布洛斯这样的美洲土著建筑，创造性地开展写作和合唱课程。每一项活动都需要不同类型的空间，可能是在教室、礼堂、体育馆或者社区房间里。沙里宁（Saarinen）和帕金斯等建筑师在实践工作中，形成了一种不同寻常的合作伙伴关系，最终创造了一种课堂设计和学校管理体系，这影响了美国未来30年的教育。

1928年4月，温内特卡学校董事会批准在该地区的西北角建造一所新学校，但大萧条使建设工作暂停。直到1937年，沃什伯恩购得威洛路的一块土地后，才开始寻找建筑师。学校选址地点大部分是沼泽地，只有一块高而平的土地，聚集着很多乌鸦，被称为"乌鸦岛"。先后有35家公司代表访问了沃什伯恩的主管办公室。他在写给帕金斯的信中说，他给学校的定位是"世界上最实用、最美丽的学校"。帕金斯是当地的一名建筑师，拥有一家成立三年的公司，对教育很感兴趣。"我们希望它能在建筑中具体化，成为我们可以发展的最好的教育实践。"[55] 沃什伯恩愿意与帕金斯会面主要是因为帕金斯的背景：他的父亲德怀特·H.帕金斯在 1905—1910 年间是芝加哥公立学校的建筑师，年轻的帕金斯曾为一位著名出版商设计过一栋房子，这位出版商与一些董事会成员是朋友。他写道，沃什伯恩不能把这项任务委托给"只建了一栋房子和一座小教堂的年轻人——帕金斯和他的合伙人 E.托德·惠勒（E.Todd Wheeler）和菲利普·威尔（Dhilip Will）。"帕金斯辩称，与老牌公司相比，他们成立不久的公司会将更多的时间和思考用在学校设计上。沃什伯恩认可了这一点，但他有一个建议：希望将年轻人的热情与埃利尔·沙里宁这样传奇人物的技能相结合。[56] 会议快结束时，帕金斯答应要去拜访沙里宁，但很快又忘了自己的承诺。

几天后，他接到了学校董事会主席的电话，将派他去底特律，并希望他与沙里宁会面。帕金斯忐忑不安地打电话给沙里宁，向他介绍了这个项目。"我不设计哥特式或殖民风格的建筑"，沙里宁说。他当时最著名的设计是底特律北部的克兰布鲁克学校，他还是该校建筑系的系主任。帕金斯向他保证，温内特卡学校董事会对一些原创的东西很感兴趣。沙里宁同意会面，并在进一步讨论后，以五五分成的合作伙伴关系加入执行委员会。

乌鸦岛学校于 1940 年 9 月创办，当时有 14 间教室和近 300 名学生。虽然多年来不断扩建，但参观者的第一印象基本上还是 75 年前的样子。甚至在你踏进乌鸦岛的大门之前，就会感受到这里的设计理念。正如普莱斯勒所说，它的设计是"真正从儿童的视角出发，而不是成年人眼中认为的儿童视角"。[57] 幼儿园入口处走廊的砖墙上有一条长长的石凳，供早到或晚走的儿童使用。石凳既可以透过大厅内部看到，也可以从外部环形的车道上看到。

三层玻璃的透明门一直延伸到地面，所以推门的时候就不会撞到里面的小孩。宽敞的大厅为你提供了明确的空间定位：左边是幼儿园，右边是礼堂，前面是一条长长的双层走廊，通往高年级教室。大厅里摆放着舒适的椅子，像一个现代客厅，东侧有落地玻璃，所以早上光线充足。在大厅南侧的砖墙上，一张长长的沙发上方悬挂着一件并非学校学生创作的室内艺术品：由雕塑家莉莉·斯万·沙里宁（Lily Swann Saarinen）创作的赤陶土浅浮雕，她是克兰布鲁克学院的毕业生，当时是埃罗·沙里宁的妻子，画的是诺亚（Noah）、几对动物以及一只嘴里衔着绿色小树枝的鸟，象征着希望。这些浮雕并不比大人的手大，不对称地排列在砖墙上，仿佛它们就生长在那里。然而，总的来说，建筑的材料是可以自我表达的，正如普莱斯勒的要求："我们建议展示给孩子的区域不要有说明性的雕带装饰……以免它指定了太明确的创造形式，从而抑制而不是鼓励儿童的表达。"[58]

从 20 世纪 30 年代起，人们在关于儿童读物的讨论中看到了一种相反的论点，即成人制作的插图扼杀了儿童的创造力，并主张在任何附加的装饰中保持朴素，或至少是抽象化。建筑师从腰部高度出发的设计理念随处可见：饮水机很低，电灯开关很低，门把手也很低。教室的门通常被漆成三原色，以便识字前的孩子们能够找到通往自己的黄色、红色或蓝色门的路。为了安全和耐用，走廊交汇处的砖块是弯曲的，三条木制扶手也随之弯曲，一直延伸到走廊，提供了一个完美的排队或倚靠的地方。

埃利尔·沙里宁建议把砖块里里外外都暴露出来，作为一种经济和实用的表现，复制了他在克兰布鲁克使用的低维护性措施。在内墙的底部，一层深红色釉面的瓷砖位于金色的无釉面普通砖下方。釉面砖不会吸收拖把桶里的水中污垢。三根木栏杆也是他的建议，用来软化长长的砖石结构。[59] 砖墙对面的墙壁是垂直的黄松木镶板，柔软到可以承受孩子们不同程度的冲撞。这些是孩子们学习和创作的基础，这里的材料允许孩子们随意装扮，这是普莱斯勒想象的孩子需要的环境，不是为了迎合管理的要求，而是真正创造儿童成长的摇篮。

作为教育创新中心的教室提供了同样更集中的版本：木质镶板的墙壁有着存放艺术作品和充当储藏柜的双重作用。普莱斯勒写道："这些房间的氛围，尤其是学校宿舍，应该给人一种安全感。尤其是共同生活的地方，应该表现出家的感觉"。[60] 最初的教室是 L 形的，这是帕金斯惠勒威尔公司（Perkins, Wheeler & Will）的员工约翰·博伊斯（John Boyce）设计的。教室的天花板有 9 英尺高，而不是典型的 12 英尺。材料被储存在孩子们够得着的橱柜、箱子和架子上，学生们可以坐在那些儿童尺寸的埃姆斯和沙里宁椅子上。沿着两边的窗户墙有一条长长的储物凳，为孩子们提供了一个讲故事的地方，也为坐在地板上的孩子提供了一个工作台面。L 形教室有浴室和洗脸盆，这样孩子们不必使用大型公共设施的水槽和吧台，让他们更容易制作食物、开展油漆和泥土的实验。教师们现在把这些教室用作科学实验、大型建筑项目场地或技术中心。教室应该能够作为孩子们的整个世界，特别是在低年级，有时则需要提供更大的公共学校设施。

1942 年，在现代艺术博物馆举办的"学校的现代建筑"展览中，这个教室以模型的形式展示，配有微型家具（有些是木制的）。馆长伊丽莎白·莫克（Elizabeth Mock）写道，"学校应该做的不仅是提供空间、光线和空气，还应该是一个让孩子有归属感的地方，在这里他们可以自由活动，可以享受与户外的直接接触。"[61]

展览中的学校建于 1934—1942 年，正如伊丽莎白·莫克所写，它其实向我们展示了"先辈们红色小校舍"的更新版本。莫克提到的归属感是指在教室布置时，通过家具和配件的规模、材料等创造出家庭生活的感觉。通过降低设施的高度来适应儿童的需求，包括儿童尺寸的桌椅和沿着两扇窗户的长条储物凳。这条长凳下的储物箱既可以装积木和其他玩具，也可以是座位。

乌鸦岛学校的幼儿园有自己的入口和游乐场，还有一个厨房，厨房里有一个乳品柜台，用来分发有利于孩子成长的牛奶。帕金斯在1942年写道，"这是一个经过讨论和检验而得到的普遍规律，即小学年龄段的孩子不足以参加比班级更大的团体活动。他们根本无法理解并忠实于更复杂的社会结构。因此，班级是小学生可以接受的最大家庭。"[62]

"一年级和二年级的学生设置在侧楼，在门厅对面有一个宽敞的、半遮挡的游戏平台，那里有放置孩子们外套的储物柜，游戏平台和储物柜通过大门直接连接。二年级和三年级的学生在一个单独的大厅里，靠近图书馆和礼堂，可以进入一个更大的、无特定功能的游乐场。学校的景观由罗伯特·埃弗利（Robert Everly）和约翰·麦克法泽（John McFadzean）设计，他们对场地内的草坪、植物、游乐设施和攀爬架等进行了统筹布局，利用这个小空间来照顾很多孩子。同时满足了不同年龄段孩子的攀爬欲望，锻炼了孩子们的肌肉"，沃什伯恩在回忆录中写道。[63]

当时，乌鸦岛在《建筑论坛》等期刊、现代艺术博物馆的展览以及10年后由亨利·福特博物馆和美国百科全书主办的另一个展览中得到了广泛宣传。[64] 帕金斯把他公司的成功（至今仍以"帕金斯+威尔"的名称存在）归功于他聘请了一名优秀的公关人员来宣传学校，并聘请了著名建筑摄影师肯·赫希里希（Ken Hedrich）来拍摄学校。[65] 乌鸦岛的设计原则在建筑师威廉·W.考迪尔（William W.Caudill）撰写的著作《教学空间》（Teaching，1941年）和《走向更好的学校设计》（Toward Better School Design，1954年）中得到了提炼。

在接下来的10年里，考迪尔的公司在美国各地设计了几十所现代小学，他将乌鸦岛的奢侈品精简到了极致，并强调L形的教室、带窗户的墙壁、成对的教室和花园以及儿童大小的空间：

每个人都同意学生不应该踮起脚尖去够黑板，也不应该坐在对他来说太大或太小的座位上。但是我们仍然有学校（特别是小学）按照成年人的视角进行设计。孩子们生活在一个为成人构建的世界里：不容易打开的门、难以爬上的楼梯、太高的窗户和太高的挂衣钩、饮水机、架子和太大的家具——这些都在不断地提醒儿童应该时刻警醒，在巨人的世界里他是渺小的、需要人照顾的。当学校的空间、设备和家具都按照儿童的尺寸设计时，他们会觉得更轻松、更安心。孩子们会觉得这个地方是为他们创造的，会更加自立，做更多、更好的工作。[66]

乌鸦岛最让考迪尔欣赏的是建筑对沃什伯恩课程的响应。[67] 在《走向更好的学校设计》一书中，他详细列出了新教室一天内必须进行的所有活动，并将它们分解成独立的设计单元，从挂外套的儿童高度挂钩和放东西的小隔间，到一对一教学的角落，再到钉上壁画的墙壁，最后到一个大到足以让全班围坐成一圈的房间。[68]

埃莉诺·尼科尔森（Eleanor Nicholson）在一篇题为《作为第三位教师的学校建筑》的文章中写道："孩子们必须接受来自教育的挑战，但从建筑本身散发出来的智慧是清晰的：孩子们应该在充满爱、相互尊重、美丽以及亲近自然的氛围中成长。"[69] 在校友们对乌鸦岛的回忆中，这座建筑仍然在成年人的脑海中留下了鲜明的印象，与其说是因为学校建筑教给了他们一些具体的东西，不如说是因为学校给了他们尊重。

●

自 20 世纪 60 年代以来，印第安纳州的哥伦布市就以其丰富的现代公共建筑而闻名。作为沿海地区以及中西部设计中心，如芝加哥和底特律，建筑师们竞相在哥伦布建造学校、图书馆、邮局和消防站，其中许多项目是由一个名为康明斯基金会建筑计划（Cummins Foundation Architecture Program）的革命性慈善项目资助的。

学校的建筑形态总是能反映出公民的抱负和教育变革，而哥伦布和其他许多城市一样，战后人口激增带来的骄傲和焦虑，让这座城市很快接受了通过先进建筑来帮助孩子们学习的新思维。它是一个关于现代校舍的研究案例，基于乌鸦岛的家庭模式，不同的建筑师如何对其进行调整，以适应教育理念的下一个大事件。哥伦布以设计奇迹而闻名，用建筑计划资金建造的学校都受到了全国的关注。这里的许多建筑师在哥伦布的影响下事业兴旺，他们继续在其他地方建造教育建筑，进而对整个美国建筑业产生了巨大影响。

康明斯公司的总裁 J. 欧文·米勒（J. Irwin Miller）是建筑项目的主要推动者。米勒是 1967 年 10 月《时尚先生》（*Esquire*）封面故事的主角，标题是"这个人应该成为美国的下一任总统。"他是商人、银行家、宗教领袖、民权活动家和艺术赞助人。[70] 多年后，米勒在接受采访时表示："（战后）最早建立的两所学校是克利夫提和布斯塞瑟，都是预制学校，这让我非常震惊。我说我们必须做得更好。"[71] 事实上，金属板外墙的学校建设得并不好，它是一种预制产品，这些廉价学校是市政当局用以快速填补学校缺口而建造起来的：一间教室的校舍，在没有电力或室内管道的情况下，一直使用到 20 世纪。[72] 1942 年，当米勒和他的父亲在哥伦布的第一座基督教教堂工作时，他与埃罗·沙里宁成为朋友，该项目与乌鸦岛学校同时在办公室进行。当该镇履行建造新学校的责任时，米勒希望确保学校有良好的质量，并要求沙里宁向学校董事会推荐建筑师。

米勒和康明斯公司的执行副总裁一样，在镇上身兼多职。20世纪50年代初，作为市长住房问题特别工作组的负责人，他把芝加哥的建筑师哈利·威斯（Harry Weese）带到了哥伦布，开始给他第一个委托，即哥伦布租赁公寓。威斯曾在克兰布鲁克接受过埃利尔·沙里宁的教育。这些公寓建于1953—1960年，位于当时的城北边缘，旨在缓解20世纪30年代开始的住房短缺问题。为了吸引当地工业所需的年轻工程师和管理人员，米勒意识到住房必须提供额外的服务，如新的公园和学校。康明斯公司的副总裁之一迪克·斯托纳（Dick Stoner）是当时的学校董事会主席。在威斯设计公寓的同时，他还受雇负责设计街对面的一所新小学。在公开讨论其设计方案的会议上，威斯强调这不是一个"讨价还价"的建筑，他间接地提到了之前的两所学校。[73]

莉莉安·C.施密特小学（Lillian C. Schmitt Elementary School）建成于1957年，它拥有简单的设计和熟悉的山墙屋顶线（早期版本将山墙换成了桶形拱顶）。[74] 威斯直接受学校董事会委托，学校的资金来自当地企业，包括米勒控制的康明斯公司和欧文联合信托基金会，以及韩国退伍军人纪念建筑基金的贷款。施密特小学在1957年建成之前就已经存在，为项目重建提供了很多灵感。最初的施密特小学大楼有13间教室，幼儿园和较低年级沿着一条单人走廊向西排列，30英尺见方的教室外都有独立的游戏区。[75] 大一点孩子的教室在东面，他们有属于自己的较大公共游乐场。中间有一个六边形的"大厅"，是物理空间和社交空间的焦点。通过两扇大门，大厅可以分别通向走廊和临近的自助餐厅。大厅里铺着木质地板，天花板上有裸露的横梁和木板，屋顶下的垂直墙壁上用不同尺寸的木钉包裹着，上面是用织物做成的隔声饰板。这所学校是木质结构，用混凝土和砖块填充，还有许多细小的木质构件，例如走廊和教室内墙的嵌壁式储物柜。总的来说，学校会选择维护成本低且便于利用的建筑材料，如裸露的砖块、雪松梁、混凝土地板或釉面瓷砖等。外墙大部分是玻璃，在6.5英尺以上的地方通过磨砂玻璃来减少眩光。外面的花园，以低矮的树篱为边界，保护路过行人的隐私（图3-4）。

威斯甚至在幼儿园的教室里放置了一个壁炉，将学校打造成装有壁炉的家庭。[76] 在施密特小学（图3-5），每个教室都有自己的尖屋顶，看起来就像一排的单室学校，尽管其窗户要大得多，但让人感觉既熟悉又陌生。壁炉、山墙、小尺度和暖色调的材料都来自乌鸦岛的改造，这些基础用料让学校变得不那么奢华。米勒与埃罗·沙里宁的关系密切，而威斯又以芝加哥为大本营，因此他们都熟悉乌鸦岛和沃什伯恩的革命性思想。把这些思想移植到哥伦布以及整个现代建筑上，取得了巨大的成功。时至今

图 3-4 施密特小学外部建筑
（来源：H.L. 特纳集团官网）

图 3-5 施密特小学内部空间
（来源：H.L. 特纳集团官网）

日，原来的施密特学校仍然受到人们的喜爱，以至于哥伦布居民仍然对莱尔斯·温扎菲尔事务所（Leers Weinzapfel Associates）的建筑师于20世纪90年代建造的新型建筑物感到愤怒。[77] 正如20世纪60年代康明斯公司副总裁兼学校董事会主席兰德尔·塔克（Randall Tucker）告诉我的那样，"如果施密特小学在完成时不被接受，整个计划就不可能实现。"[78]

1957年12月，米勒给学校董事会写了一封信，提议成立康明斯基金会来支持学校的建筑设计：学校董事会拟定一个由6名美国一流建筑师组成的名单，基金会将为任何新学校建筑支付建筑师的设计费用。[79] 这个名单每次都会修改，其中的任何一位建筑师都不能参与设计一个以上的学校项目。几年后，该项目扩大到了其他公共建筑，如邮局和消防站。学校的快速建设是不可避免的，哥伦布的数据显示，在整个20世纪60年代，每两年就需要一所新学校，通过雇用全国最好的建筑师，这些学校可能成为该镇及其雇主的终身资产。皮埃特罗·贝鲁奇（Pietro Belluschi）和时任麻省理工学院建筑与规划学院院长的埃罗·沙里宁提供了前几轮的建筑师名单。威斯在完成施密特学校的建设后，也进入了专家组名单。通过这种方式，米勒对设计成果保持了一定程度的控制：他和康明斯的同事们从国内领先的设计师和教育家那里征集了一些有前途的建筑师名字，以确保设计结果是现代的（以及后现代的），并能保持从业者对哥伦布建设任务的兴奋感。施密特还开创了另一种先例：每所学校都将以一位哥伦布教育家的名字命名，这是一种表彰教师的方法，为该镇提供了以女性命名公共建筑的难得机会。

第一个官方建筑项目是梅布尔·麦克道尔小学（Mabel McDowell），建于1958年，并于1960年竣工。约翰·卡尔·沃内克（John Carl Warnecke）是哈佛大学毕业的旧金山建筑师，他被沙里宁推荐进入第一批建筑师名单，并通过上述渠道获得了委托。在哥伦布的档案中，有一封沙里宁写于1958年3月的信，信中概述了为沃内克准备的课程，并告诉他学校董事会将对他进行调查。[80] 沃内克完成了位于加利福尼亚州里士满的米拉维斯塔小学（Mira Vista）的设计，该学校因其山墙屋顶和户外朝向斜坡而闻名。沃内克把他提出的哥伦布学校方案的照片寄给了沙里宁，沙里宁回信说，"我非常喜欢这个早期的想法。"[81] 整个20世纪60年代初，学校建筑结构一直没有太多变化：它们通常是单层建筑，四周是开放空间，中间有一个大的房间，可以用作体育馆、自助餐厅、图书馆，或者三者兼而有之。每个年级都有单独的教室，有时会根据国家标准按照屋顶规模进行区分。幼儿园总是离前门最近，通常有自己的游乐场或花园。内部和外部之间的沟通很顺畅。在教室里，课桌不是成排成列摆放，而是开放式的，这样教师就可以用儿童大小的家具为不同的活动创造空间。水槽，即使不是浴室，也是手工活动和科学活动的必备品。

梅布尔·麦克道尔小学（Mabel McDowell Elementary）采用了与米拉维斯塔小学（Mira Vista）相同的模式，它的场地与一个新的公园相邻（后来大多数的学校都是这样）。学校的设计是对称的建筑集群布局，四组三间教室集中设置在广场花园的旁边，花园周边围绕着三个更大的公共设施。所有的建筑都有尖顶的瓦片屋顶，中央屋顶比教室高出整整一层。设计要求包括"氛围温暖友好，规模小而亲密，孩子必须能够培养出自己的身份和重要性"，所有这些都与沃什伯恩的理念相呼应。风格化的屋顶有沉重的悬垂，还有额外的钢桁架（现在被漆成红色），连接着一栋又一栋建筑。钢结构，黑白砖和玻璃墙，整体效果就像一个日本村庄坐落在了印第安纳州平坦的田野上。1962年8月，沃内克在《建筑论坛》上发表了一篇关于该校的文章，这一组合的灵感来自当地农场中被树林环绕的维多利亚式的山墙房屋、谷仓和筒仓。他说，希望给学校一种类似的封闭感，同时成为更大社区的一部分。[82] 在最初的构想中，教室集群是为了解决镇上的教师短缺问题：一组三间教室配有一名资深教师，可以监督经验不足的教师。当伯德·约翰逊夫人1967年访问这个小镇时，麦克道尔学校在各个教室集群之间的庭院里为她举行了一个招待会。2001年，这所学校被命名为国家历史地标性建筑，是哥伦布七处地标性建筑中唯一的学校。

●

按照乌鸦岛模式建造的单层、手指式学校似乎只能是在郊区，建在开放的场地上，不以发挥最大的课堂潜力为目的。但在新奥尔良，杜兰大学一位雄心勃勃的年轻教授查尔斯·科尔伯特（Charles Colbert）在战后率先发起了一项城市公立学校的升级工作，将一些历史悠久、与社区联系紧密的学校，设计成适应炎热气候和新教学理念的样式。像罗森沃尔德的例子一样，这些新建筑体现了进步的理想，专门为非洲裔美国儿童设计，建设在美国南部种族隔离时代末期。现代建筑通过提供平等的设施来避免更深层次的变革和种族隔离，使我所描绘的设施和教学方法相互关联的改进变得更加复杂了。正如尼克勒·汉纳·琼斯（Nikole Hannah Jones）所写的那样，即使南方白人接受了公园、餐馆、公共汽车和图书馆废除种族隔离，但仍然认为学校不应该取消种族隔离。因为在过去和现在，几乎每一个美国孩子都要去上公立学校。学校是学生们亲密接触的地方，学生们每天有几个小时坐在一起互相学习、互相影响。[83] 这些在21世纪被看作是文物的学校已经被证明是有争议的，引发了一些关于仍要保留种族隔离的争论，就像20世纪建立的联盟纪念碑一样。

1948年，科尔伯特为他的二年级学生组建了一个设计工作室，并组织了一次有3万人参加的成果公开展览。[84] 海伦娜·亨廷顿·史密斯（Helena Huntington Smith）在《科利尔》（Collier's magazine）杂志上报道了这次展览，她写道："他们离开的时候，都表示更加喜欢现代的、柔软的、不反光的桌面；吸光的、容易看的绿色黑板，而不是老式的黑板；能够过滤光线并在教室里产生柔和折射的玻璃墙砖；面向主导微风方向而设置的窗户。与传统的学校建筑相比，这些建筑的成本更低。"[85]

新奥尔良在20世纪40年代没有新建任何学校，在科尔伯特的全面研究之后，他被任命为教区新学校规划办公室的监督建筑师和主任，在20世纪50年代陆续建造了30所新学校，外加18所改扩建学校。

大多数学校都是作为社区学校建造的，旨在适应城市的小地块，但科尔伯特也提出了"学校村"的想法，即在农村区域建造三所集聚的学校，用校车把学生送到那个地方。然而，在建筑上最有趣的是那些使单层现代主义模式适应城市特征和新奥尔良潮湿的气候。这些新机构的灵感来自路易斯安那州特有的住宅结构，主要采纳了当地木结构建筑的架空地板、开放走廊和交叉通风，而不是中西部农舍的特征。科尔伯特和他招募的同事们将优雅的住宅改造成用混凝土、玻璃和钢铁建造的简洁、方正的建筑。[86] 这些学校以非裔美国历史人物的名字命名，代表了罕见的20世纪中叶在黑人社区建造公共建筑的例子。当时，美国有色人种协进会（National Association for the Advancement of Colored People）的地方分会正提起诉讼，要求取消该市学校的种族隔离。[87] 其中一项诉讼最终到达最高法院，合并为布朗诉教育委员会案。

之后，科尔伯特根据他的计划设计了最著名的菲利斯·惠特利小学（Philis Wheatley Elementary School），建成于1955年，同年获得了美国建筑师协会（AIA）奖。菲利斯·惠特利小学就像一个盒子风筝，两端都有花式图案的面板，尽管当时的一些文章称它为树屋（图3-6）。历史学家约翰·C.弗格森（John C. Ferguson）写道，科尔伯特"创造了一座似乎即将起飞的建筑。"[88] 这座建筑在V形混凝土桥墩上高出地面11英尺，学生可以通过楼梯进入开放的中心。楼梯顶部有一座桥通向教室，教室悬挑在离地面35英尺高的地方，教室下方的一楼阴凉处可以供学生玩耍。教室的墙壁是落地玻璃，由钢桁架对角线交叉支撑。

1954年，由当地现代主义者柯蒂斯（Curtis）和戴维斯（Davis）（Superdome事务所的建筑师）设计的托米·拉丰学校（Thomy Lafon School）也建在底层架空的混凝土柱上，长长的、回飞棒形状的体量容纳了所有上层的教室。棋盘游乐场上的斜坡向上延伸到达长V字形尽头的游戏室。教室两侧都有良好的采光，通过一条由悬挑遮蔽的室外走廊进入。这一时期的照片展示了它们的极简设计：釉面砖墙、油毡地板、可移动金属和层压家具。那里没有健身房,因为凸起的部分主要用来课间休息,地面上有一个方形的建筑,主要是学校办公室和自助餐厅。一楼入口处附近的一幅瓷砖壁画包括世界地图和当地地图,以及一本以儿童为中心的拉丰传记。《生活》杂志的一篇文章写道,拉丰学校把自己的房地产财富留给了"所有种族的人"(图3-7)。

图3-6 菲利斯·惠特利小学
(来源:世界古迹基金会官网)

图3-7 托米·拉丰学校
(来源:克里奥尔族谱历史协会官网)

《生活》杂志在 1954 年发表了一篇关于这所学校的插图特稿，还报道说拉丰学校是该市十三年来为非裔美国儿童建造的第一所学校，另外有 3 所学校是为白人儿童建造的。"除了拉丰学校，今年还会有另外 5 所黑人学校，并预计未来会再增加 7 所"，《生活》杂志的作者指出，"这是社会更加公平的开始。"[89] 拉丰学校在 1954 年获得了美国建筑师协会荣誉奖，这是新奥尔良和路易斯安那州在 20 世纪 50 年代中期获得全国认可的项目之一。

1960 年，《南方建筑调查》（*The South Builds*）一书的作者爱德华·沃（Edward Waugh）和伊丽莎白·沃（Elizabeth Waugh）写道："加利福尼亚州的建筑师负责建造了这种亭式学校，其开放、蔓延的植物以惊人的速度占据了土地。""新奥尔良的学校董事会和一些学校建筑师对美国的人口扩张持现实的观点，他们将学校抬高到地面以上，以便学校建筑下面的区域可以用作游乐场。"[90] 在建筑出版物中，没有提到学校服务的学生种族，将设计的重点完全放在了方案的合理性上，从而应对婴儿潮、有限的城市空间以及新奥尔良市的特殊气候。

这 30 所学校至今只保存了 1 所，即麦克多诺/马哈利亚杰克逊小学（McDonough/Mahalia Jackson Elementary School），由索尔·罗森塔尔（Sol Rosenthal）和查尔斯·科尔伯特（Charles Colbert）于 1954 年设计，由约翰·C. 威廉姆斯（John C. Williams）于 2010 年翻修。20 世纪 50 年代该学校遭到了一些破坏，"卡特里娜"飓风之后的城市重建摧毁了那些残存的学校。菲利斯·惠特利学校和拉丰学校都是在 2011 年被拆除的，尽管他们的高架设计躲过了飓风的严重破坏，并且在拆除时遭到了包括世界古迹基金会在内的国际组织的抗议。拉丰学校之所以无法修复，是因为它坐落在一个历史悠久的墓地之上，墓地受 20 世纪 90 年代和 21 世纪初颁布的州法律保护而不允许再开发。[91]

尽管建筑媒体认为这些学校远远超过为白人儿童修建的设施，是创新性和先进性的代表，但一些同时代的地方官员仍将它们视为种族隔离的象征。在他们看来，继续在他们认为不符合标准的建筑里教育非裔美国儿童，会加剧种族歧视的延续，因为不同种族间的学生受到不平等资助和进入公立学校的不平等机会，是一直存在的问题。

新奥尔良公立学校直到 1960 年才被迫取消种族隔离，美国法警保护了 4 名被选中就读于麦克唐纳的非裔美国女孩。[92] 菲利斯·蒙塔纳·勒布朗（Phyllis Montana LeBlanc）曾在 20 世纪 60 年代和 70 年代初就读于惠特利大学，她告诉《泰晤士报》（*Times-Picayune*）说，"一旦惠特利走了，我们历史的另一部分，新奥尔良非裔美国文化就被摧毁了……如果我们要担心种族斗争的历史，就要让我们移除种植园，让我们移除奴隶区。"[93] 更好的办法是将学校作为综合社区机构进行翻新和重新启用，庆祝它们的创新，解释它们的过去，并证明未来可能会有所不同。而不是消灭它们，就像保留的罗森沃尔德学校一样。

总的来说，黑人儿童一直是在旧式学校接受教育。在 20 世纪 20 年代的学校建设热潮中，那些老旧的、未经维护的学校仍然在给贫穷的非裔美国人使用。而新学校则在毗邻新建郊区的空地上如雨后春笋般涌现，这些郊区显然将少数族裔家庭排除在外。随着中产阶级白人离开城市，移民和后来的非洲裔美国儿童占领了他们留下的学校，这些学校大多是较早时期修建的。20 世纪 70 年代，当许多城市学校因入学人数下降而关闭时，家长们抗议他们的损失，抗议学校的消失，认识到邻里关系的重要性。[94] 他们不想放弃一个熟悉的教育场所。毕竟，他们的校舍很特别。不仅在住所附近，而且很有名。历史学家威廉·W. 卡特勒三世（William W. Cutler Ⅲ）写道："校舍非常重要，因为它是年轻人教育中的重要伙伴，也是孩子与社会之间最切实的联系。"[95] 围绕着挽救菲利斯·惠特利学校的争议性话题反映了这样一种说法：曾就读于该校的成年人将该校视为特蕾姆社区的中心，并对该校出色的设计感到自豪。[96]

●

在哥伦布，冈纳尔·伯克茨（Gunnar Birkerts）（1967）和艾略特·诺伊斯（Eliot Noyes）（1969）先后获得 L. 弗朗西斯·史密斯小学（L. Frances Smith）1969 年之后学校的两届委任，约翰·约翰森（John Johansen）获得了学校的下一届委任。但是，约翰森基金会在 1965 年和 1966 年学校委员名单的差异化是有启发性的。它反映了建筑的突破，以及现代主义作为美国房屋风格的终结。[97] 约翰森设计的建筑物是一次历史性的突破，告别了诺伊斯（Farewell Noyes）、乌尔里希·弗兰岑（Ulrich Franzen）和克雷格·埃尔伍德（Craig Elwood），来到了罗伯特·文图里（Robert Venturi）、查尔斯·摩尔（Charles Moore）和罗马尔多·朱戈拉（RomaldoGiurgola）时代。这位建筑师在 20 世纪 50 年代因在康涅狄格州建造优雅的单层房屋而闻名，后来他和建筑系的四名同学搬到了新迦南，被统称为"哈佛五人组"。

在 20 世纪 60 年代具有纪念意义的公共委托中，约翰森放弃了传统的方形建筑，为哥伦布建造了一座名为"立体式谷物升降机""疯狂的大豆工厂"或"屠宰场"的建筑，九层的教育空间由配有坡道的彩绘工业管连接。在一次关于他为俄克拉何马城戏剧院（建于 1970 年，2014 年被拆除）设计的采访中，约翰森形容他的方法是"即兴创作"，这栋建筑"就像一个被赋予生命的气泡图"。[98] 约翰森的建筑不仅仅是形式特殊，更重要的是让观众（或学生）成为建设过程和表演的一部分。正如他预想的那样，孩子们很快获得了他们想要的成果。弗朗西斯·史密斯小学（Frances Smith Elementary）的古怪建筑反映了一种不同的教育模式：史密斯小学要成为一所"持续进步"的学校，孩子们按照自己的节奏学习，而不是按照国家规定的节奏。[99]

沃什伯恩的"温尼特卡计划"允许孩子们以这种方式前进，但乌鸦岛的建筑仍然严格按年级组织。在史密斯小学，三组教室都是由双层走廊支撑的，一侧是窗户，另一侧是黑板。可移动隔板可以让教室合并，但据报道，这些隔板很少使用。每个建筑群（就像麦克道尔学校的建筑群一样）都有自己的老师和180名学生。这些对成年人来说很困惑的坡道，对孩子们来说很容易读懂。坡道的第一个出口是为年龄最小的孩子准备的，第二个出口是为中等水平的学习者准备的，以此类推，一直到屋顶的阁楼是为管理人员和学校图书馆准备的。尽管把校长办公室放在远离正门的地方似乎有悖常理（几年前史密斯小学重新装修时，这一点也被改变了），但它具有象征意义：学校管理部门一直在通过裂缝状的窗户监视着你。螺旋形的结构也在学校的中心创造了一个户外空间，可以从多个点进入（约翰森把他的计划比作花瓣）。

如今，中央庭院是为数不多可以理解整个建筑群的地方之一。教室和走廊形成了一种悬浮的星座，孩子们在其中朝着启蒙（或中学）的方向向上进步。乌鸦岛的风车计划在史密斯学校实现起飞。1969年学校开办时，引起了很大的争议，导致许多人写信给编辑。1969年9月，史密斯小学的学生J. A. 在《共和国》（Republic）杂志上发表的一封信终止了这场讨论。"是时候让孩子们发表意见了"，J. A. 写道，"坡道很棒。我们进行了消防演习，逃生速度比在楼梯上快两倍。我们不觉得自己像被圈养的牛或猪！我们感到安全，因为在被推拉的时候不会摔倒。我们可以坐在有地毯的地板上玩游戏，发出的噪声比在普通地板上少了一半。我们和孩子们都喜欢它！"[100] 如果说史密斯小学反映了思想的逐渐转变，那么哥伦布后来建立的两所学校，佛德里亚（Fodrea）和健康山（Mt.Healthy），则反映了一场革命。两者都没有固守于单室学校的理念，而是像乌鸦岛的教师对待他们的L形教室那样，将大型教室视为所有教育活动快速变化的舞台，并且对外开放。

1973年，《建筑记录》（*Architectural Record*）杂志上发表了一篇关于健康山小学（Mt. Healthy Elementary School）的文章，这是开放教育的一次重要"实验"，是哥伦布市此类教育的第一次实践，也是其他社区考虑改变教学形式的典范。[101] 正如这篇文章所指出的，健康山小学是建筑师合伙人哈迪·霍尔兹曼·法伊弗（Hardy Holzman Pfeiffer）和考迪尔·罗莱特·斯科特（Caudill Rowlett Scott）共同建造的学校，是在哥伦布设计的第一个将不同年龄班级进行混合的学校。直到20世纪60年代末，巴塞洛缪县学校董事会一直抵制新的教学方法，因此，包括史密斯小学在内的建筑反映了战后建筑对光线、空间和归属感的重视。战后的学校强调灵活的教室设计，而开放式的学校则是"没有围墙的学校"，它们通过水平变化和其他局部建筑，或者通过对约翰森的集群思想进行改造，将群体和功能区分开。在集群思想中，可以从半封闭的教室进入公共区域。自 1969 年以来，美国有 50% 的新学校是在开放教育理念下建设的，但在建筑形式上一直没有达成共识。

在开放教育理念下，等级分明的教室被瓦解了。健康山小学仍然保留了黑板和课桌，但前后固定的教室，甚至是在封闭的教室里上课的想法消失了（图 3-8）。正如米尔德里德·F. 施默茨（Mildred F.Schmertz）在《建筑记录》（*Architectural Record*）一书中所写的那样，"教室已经变成了一个摆满奇妙材料的工作坊，但孩子们并不仅仅是在做安排给他们的事情。他们在参与自己感兴趣项目的同时，进行了自我教育，因此学习源于他们自己的兴趣。"这种描述与《父母》杂志访问的"情感"肯塔基州单室校舍（尽管规模被放大了）非常相似，也与当今公共教育的最新模式之一"项目式学习"非常相似。"项目式学习"是当代教育运动中的一种尝试，与开放式教学一样，它试图改革一个许多人担忧的教育体系，这个体系过于关注教师主导的教育、高风险的考试和死记硬背。

是的，这正是受进步主义影响的 20 世纪中叶学校设计本应解决的问题。但到了 20 世纪 60 年代，它也被认为过于说教和缺乏灵活性。教育历史学家拉里·库班（Larry Cuban）写道："开放课堂注重学生的'边做边学'，这与那些认为美国正式的、教师主导的课堂正在扼杀学生创造力的人产生了共鸣。从这个意义上说，开放课堂运动反映了 20 世纪 60 年代和 70 年代初的社会、政治和文化变革。那个时代出现了以青年为导向的反主流文化以及各种政治和社会运动——民权运动、反战抗议、女权主义和环保活动。这些运动质疑传统的权威地位，包括教室和学校的组织方式以及学生

图 3-8 健康山小学
（来源：印第安纳州哥伦布市《52 周》（*52Weeks*）杂志）

的教育方式。"[102]

与许多类似的开放式建筑设计一样，健康山小学（图 3-9）很可能受到荷兰建筑师赫尔曼·赫茨伯格（Herman Hertzberger）于 1966 年在代尔夫特设计的蒙特梭利学校（Montessori school）（一个备受设计师和理论家争议的项目）的影响。在赫茨伯格的学校里，一条宽阔的中央走廊蜿蜒穿过四间 L 形大教室，每间教室都被弯曲的步道划分为三个区域。不管是从内部还是外部来看，每间教室都是一个独立的存在，不同教室间的屋顶错落有致。孩子们能够很容易地识别自己的教室，所有教室的入口都连在了同一个走廊上。从美学上讲，哈代·霍尔兹曼·普菲弗（Hardy Holzman Pfeiffer）等美国建筑师经常效仿这种错落有致的做法，他们把教室布置成阶梯状，以避免出现前两代学校那种长且重复的双层走廊。赫茨伯格的中央大厅设置了可以坐下的台阶，使其成为可以举办学校活动的剧场。这样的楼梯在现代设计中随处可见，甚至可以说很俗套。

开放式学校首次尝试了将楼梯带进教室里，楼梯象征着从学校到科技办公室再到图书馆之间的建筑互通。赫茨伯格还对学校家具进行了改造，将建筑本身制作成积木的一部分：一块方形的、凹进去的地板，被称为"中空座椅"，里面可以存放 16 块空

图 3-9　健康山小学内部
（来源：印第安纳州哥伦布市《52 周》（*52 Weeks*）杂志）

心积木，上面有镂空的把手。当积木被取出时，它们就变成了篝火凳或塔的材料，而坑就变成了一个次要的游戏空间。[103] 他还为另一所学校设计了一种学习椅，有低矮的L形沙发、高高的围护和嵌入式书桌。在外观上，沙发下面的区域用作储物柜。积木或长椅等材料的高度变化在宽敞开放的教室里创造了隐私的空间，而无需建造实际的墙壁。蜿蜒曲折的中央走廊也让人想起了那段时期意大利山城外的不规则建筑。开放式的学校像村庄一样，有一条主要街道，一些地标性建筑，每个班级的领地在前门整齐地被标注。赫茨伯格说："这些学生还不到进入城市、探索城市生活的年龄，但他们应该通过学校来探索生活。"[104]

在健康山小学（图3-10），年龄最小的孩子被安排在靠近前门的多层教室里，教室里有一组可以坐的台阶，用于分享故事或作为讲课空间，还有一些封闭的地方，供个人或小组学习。幼儿园有自己的停车场入口和户外游乐区。该区域在悬挑的木质阳台上以超级字母图形标示。年龄小一点的孩子在楼下教室，而大一点的孩子则到阳台A、B或C，那里可容纳将近180名学生开展集体性活动。学生们可以沿着建筑的斜脊到达任何公共设施，如体育馆或自助餐厅。连接各个建筑的通道与其说是中央走廊，不如说是街道，在街道两旁设有许多商店。在最初的设计中，校长的办公室位于木质阳台的顶端，在大厅的尽头，这是哈迪·霍尔茨曼·法伊弗（Hardy Holzman Pfeiffer）的阶梯状、不分级平面图的众多特点之一，只有在三维空间中才有意义。

图 3-10　健康山小学

（来源：印第安纳州哥伦布市《52 周》（*52 Weeks*）杂志）

我自己上的也是一所开放式中学，位于北卡罗来纳州达勒姆市的卡罗莱纳州友好学校。我们学校的建筑是一个巨大的棱柱体，上面有金属壁板和金属桁架，这样可以更好地提供一个巨大、连续且不闷热的房间。学校的地毯是橙色的，内墙很简约，教室之间最多只有一面薄墙，墙上有一块黑板。在冬天，教室里放着几个柴炉用来取暖，但效果不佳（如果我们抱怨天气冷，就会被告知再穿一件毛衣）。这个设计很简陋，因为我们应该自己来填满它：剧院、歌舞、巨大的静默教友会议和地板上较小的讨论圈，还有图书馆的研究成果放在滚动的推车上。我已经记不清楚这里有多吵了，里边容纳了至少有100个孩子，这里没有界限——我们周围就是树林和田野。唯一有门的房间是浴室、教师休息室和计算机教室，计算机教室备有Commodore 64型电脑。以这种方式建造的学校体现了一种新的教育自由：按自己的节奏学习，直呼老师的名字，可以随意写一首诗而不是写读书报告。我们没有成绩单，也没有标准化的考试，不分年龄大小，都按照自己的水平上数学课。我很喜欢这里的教学模式，直到临近考大学时，我才意识到自己在微积分和法语方面落后标准好几年[尽管在创意写作、女权主义及接触佐拉·尼尔·赫斯顿（Zora Neale Hurston）文学作品方面领先了好几年]。

作家劳拉·利普曼（Laura Lippman）最近发表了她对20世纪70年代马里兰州哥伦比亚市开放式教育的记忆。和哥伦布一样，哥伦比亚也是一个以现代建筑闻名的社区：开发商詹姆斯·劳斯（James Rouse）把它想象成一个当代乌托邦，各种阶级和种族融合在一起，形成一个典型的郊区社区，学校也不例外。利普曼说，从外面看，它就像一个"空间站"。设计的注意力都集中在内部，外部仅仅是围绕活动计划绘制的一个容器。

利普曼写道，她第一次到访的时候，学校因放假而显得宁静且安详，那是我最后一次有这样的经历。屋里不断传来低沉的嗡嗡声，有时还夹杂着老师权威的声音。开放空间教育是字面意义上的：大多数学术课程都在二层上课，教室里几乎没有墙壁，只是按照学科划分用物理分隔成更小的单元。从前门顺时针方向依次是历史和社会研究、文学和写作、外语、数学和科学。后两门课程更多地采用传统的教学方式，除非学生是经过认证的天才。[105]

到20世纪末，免费教学计划和免费课程被分割成更容易管理的部分。到下一个十年结束时，这所学校消失了，取而代之的是一所有窗户和内墙的传统学校。[106]但当利普曼回顾自己在怀尔德湖高中上学的岁月时，她发现了一个事实，就是期望青少年自己能够合理地分配时间是可笑的。只有部分上进心很强的学生才可以在怀尔德湖学校翱翔。这是一个特立独行的好地方，我发现这里有很多成功的案例。[107]我初中和高中的同学有音乐家、魔术师、设计师、小说家和软件工程师。正如开放式设计的支持者说的那样，我们虽然缺少了部分书本中的学习内容，但却在自主性、创造力、独立性和动力方面取得了成就。上大学的过渡时期对我来说很艰难，但就像利普曼和她的同学们一样，我们都克服了。

米尔德里德·施默茨（Mildred Schmertz）撰写了一篇记录健康山小学建筑的文章，他敏锐地预见到许多困扰这类学校及那个时代学生的问题。虽然开放式教室沿用至今，但走廊和食堂已经变得更加封闭，用来减轻物体移动产生的噪声。"谁会认为把自助餐厅和图书馆放在一起是个好主意？"一位刚毕业的学生家长说，"在改装之前，她的孩子经常得'安静地'坐着吃午饭，为改善空气质量，人们还在不同高度上增加了平衡供暖和制冷功能，并想尽办法确保空间上的安静。"当施默茨指出"对于那些厌倦了与同龄人互动、遭受感官上超负荷折磨、希望全身心投入学习中的孩子来说，这里缺少一个足够安静的房间。"[108] 我想到了最近很多关于内向与外向型孩子的文章，发现没有一种教育理念能够适合所有孩子。

开放式学校及其背后的教育理念注定会失败，主要有三个因素。第一个因素是设计方面的问题：开放式学校太吵了，无论建筑师设计了多么柔软的表面，数百名儿童聚在一个房间里所产生的噪声仍然令人难以集中注意力。其他儿童和班级的活动也会因为没有隔离而产生二次噪声干扰。尽管建筑师试图在地板上铺设地毯、在角落里填充软垫，并通过标高的变化来减少噪声污染，但开放式学校仍然有高出的天花板和大量的硬质铺装难以被覆盖到。教师们的讲话会从一个区域传到另一个区域，学校里其他班级的活动和闲聊也是如此。尽管一些研究发现，开放式学校的孩子们会逐渐习惯这种噪声，但仍然会造成孩子们注意力分散、厌烦和听觉紧张。[109] 在新的半开放的学校环境中，当孩子们在平板电脑或笔记本电脑上追求个性化的课程计划时，他们可能会戴上耳机，这是前几代人无法选择的。玻璃墙取代了开放的侧墙，这样老师就可以看到其他教室的学生，但又不会影响到别人。我参观了一所新学校，那里每个楼梯间的天花板上都挂着"声云"——由吸声材料制成的水滴状设备，涂上漂亮的颜色，我想象着它们像吸尘器一样从我的嘴唇里吸走我的话语。

第二个因素是教学方式：要在开放式学校授课，教师必须采用不同的教学方式。你不是教室的主人，而是系统的一部分。这个空间的成败取决于教师的组织能力和精力，他们可以在一段时间里在教室前面讲课，下一段时间组织实地考察，最后一段时间为不同阶段的学生就一系列主题提供个人指导。在1973年出版的《开放课堂的读者》（*The Open Classroom Reader*）一书中，查尔斯·西尔伯曼（Charles Silberman）坦率地对早期开放式学校的采纳者说："就其本身而言，将课堂划分为不同的兴趣领域并不意味着开放式教育；创造大型开放空间不意味着开放式教育；个性化教学也不代表开放式教育。开放课堂不是一种模型或一套技术，而是一种教学方法。"[110]

开放式建筑消失的最后一个因素，也是最决定性的因素，那就是性能。你如何衡量一个旨在鼓励创造力、参与度和热情等短暂事物计划的有效性？通过标准、测试和在传统教师指导的课堂中实践来衡量。在《开放课堂》（the Open Classroom）一书中，拉里·库班（Larry Cuban）对开放式课堂短暂的历史进行了解释："开放式学校被认为是造成国家危机的因素，同时这种看法被媒体进行了放大：学术水平下滑，废除种族隔离运动失败，城市学校正在成为暴力场所。这一次人们不再呼吁开放式教育，而是强调对基础教育的回归，这也反映了社会的普遍趋势——即保守派对20世纪60年代和70年代初的文化、政治变化的强烈反对。"[111] 建于20世纪80~90年代的学校都是封闭式教室。各州为所有高中毕业生设立了标准化考试和能力要求。今天我们有了一个统一的认识（Common Core），它为各州从K1~K12年级的学生制定了教育标准。但我认为，我们可能正处于一场20世纪70年代革命的边缘，原因也是一样的：未来社会的发展需要孩子们拥有研究、讨论、探索和创新的能力，而不是照搬教师的讲解。试图颠覆现行教育的硅谷企业家说，一百年来的教育没有任何改变，但如果你读过这一章则会发现这种言论明显是错误的，因为教育家们一直在关注教育内容而不仅仅是学校建筑结构。为了让学校转型，建筑和教学必须一起改变。

●

如果教室改回到不可移动的家具，它将无法满足孩子们的活动需求。这就是罗森·博世（Rosan Bosch）创造"玩具式教育"背后的理念。博世是一位出生在荷兰、工作在哥本哈根的设计师，他的实践专注于学习的艺术、设计和建筑学。博世最知名的作品是2011年在斯德哥尔摩市设计的维特拉学校（Vittra Telefonplan school）。[112] 维特拉学校（图3-11）和罗森·博世工作室完成的十几个学校一样，都是通过明亮、鲜艳的色彩来实现家具、桌椅、隔间和实验室的相互协调，在高楼层则将白色房间划分成了不同的区域（这里的空间和科技公司的办公室一样，采用斯堪的纳维亚风格）。维特拉学校开学后，引发了一波宣传热潮，有一些照片展示了孩子们在一个巨大的绿色软垫岛上玩耍，在蓝色的楼梯上奔跑，与老师一起坐在有野餐桌的村庄里，每个空间都被包含在一个巨型的三维空间结构中，看起来就像孩子画的房子。一个标题是："斯德哥尔摩的学校没有教室。"瑞典首创的无教室学校是学校的未来吗？其实这个与之前的宣传一样，更多的是媒体的夸张：维特拉学校的布局更像是一系列没有墙壁的教室，与20世纪70年代的建筑没有什么不同。这些家具虽然形式抽象，但意在

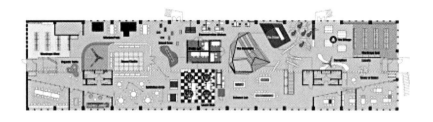

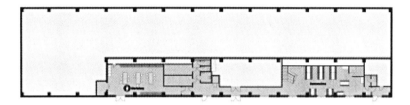

图 3-11　维特拉学校总体布局图
(来源："设计就是如此"博客)

暗示孩子们在学校里活动所需要的关系和姿势——如果不局限于椅子和桌子，他们也需要开展这些活动。因此，从表象来看，这里的建筑为学校各类人的交流活动提供了更好的支持。这些设计并不能取代老师，只是表明老师不需要用更多的时间来管理学生的行为。在采访中，博世经常引用马拉古齐（Malaguzzi）的名言，环境是"第三位老师"，但教学环境是什么样子？这里提供了一种全新的解释，与雷吉奥·埃米利亚（Reggio Emilia）模式相差甚远。

　　博世不是在给孩子们制作容器，而是在创造有吸引力的空间，每个空间都有一个令人印象深刻的名字，灵感来自未来学家大卫·索恩伯格（David Thornburg）关于"学习社区"的想法。[113] 例如，"展台"就是那座蓝色的阶梯山，这里可以容纳整个学校的学生，教师和学生可以在这里向同龄人展示他们的作品。"洞穴"的目的正好相反：在山下一个铺着地毯的红色角落，可以远离一切，进行私人谈话或享受独处时刻。同样编码为红色的集中壁龛提供了私人工作空间，而寻求互动的孩子可能会去"水吧"，旁边有更多的双人长椅，或者是小团体工作的桌子。最后两个有吸引力的空间是"篝火"和"实验室"。"实验室"不言自明，是一个有金属操作台的区域，可以进行科学实验或者烹饪体验。前者代表着最紧密的团体，用于开展全面的研讨会。博世将哈克内斯桌子（或其衍生的六边形桌子）更新为具有三个叶瓣和两个切口的组合。孩子们可以让自己倚靠在叶瓣附近，也可以像土拨鼠一样坐在其中一个切口内，或者围着外沿移动。

孩子可以移动。如果你是一个躁动不安的孩子，会觉得这里是天堂，可以在地板上、躺椅上或者书桌上，选择最适合自己的活动方式。一定程度上的身体自主也是自由教育的体现。一个班级的学生不是一直待在一起进行学习，有墙壁的教室让学生一起面对老师的讲解；没有墙壁隔离的空间，是学生们按照自己的节奏，在不同的小组中完成个人任务和长期项目。

在美国，这类课程被称为"基于项目的学习"或"探究性学习"：学生被安排一个课堂问题，并长时间以各种方式研究答案，从阅读到实验，然后访谈。在课程结束时，学生们将以论文、海报、视频或 PPT 的形式展示他们的作品，在此过程中学生们可以互相学习、互相协作。这种模式已经被公立、私立和特许学校作为 21 世纪教育的一种模式，较少关注学习本身，而是更多地关注你如何利用它们。但是，就像之前美国教育的革命一样，它需要教师和家长的支持，以及对教室内部空间的彻底改造。

当博世开始这项工作时，就像之前的许多设计师父母一样，是出于对自己孩子早期在校经历的失望。她说："孩子们都是充满好奇的，他们喜欢从一切事物中学习。你把他们带到学校，突然不得不做出巨大的妥协，在某种程度上你觉得这是在伤害你的孩子。更糟糕的是，这实际上损害了他们的学习和发展能力。这感觉令人十分不爽。"[114] 这是杜威自传的一句话："学校正在扼杀孩子们天生的求知欲。"博世的批评是实实在在的，一开始，基本取消了直立的单张椅子，但首先必须找到一所允许她参与设计的学校。

博世第一次设计学校时就进行了大胆的尝试：2010 年，她说服了瑞典教育维特拉公司，让她的工作室接手设计一所拥有 750 名学生的学校，为期六周，学生年龄在 6~16 岁之间。她和她的员工搬了进来，每天早上，老师们路过设计团队的临时办公室时，博世会给他们布置一项任务。"我们买了这块非常便宜的地毯，并把它切割成几何形状"，她举例说，"我们会给每位老师一卷地毯，告诉他们让孩子们在大楼里进行小组活动。孩子们可以自由地去他们想去的任何地方，带上一块小地毯和小组成员一起做作业，45 分钟后再回来。"孩子们占领了整个学校：大厅、体育馆、户外，但孩子们对彼此的地毯都很尊重，他们绕过其他小组，轻声交谈。"这消除了让他们自由行动的恐惧。"

某一天，博世的团队获得许可，允许关闭刺眼的顶灯，并给每个教室配备了 5 盏由宜家提供的小台灯。老师们把桌子分组，并把灯放在桌子上，这样孩子们的注意力水平完全改变了。

又一天,他们给每个人发了便利贴,孩子用一种颜色,成年人用另一种颜色。每个人都要将自身体会到的学校特点写在便利贴上。她说:"我喜欢这个地方,因为它很舒适,或者我讨厌这个地方,因为它总是很吵,或者很冷,或者很丑等"。"便利贴就像昆虫,贴满了学校的每个角落,成年人看到了孩子们是如何体验学校空间的,这让他们大开眼界",她说。由于博世带领大家进行切身体验,老师们对孩子如何看待学校以及他们对不同设计元素的反应有了更深入的了解。博世认为学习空间有三种基本类型:小组对话空间、专注空间和公共展示空间。她回到办公室后,受到老师态度转变的鼓舞,决定把这些模式变成固定的场景。她的便利贴和台灯改变了老师们对学校可能是什么样子的固有认知,无论是封闭的学习环境,还是允许孩子们自由活动的环境。她说,如果你把一个班级的儿童和一个成人放在一个房间里,就会恢复到成人向儿童的单向教学。"改变有点像弯曲的草一样,如果你不能真正用物理设计来完成它,它就会向后弯曲。"

维特拉学校(图 3-12)和罗森·博世工作室完成的其他学校,似乎只是设计博客或斯堪的纳维亚审美乌托邦的素材。但博世现在正在芝加哥工作,与珍妮·甘的建筑设计事务所(Studio Gang)合作设计公共特许学校全球公民学院(AGC)。AGC 由莎

图 3-12　维特拉学校的洞穴

(来源:"设计就是如此"博客)

拉·伊丽莎白·伊佩尔（Sarah Elizabeth Ippel）于2008年创立的，她是一位理想主义者，在她二十六岁时花了三年时间向芝加哥教育委员会申请重新开办她的学校，学校一共有450名学生，从幼儿园到八年级不等，在这里学习西班牙语、英语、养鸡等，在零排放有机自助餐厅种植蔬菜，中午吃自助餐厅里厨师现制的食物，在利用太阳能提供照明的屋子里练习瑜伽。她希望学校能够成为社区和世界的领导者[115]（这所学校是国际学士学位体系的一部分，后来又增加了一所高中）。

关于伊佩尔的文章往往从"她在学校的鸡舍里寻找鸡蛋"开始。这是一个显而易见的比喻，好比一个年轻的女人翅膀下有450个孩子，在寻找一个协作的、健康的、社群的环境，以便养育他们长大成人。目前，这所学校在芝加哥西南部的加菲尔德里奇社区（Garfield Ridge）（一个低收入的少数族裔社区）租用了两栋大楼，中间隔着一条繁忙的街道。国际学校的课程强调以探究为基础的学习，六周的学习周期中，即使小到幼儿园的学生也会跨学科研究问题，伊佩尔说："关于当地和全球的食品系统，或随着时间的推移而产生的发明和创新，经常用于研究的技术手段等，而且经常会与姐妹学校进行视频通话，制作PPT或纪录片。"[116] 当我质疑这种教学方式时，伊佩尔向我保证说："确实有一年级的学生邀请我帮着他们做PPT，且90%都是少数族裔学生。"当她制定学校课程时，许多人认为学生主导的教学模式在低收入群体儿童身上不可能成功。2013年，她在接受《芝加哥论坛报》（Chicago Tribune）采访时说："有些人认为并不是所有的孩子都有学习的能力，或许我们应该把精力集中在那些有着更美好未来的孩子身上，这种观点让我们感到非常沮丧。"[117] 2015年，当学校准备让第一批学生毕业时，伊佩尔和她的团队开始着手打造一个模范校园，一个既能实现她在芝加哥的目标，又能让其他公立学校复制的校园。

如果伊佩尔和AGC能够达到他们的筹款目标，一所价值3500万美元的学校将会建在西44街和南拉波特大道交汇处的一块旧棕地上，紧挨着勒克莱尔-赫斯特公园。一个3英亩（1英亩约合0.4公顷）的城市农场，包括轻型温室，坐落在场地的北端，是与非营利组织"成长力量"合作设计的。农场活动将是每天课程的一部分，农场也将为学校每天的早餐和午餐提供大量的农产品。农场南部是一座C形建筑，分为一层和二层，环绕着朝南的中央庭院。每个部分都有一个倾斜的屋顶，倾斜面朝向太阳，并在上面设有光伏板；其目的是让学校成为一座清洁能源建筑。在背阴的一侧，建筑实心墙和斜屋顶边缘中间有一扇天窗，可以让凉爽的北极光进入教室。在屋顶的低处设有排水沟和雨水收集设施，用于冲厕所和灌溉花园。屋檐下的可开启的窗户可以实现与大自然的通风，夹在教室两翼之间的温室将在冬季产生一种"热毯效应"，捕捉阳光，加热空气，温暖周边的建筑。2016年，珍妮·甘工作室在接受《建筑师报》

（*Architectis Newspaper*）采访时表示："所有的事情都是关于发展一个注重能源和食物的社区，并设计一个可复制的系统，以便未来其他学校使用。"[118] 学校已经编写了一本关于学校设计的指南，它将用容易获得的材料和预制系统建造，因此，尽管这所学校的构造独一无二，但未来的学校可以结合自身气候、项目和场地特征来进行模型的复制。学校的管理经验、与户外空间的联系以及对健康饮食的重视都一目了然。

各个年龄段的学生都将按照课程要求，从一个空间转移到另一个空间，遵循设计师们所说的"奇妙之路"——这是赫兹伯格乡村街道的升级版本。"这是一种与循环空间的转换关系"，伊佩尔说。"与其用走廊和墙壁来割裂学习空间，让每位教育者与一组学生待在一个空间里，不如根据学生的活动和学习需要，让教师的一天在整个共享学习空间中活动。"[119] 成对的年级将聚集在"社区"中，就像城市的缩影，同时配建有与博世的维特拉学校类似的差异化家具（图3-13）。伊佩尔用自然术语描述了这些社区：每个社区都有一片森林，里面有供小团体使用的工作台；从农场到餐桌的区域，即使是最小的孩子也可以做点心；一个有蜂巢大小的角落，可以容纳一两个人；还有一座"山"，有阶梯式座位，适合大型聚会。

全球公民学院（Academy for Global Citizenship）的计划是我在美国见过的最雄心勃勃的建筑，他们把学校变成了一个探索的景观，抛弃了教室、桌子和椅子这些传统词汇（语言和物理的）。但是，在寻求重组美国公共教育的道路上，伊佩尔、珍妮·甘和博世绝非个例。在佛罗里达州盖恩斯维尔的P. K. 杨格发展研究学校（P. K.

图3-13　维特拉学校的内部共享空间
（来源："设计就是如此"博客）

Yonge Development Research School）是一所由佛罗里达大学运营的 K12 公立学校，招收来自该州 31 个城市的学生。2012 年，菲尔丁·奈尔国际学校（Fielding Nair International）对该校的小学进行了重新设计，这是一个长期合作的结果，该过程也调整了教师的教学方式（图 3-14）。教师们留出了协作空间，一个集群通常至少包括一间带门的教室，但走廊里堆满了柔软的、错开形状的脚垫，它们处于不断重新排列的状态。事实上，你可以在学校的矩形房间里找到你能想到的几乎所有类型的家具：那些脚垫，加上馅饼形状的桌子，让我想起了年轻时的梯形桌面、带轮子的双人桌、户外咖啡桌、带靠背的室内露营式地板座椅等。与狭窄的走廊和封闭式的教室不同，走廊似乎长出了不同形状、不同透明度和社交能力的花瓣。与斯堪的纳维亚相比，这里的建筑没有那么时尚，颜色也更不和谐，但学校的设计同样体现了选择思想：由学生而不仅仅是教师做出选择，关于他们的身体需要如何定位来完成特定的任务。因为是在佛罗里达州，教室包括与班级群相邻的室外门廊。

作为建筑师和教育顾问，菲尔丁·奈尔已经成为推动开放学习环境的领导者，他使用的修辞让人想起一百年前的进步主义教育者。总统普拉卡什·奈尔（Prakash Nair）称教室是"工业革命遗留下来的遗迹，需要大量具备基本技能的劳动力"。他经常将 P.K. 杨格这样学校的愿景描述为："提供直接教学的封闭空间，但也许这些空间可以与一个可见的、可监督的公共空间相邻，用于团队合作、自主学习和基于互联网

图 3-14　菲尔丁·奈尔国际学校

（来源：菲尔丁国际学校官网）

的研究。"[120] 艺术、科学和表演的独立区域可以由集群共享，但不需要为一个班级单独设置。布克·T. 华盛顿 STEM 学院（Booker T. Washington STEM Academy）也遵循同样的原则，这是一所极具吸引力的学校，2013 年在伊利诺伊州香槟市一个以非裔美国人为主的社区创办，以应对一场教案。从 K1~K5 大约有 400 名学生被按照能力和学科（而不仅仅是年龄）划分为三个小组，配备了一个由 7 名教师组成的团队。根据学生的需要，这些小组可能会在一年中发生变化，也可能会因为一个单一的主题而发生变化。这所只有一层楼的学校外面大部分是砖砌的，入口处有蓝色柱了支撑着具有象征意义的山形门廊，给人一种复古乡村的感觉，与威斯在哥伦比亚的家庭风格屋顶相似。在室内，教室与走廊相连，国家废除"种族隔离法令"。由坎农设计事务所（Cannon Design）和贝利·爱德华（Bailey Edward）设计的 K1~K5 学校为 425 名学生提供服务，将学生安置在"学习工作室"中，每年级三人，共享一个有水槽和演示柜台的公共工作空间。STEM 工作室是一个增强版的实验室空间，紧挨着一个室外庭院，在那里，凸起的苗床用雨水灌溉，整个学校都可以用雨水进行更精细的动手实验。这所学校也有太阳能电池板和壁挂式读数器，这样学生就可以追踪学校有多少能量是在他们头顶上产生的。

但负责布克·T. 华盛顿学校的坎农设计事务所合伙人、建筑师斯图尔特·布罗斯基（Stuart Brodsky）认为，鼓励运动标志着美国教育从以前的"工厂模式"发展至今的最大变化（即使他忽略了前几代教育建筑，从杜威到开放式）。[121] 他告诉我："学生需要行动起来。身体活动和大脑中的荷尔蒙生理反应之间有直接的联系。它会开发人的右脑"，很多研究也证实了他的说法。[122] 这就是 Steelcase 公司提出节点椅的原因，而我看到的每一所新学校似乎都有带轮子的椅子，或可以堆叠或嵌套的桌子。家具，曾经是学习环境中最沉重和最固定的特征，现在变得更像一个室内的永久游乐场，考虑孩子们坐立不安、喜欢弹跳和触摸的天然特性，在课间休息时进行一天的体育活动。

诚然，正如博世所警告的那样，建筑的好坏取决于成年人对项目的责任心。课程和设计必须协同工作，否则事情就会分崩离析。东巴尔的摩的亨德森·霍普金斯学院（Henderson-Hopkins School）在万众瞩目中建成，2014 年的《纽约时报》上对其发表了建筑评论。[123] 这所学校是约翰·霍普金斯大学（Johns·Hopkins University）和巴尔的摩市公立学校系统（Baltimore City Public School System）的合资企业，从多个与教育相关的非营利组织获得了资金资助，被设想为在巴尔的摩最具挑战的社区重建的关键所在。这个项目由罗杰斯（Rogers）的合作伙伴设计，将学校和社区的共享设施（包括图书馆、礼堂和体育馆）放置在一条城市的主干道边上，在教室凉亭和开放式庭院的前面。

一百多年前，在芝加哥，建筑师德怀特·H. 帕金斯（Dwight H. Perkins）为成人和儿童设计了相同类型的综合设施，这样学校就可以成为开放的社区中心，而不是专门为儿童开放的场馆，但只在8：30至14：30开放。亨德森·霍普金斯学院的教室是为团队教学而设计的：合并的年级被分配到一个"房子"，有一个两层的公共空间，一个独特的室外空间，以及一个由大教室、小研讨会室和共享教师办公室组成的流动空间，就像其他类似项目设计一样。每所房子将容纳大约120名学生，接近人类学家罗宾·邓巴（Robin Dunbar）提出的"邓巴人数"，即你能真正认识的最大人数。[124]

但在2017年3月，《巴尔的摩太阳报》（Baltimore Sun）的一篇报道称，该校在领导层多次更迭后陷入困境，并计划改变现有的课程设置，重新改回一些2014年之前设计的教室。[125] 社会经济学无疑在这所学校的困境中发挥了重要作用：亨德森·霍普金斯学院旨在成为一所具有经济和种族多样性的优秀学校，这些因素可以改善教育成果，为东巴尔的摩社区的低收入家庭学生和约翰·霍普金斯大学教职员工的子女提供服务。但为了缓解社区压力，也为了接收一些没能力选择良好公立学校的学生，学校领导增加了班级规模，使得学校的开放空间被充分使用，教学和维持纪律变得更加困难。《巴尔的摩太阳报》指出，"这座建筑的开放空间旨在激发创造力，但事实证明，它更容易分散注意力，对教学没有起到应有的作用。"由于没有足够的工作人员来管理公共空间，有三个本来打算用作私人餐厅的空间关闭了。据《巴尔的摩太阳报》报道，在最初的三年里，学生的学习成绩远低于州平均水平，辍学率增加了三倍。报道称，"因为老师们发现学校的开放空间很难教学，新校长德博拉普塔克（Deborah Ptak）购买了6英尺高的隔板"，并计划最终将每个年级的"房子"重新划分为标准尺寸的教室，设置永久性墙壁。约翰·霍普金斯学院教育学院的学术事务副院长、亨德森·霍普金斯学院的联络人玛丽亚勒·哈迪曼（Mariale Hardiman）说，新翻修的目标是让每个班级都有自己的专用教室，用于教师主导的教学，教室的周围设置着一个共享的公共空间，供儿童进行更多的创造性研究。[126] 高入学率和高教育需求的压力迫使建筑退回到熟悉的模式：一个教师，一个房间，一组固定的学生。哈迪曼说，由于在迁入新大楼之前和迁入期间缺乏专业统筹，教师共享分层教室所需的时间安排和协作没有起作用。管理员、教师和学生必须学会一起使用新改造的学校，"开放空间学校在当时被认为是失败的"，她告诉我。"我的疑惑是，是什么促成了建筑的开放空间？"

建筑师罗布·罗杰斯（Rob Rogers）对这一结果感到痛苦，因为他的公司与约翰·霍普金斯大学教育学院以及学校的第一批教师和管理人员经历了漫长的规划过程。"如果你试着用平底锅做炖菜，结果肯定不会很好"，他说。"这所学校不是为了建造一个传统的教室，老师在一张桌子前，下面坐着30个孩子。"[127]

由谷歌前创始人马克斯·凡蒂拉（Max Ventilla）设立，并由马克·扎克伯格（Mark Zuckerberg）和彼得·泰尔（Peter Thiel）创始人基金等投资者资助的教育创业公司（Alt School），也建造了教室。对于这家成立于 2013 年的教育初创企业，最初的报道聚焦于"个性化学习平台"，这是一种基于平板电脑的技术，旨在无形地、持续地评估学生的学习情况。在成立初期，这家初创公司需要通过收集学生数据、对学生测试来实现平台的更新迭代。教室里的活动被记录下来，学生的表现被追踪下来，老师可以随时拿出手机记录学生的学习轨迹，就像野外科学家记录野生小动物一样。教室的故事和照片似乎总显示孩子们坐在懒人沙发（豆袋椅）上，独自拿着笔记本电脑或平板电脑活动。2016 年，《纽约客》作家丽贝卡·米德（Rebecca Mead）将这所位于布鲁克林高地的学校描述为设计极简的房间："空间用隔板隔开，形成了几个教室。装饰让人联想到宜家的展示厅：低矮的沙发、豆袋椅、一串串的桌子和尺寸越来越小的木椅，就像《金发姑娘和三只熊》故事里描述的那样。"[128] 所有的注意力似乎都集中在这个平台上——教育创业公司可以将理念卖给更多的教育者，却不能卖给学生想要的学习环境。在目前最新的版本中，教育创业公司的肖像软件存储了每个孩子的学习和成长记录，这些记录可以从老师传给老师，从老师传给家长，用于管理考试成绩、评估学生能力、展示学生的特征，就像海报或展板一样；播放列表像是由学生组成的集合，教师可以在线为每个孩子储存和安排课程。[129] 教育创业公司关注的是一个既个性化又有教育性的平台，它让我想起了卡尔顿·沃什伯恩的"温尼卡计划"，在这个计划中，孩子们上午埋头于课本的练习，下午则去参加体育和公共活动。

正如学校的建筑设计历史所展示的那样，孩子们坐的方式、坐的位置以及他们在学校环境中能有多大的活动范围，都是学习的关键部分。在你第一次玩耍真实的积木之前，你不会玩在线积木的，如果你没有在现实的游戏中体验过，你就无法学到数字游戏的经验。教育创业公司运用他们的数据分析了教育者是如何划分一天或一周工作的、学生们喜欢在哪里工作、什么样的教学需要什么样的空间，并制定了一个具体的计划。2017 年 9 月，教育创业公司开设了它的第一个专用空间和第八所实验学校，这是一所位于曼哈顿世纪之交联合广场的砖石结构的中学。学校可以容纳 100 名学生，但第一年的入学人数只有 30 个。教育创业公司的设计融合了我之前描述的其他基于项目的学习环境元素。你会进入一条走廊，走廊两旁是海报板和长凳，然后会进入一个宽敞的公共空间，那里有一座"山"式的可坐台阶，还有一个开放的"设计实验室"，可以为 50 名学生提供吃午饭或做大型项目的空间。透过玻璃隔板可以看见教室里的各个角落和缝隙，包括靠窗的座位和软垫长椅（他们的"洞穴"版本），以及特征明显的八人桌。像电话亭一样的小型玻璃房间可用于单独工作或师生会议，另一个小型研讨室也可供任何班级的学生使用。这是一个校园的缩影，但它包括了同样的小、中、大型学习空间的组合，在视觉和物理空间上都可以相互沟通，并且拥有与 P. K. 杨格、布克 T. 华盛顿、亨德森·霍普金斯一样五花八门的家具组合。儿童和成人都有一个私人小隔间，但没有专用的桌子，它们可以根据教学需求而灵活移动桌椅。

让我感到有趣的是，有限的城市空间促使教育创业公司与墙外的物理空间相连接。东村教育创业公司利用当地的公园作为小学生体育锻炼的场地，联合广场将作为当地基督教青年会的健身房和游泳池。正如卡罗琳·普拉特（Caroline Pratt）在 20 世纪初《我从儿童身上学到的东西》（*I Learn from Children*）一书中所描述的那样，学生们在社区散步，并与当地的政治家和企业家进行攀谈。在《模式语言》（*A Pattern Language*，1977 年）中，克里斯托弗·亚历山大（Christopher Alexander）和他在伯克利的同事提出了店面学校的建议（模式 85）："在六七岁左右，孩子们非常需要通过实践来进行学习，因此会在家庭以外的社区中留下自己的印记。如果设置得当，这些需求会直接引导孩子们养成基本的学习技能和习惯。"[130] 对于保持家、社区和学校之间物理联系的问题，亚历山大的解决方案是将学校分散设置，将其分散布置在步行街的店面或其他小型商业空间、成人工作场所附近，便于步行到达公园、社区中心。这是 21 世纪另一种更新的进步教育模式，但最终，这没能成为另类学校想要创新的领域。

2017 年开学后不久，高管们宣布曼哈顿中学将是他们建造的最后一所学校。[131] "我相信有效的学习可以在任何地方进行"，加利福尼亚州维斯塔市的前校长德文·沃迪卡（Devin Vodicka）说，他于 2017 年 5 月加入教育创业公司并担任首席执行官，"学习应该超越课堂，微型学校有助于传播我们的理念，但我们现在更加专注于使用平台，这更容易获得最好的教育。"[132] 教育创业公司的主要目标不是创建一所更好的学校，而是成为所有类型学校（私立、特许和公立学校）的参与者。因为通过房屋建造而进行的变革既缓慢又昂贵，而且变革数量有限。"教育工作者正在讨论如何通过物理空间设计来促进个性化学习"，沃迪卡说，"目前可供学校领导借鉴的模式并不多。希望教育创业公司和联合广场能成为可参考的案例。"然而，我很难相信，那些试图颠覆教育的人最终会重蹈 20 世纪 60 年代（更不用说 19 世纪 10 年代）的教训，会发现教室是不可代替的。如果没有对软件部署空间的控制，另类学校如何知道它在工作呢？小班教学、富有创造力的教师、动手实践活动——这些课程的表现形式无疑像平台和播放列表一样有助于学习。在彭博社（Bloomberg）一篇关于另类学校改变教学方向的文章中，家长们表示，"我们的孩子从才华横溢的教师和小班教学中受益匪浅。每个班都有多名教师，学校重视跨学科项目，就像建造了一座能够承受不同天气的房屋——这项任务要结合时事、科学、工程和预算进行。"

教育创业公司联合广场学校负责人亚历克斯·拉贡（Alex Ragone）表示，对教育创业公司平台感兴趣的学校和地区可能已经在朝着进步的方向前进，并抛弃了原来一排排的课桌。[133] 教育创业公司可能不需要特意经营他们的软件和台阶理念，因为它们已经是 21 世纪学校设计词汇的一部分。相反，拉贡认为另类学校的软件可以为无法在理想环境下工作的教师提供支持，让他们能够组织和跟踪孩子，以便大班可以像小班一样运作。他把教育创业公司软件的好处归结为可以当好老师的代名词，好老师拥有一种超自然的能力，可以记住、预测并与教室里的每个孩子建立联系。有了从学生身上收集数据以及使用这些信息的能力后，教育创业公司现在需要探讨的问题是，软件如何以及是否能培养出更多的好老师。真正的考验将会是很庞大的规模，届时可以在各种各样的学校（公立和私立、大型和小型学校）中跟踪学生的表现，而不仅仅是精品学校。虽然另类学校的创始人似乎很乐意把他们的孩子作为实验对象，但其他家长会将其视为一种选择吗？资金是否可以更好地用于建造可复制的学校结构，正如全球公民学院的团队所希望的那样？我从历史中得到的教训是，课程和它的载体必须相互补充。要留意那些在应用程序和闪亮的新建筑中影响学校更新的人。世界上最好的学生——像劳拉·英加尔斯（Laura Ingallses）这样的人——既可以通过死记硬背的方式学习，也可以通过追随他们的快乐来学习。为了教育其他人，物质和智力必须同步，建立在 20 世纪早期课堂所确定的简单需求基础上：光和空气。

4　游乐场

　　玛丽安（Marian）称之为罗克萨博森（她总是知道所有东西的名字）。它在马路对面，看起来就像一座岩石小山，只有沙子、岩石、一些旧木箱、仙人掌、油木和多刺的福桂树，但那是一个特别的地方。

　　　　　　　　　　——艾丽丝·麦克勒伦（Alice McLerran），罗克萨博森（1991）

　　罗克萨博森是一座没有被开发利用的山，到处都是石头、砂砾、贫瘠的沙漠植物，还有一条弯曲的路。因为岩石太多，不能建花园；因为太陡，也不能建房子。但对附近的孩子们来说，"罗克萨博森"却像是一座城市。在这座城市中，有像河流一样弯弯曲曲的小路，"市长"玛丽安把它命名为罗得河。黑色圆形鹅卵石被当成货币；白色石头、沙漠玻璃被当成建筑材料，琥珀、紫水晶和海绿色宝石组成了一个珠宝屋；木箱就是家具；木棍就是马或者汽车，一些圆的东西是汽车上的方向盘，如果你超速，就得进监狱。在罗克萨博森中有一些来自成人世界的规则：你必须支付冰淇淋的费用，你在自己的堡垒里是安全的，还有一个为死去的宠物修建的墓地。所有这些细节在玛丽安1916年写的日记中都有描述，并且成为她的女儿爱丽丝·麦克勒伦（Alice McLerran）1991年出版的《罗克萨博森》（*Roxaboxen*）绘本中的素材。

　　作为口述历史，罗克萨博森的故事从玛丽安传给了她的孩子。长大成人后，罗克萨博森的"市民"会因为一块黑色的鹅卵石，或者因为白色的石头和海玻璃想起这个地方，这些记忆在主街上的风沙被驱散很久后仍然存在，从而被召唤回到亚利桑那州尤马市一个尘土飞扬的角落。麦克勒伦的版本中充满了诗意和画面感，几道明亮的笔触勾勒出了一个场景，让孩子们用想象来填充其余的场景，就像之前母亲对她描述的那样。

　　近年来，罗克萨博森在某种程度上经历了复兴。《罗克萨博森》绘本出版后，尤马市的孩子们意识到这个地方仍然存在，一个私人团体买下了这块土地，并把它无偿赠予了这座城市。1998年，一本包括玛丽安在内的原始日记配套书籍出版了，书中记录了该城市建设前后的故事。[1] 2015年，乔恩·穆阿利姆（Jon Mooallem）在《加州周日杂志》（*California Sunday Magazine*）上撰文，讲述了自己初为人父时，去尤马市第八街和第二大道拐角处那座岩石山的朝圣之旅："它看起来并不怎么样，不过是一座风化严重的陡峭石山。当我爬上山顶，能看到石像、神殿一样排列的岩石和沙漠玻璃。一些较新的石头仍然闪闪发光；另一些随着时间的推移已经被侵蚀了。它们是由世界各地'朝圣'的读者，或亲自放置，或通过当地的艺术博物馆邮寄到这里，并附有留言或致敬的话。"[2]

我把《罗克萨博森》作为户外游戏口述历史的一部分来阅读，并在远处观察孩子们，在需要的时候提供工具和茶点，不去干预他们的发明创造。美国第一个被称为"游乐场"的空间是在波士顿用成堆的沙子创造出来的，和玛丽安一样充满想象力的孩子们提供了游戏原材料。从那时起，家长、教育工作者、社会工作者和设计师一直在争论游乐场的基本材料应该是什么：沙子和水，木头和纸板，还是设备和活动项目。如果答案是木头，那它是一堆类似卡罗琳·普拉特（Caroline Pratt）（幼儿园积木设计者）和希拉里·佩奇（Hilary Page）（乐高发明者）发明的木块，还是像伊姆斯（Eameses）（家具设计师）提倡的预制面板？如果设置一个我们现在称之为攀爬结构的"装置"，是设计成西部堡垒，还是火箭船，还是更简单、更古老的形式，比如福禄贝尔幼儿园里孩子们徒手攀登的木头金字塔？

游乐场是成年人为孩子们建造的地方，总是希望孩子们能在特定的地点玩耍。这就是建筑历史学家罗伊·科兹洛夫斯基（Roy Kozlovsky）所说的"现代游戏话语的悖论"：当社会通过幼儿园、公立学校以及20世纪初的游乐场为儿童留出空间和时间时，"它就像教育一样，受制于他人的社会理念和政治设计。"[3] 游乐场最初被视为融合不同移民人口的场所，围绕着一个共同的目标（体育）而建设，但后来被视为反独裁工具，一个孩子们可以统治的领域。一旦"律师"参与进来，这个游乐场就开始变得更像一个游戏围栏，孩子们能爬多高，脚下的地面需要多软，都有规定，这就限制了设计师们在二战之后的几十年内创造卓越项目的能力。

罗克萨博森的吸引力体现了一种普遍的现象，在过去十年里，监管机构和叙述者的话语权变得过于强大。1959年的《联合国儿童权利宣言》（United Nations Declaration of the Rights of the Child）指出："儿童应有充分的玩耍和娱乐机会，其重要性应与教育相同。"[4] 太好了！我们都会这么认为。然后呢？麦克勒伦在她母亲关于罗克萨博森的故事中，看到了一个儿童专家普遍承认的真理：孩子们需要自己的空间，不仅在教室里，还需要在外面的世界里，摆满简单、可操作的物品。孩子们只有在被允许体验风险的情况下才能理解风险，无论是在游乐场里还是在去冒险的路上。

独自一人在城市中穿梭，可以获得一些相同的感官，也能带来同样的满足感，就像最终爬到攀爬架的顶端一样。战后创意废品游乐场，在过度设计的和平时期得到了复兴。人们可以在东京的居民区、曼哈顿海岸附近的岛上，或者在2014年格拉斯哥英联邦运动会上，找到它们。由艺术家或建筑师创造的设计师游乐场试图提供与积木游戏相同的自由度，无需移动部件。罗克萨博森的魅力在于其特殊性：你在其他任何地方都找不到鹅卵石和沙子、沙漠玻璃和椰壳的组合，它为孩子们提供了足够的材料来建造自己的游乐场。最好的游乐场都有自己的特质，但我相信有很多方法可以实现这一目标。自然环境绝对不是必需的。

在最近的一次哥本哈根之旅中，我参观了由GHB景观事务所和MLRP建筑事务所翻修的"交通之家"。"交通之家"坐落在绿色的费勒公园里，大部分地方都铺着沥青、是一个画有道路标记的"仙境"，孩子们在这里的角色是驾驶员，这里有可以租赁的自行车和小型摩托车。哥本哈根是世界上最适合步行和骑自行车的城市之一，在这里可以让儿童体验交通的另一面，在微型道路上骑行，体验交通信号灯、标志、人行横道和环形交叉口等。在工作日的下午，这里一片混乱，但公园在周末提供了交通安全课程，作为所有丹麦学生在小学和中学学习的补充课程（45%的学生骑自行车上学）。

第一个交通游乐场于1974年对外开放。建筑师在游乐场建成40周年之际对它进行了更新，但目标仍然不变：通过亲身体验来教授道路规则。[5] 2016年，另一个效仿哥本哈根的"交通花园"在西雅图开始运营。[6] 在孩子们的脑海里，根本不知道他们在哪个城市骑车，这就是一个由人行道组成的公园的美妙之处：这是一个自治的地方，如果你愿意，父母可以坐在树荫下的长椅上看着他们自由骑行。

●

美国第一个游乐场里没有攀爬架，没有跷跷板，也没有秋千。1885年，一群女性慈善家认为，波士顿北端的移民儿童需要在越来越拥挤和危险的街道之外找个地方玩耍。在初夏时，他们花钱买了一堆沙子，倒进了帕门特街一个小教堂的院子里。[7] 马萨诸塞州应急和卫生协会主席凯特·甘尼特·威尔斯（Kate Gannett Wells）说："在泥土中玩耍是童年最尊贵的权利。"这个想法源自德国。1850年，德国教育家弗里德里希·福禄贝尔强调幼儿园的"花园"部分，这种"沙地花园"被引入柏林的公园。[8] 第一个沙堆大受欢迎，促使接下来的夏天在帕门特街和沃伦顿街也引入了类似沙堆，每条街都由一位主妇监督。到1887年，共有10座"沙地花园"被建设，大多位于新移民家庭聚集区。乡村的孩子能得到很多泥土，富裕的城市孩子可能有院子，而贫穷的孩子需要免费的公共游戏空间。

随着这类花园数量的增加，它们开始被安置在校园中，最终成为学校董事会和公园部门的财产。1889 年，波士顿西区开设了一个占地 10 英亩的户外体育场，里面有秋千、跷跷板和沙滩等地上游玩设备。波士顿还有其他 20 个类似对外开放的游乐场。其中一家于当年在纽约开业，另一家于 1892 年在芝加哥改革家简·亚当斯（Jane Addams）的赫尔大厦开业。赫尔大厦的游乐场更加精致，有沙堆、秋千、积木、一个巨大的滑梯以及供大孩子使用的球场。[9] 1897 年，波士顿市长约西亚·昆西六世（Josiah Quincy Ⅵ）宣誓就职时，他承诺在每个选区都应该有一个游乐场，而后他也实现了这一承诺。

1907 年，邻近的剑桥（位于美国马萨诸塞州）利用当地的校园开设了自己的花园。大一点的孩子有时会被拒之门外，因为担心他们可能会感到无聊并引发麻烦，但管理人员发现，1/3 的孩子很快会带着一个年幼的亲戚回来，并要求一同进入"照顾沙堆中的婴儿"。[10] 这种将城市校园改为校外活动空间的做法，与纽约和其他的一些城市最近的做法形成很好的呼应，这些空间周末作为对外开放的公园，种植树木，粉刷标记，并考虑为社区成年人和儿童的需求提供设备。玩耍，曾经被认为是孩子们的专属，现在来看应被视为一生的需要，这让开放空间显得非常宝贵。

孩子们会在沙滩上做什么？率先研究儿童行为的心理学家哥·斯坦利·霍尔（G. Stanley Hall）对围绕着玩沙子游戏而兴起的社会越来越着迷。1888 年，霍尔的朋友，牧师 A 神文和他的妻子 A 夫人认为，他们的孩子们在波士顿郊外二三十英里的避暑别墅里没有什么事情可做。A 夫人决定解决这个问题，办法是从远处的海滩运来沙子，倒在离后门几步远的院子里，"虽然会带来一些不便"。

霍尔在《斯克里布纳》（*Scribner*）杂志上像任何博物学家一样敏锐地描述了他们的经历："正如每个读过福禄贝尔的书或观察过孩子游戏的人所预料的那样，沙堆立刻成为一个吸引人的亮点，除此之外，孩子们的其他兴趣都逐渐消失了。水井和隧道，山峦和道路，岛屿、海角、海湾，想象中的海水……"[11] 最初的一两个夏天是用来挖掘和发现的季节，原始的避难所是由木板支撑和砖块建造的。一段时间后，孩子们把沙堆当作荒野，开始介绍乡村文明。人们从树枝上削下来的一节木头变成了一匹马，狩猎和采集逐渐被农业所取代，精致的谷仓使新农舍显得矮小，微型的田地里种植着真正的豆子、小麦、燕麦和玉米。A 家的孩子们和来自其他村舍的朋友们一起，他们建造了自己的房子和谷仓。慢慢地，他们用木头、铁丝、锡和皮革重新发明了犁和轮子，然后开始用毛毡印钱。游戏的关键在于"松散部件"的可用性，即孩子们能够掌握并将其转化为环境中的元素，而不是让玩家在游戏中跳跃、躲藏，或者由设计师亲自设置隧道。孩子们是这里的设计师，尽管他们是在成年人的监督下，但他们比在有围栏和标记的固定设备范围内拥有更多的自主权。

　　沙子也是第一批进步派学校的首选材料。哥伦比亚大学的霍勒斯·曼恩学院（Horace Mann School）为了弥补开放空间的不足，建造了一个屋顶游乐场，里面有一个小花园、一个沙盒、艺术材料和木工工具，还有一个水族箱和饲养动物的笼子。[12] 那里的教师将室内和室外游戏结合起来，同时创建了室内和室外课程：这是一种更直接的"松散部件"模型，仍然允许孩子们自由探索。在芝加哥大学的约翰·杜威实验室学校（John Dewey's Laboratory），孩子们获得了室内和室外沙盒的实践经验，用它们来了解和重塑地形，或将其作为立体地图基底，搭建代表古代文明的树枝堡垒和原始木屋。杜威和他的女儿伊芙琳在《明日学校》（*Schools of Tomorrow*）（1915）中写道："在他们的沙盘上，整个班级可以建造一个有房子、街道、篱笆和河流的小镇，还有树木和动物的花园。""在满足玩偶和他们自己的游戏需求时，他们也在满足社会的需求。"[13] 回到 A 家沙堆，"为什么你没有教堂？"男孩们被问到。"因为，我们不允许在星期天玩'沙堆'，而必须去教堂。"他们回答说，"你为什么不上学？"他们兴高采烈地说，"这是假期，我们不必去上学。"[14]

　　一旦人们知道霍尔将在秋季访问沙堆，并可能就此撰文，这个微型社区就会把自己打扮得井井有条，就像迎接国事访问一样。一位年轻的女士在屋顶和墙壁上添加装饰性涂料，木匠制造工具是为了展示而不是为了使用。有些男孩随着年龄的增长，不再沉浸在平行社会中，开始变得有自我意识。秋天来了，学业和运动会占据了日常生活，沙堆也安静了下来，尽管一些居民在冬季的室内创造了新的发明，以供夏季使用。孩子们的父母对他们的实验很满意，估计孩子们在沙盘游戏中获得的知识积累相当于八个月的常规课程。男孩们已经自主解决了行政管理、木工、工业化、下水道和货币化的问题。他们彼此合作，高效学习，这些都是在被观察但极少被干预的院子里完成的。

　　霍尔写道："这是完美的心智健全和认知统一，比其他地方的学校课程更加多样化。"男孩们已经在沙堆中创建了一个统一而理想的课程，他相信，这个课程为他们成年后的行动和想象做好了准备。今天，沙盒已经变得如此熟悉，正如杰伊·梅克林（Jay Mechling）在《沙场》（*Sandwork*）一文中所写的那样，"在各种状态下玩沙子游戏是如此普遍，以至于我们几乎忽视了这种游戏，如此理所当然，恰如布莱恩·萨顿·史密斯（Brian Sutton Smith，1970）所说的儿童游戏的'透明理论'，不为成人所注意。"[15] 虽然挖掘和筛选是无形的，但温顺的小沙盒本身却被妖魔化为卫生隐患，数小时后被害虫光顾，或被患有弓形虫病的猫用作猫砂箱。就像它早期的游乐场邻居旋转木马和跷跷板一样，曾经微不足道的设备，已经成为城市环境中的濒危物种。曾几何时，沙子代表着一种自由，尤其是对于那些夏天从未去过海滩旅行的孩子们来说。

尽管真正的沙盒数量正在减少，但沙盒这个术语的含义已经扩展到广泛的限定环境中，它可以提供无限的自由去探索，粉碎和构建，然后再粉碎和构建。今天，沙盒很可能是电脑屏幕上的矩形空间，在《我的世界》中，立方体或 Scratch 块命令构成的数字沙盒，被用来探索建筑、文明和地理。《我的世界》中的"好玩具"的叙述，最深植于其"创造模式"的术语体系中。"2009 年 5 月 10 日，自诞生之初，《我的世界》就是一款沙盒创意建筑游戏"，比如《我的世界》维基官方网站上的大事件所记载。在沙盒模式下玩的电子游戏，或专门设计的沙盒游戏，允许玩家一次访问整个世界（盒子），并允许他/她随意改变世界（沙子）。游戏中没有强迫玩家逃跑、躲藏或射击的预设叙事，也没有掠夺者摧毁他/她所建造的东西。时间是自己的，快乐就在创造中，就像 A 家的孩子们用沙子、树枝和其他捡来的材料一样。

沙盒在游戏中具有和平和建设性的意义，但它也可能朝着另一个方向发展。在杜威的时代，桌面沙盒被用作儿童的教育工具，但在很久以前，它们是绘制战争策略的军事工具。最初的进攻计划可能是用棍子在战场上勾勒出来的，在罗马帝国时期，军营内设置的沙盘，上面有代表即将战斗的士兵和部队的符号。[16]《我的世界》可能是当下最受欢迎的沙盒游戏，但早期的热门游戏如《模拟城市》（Sim City）和《孢子》（Spore）也展示了开放式游戏玩法的市场潜力，在此之前 20 世纪 90 年代出现的游戏如《旅鼠 2：部落》（Lemmings 2: The Tribes）和《铁路大亨》（Railroad Tycoon）都展现了玩家可以随意探索游戏的模式。在 Gamasutra 网站上发表的一篇关于沙盒游戏详细历史的文章中，史蒂夫·布雷斯林（Steve Breslin）从前工业时代童年体验的关联性上进行了阐释："他暗示着小孩子在游戏中的状态（在电子游戏时代的孩子，没有玩具），并假设了理想化的童年应该有想象力和无限创造力。这是一个很好的比喻，也是一个有用的比喻，但这个比喻也有点误导人，因为它暗示了玩家有梦幻般的创造力，而这种创造力往往难以成功。"[17] 布雷斯林认为，成年人在从零开始创造新世界方面的能力不如孩子，而这种单纯基于"利用玩家想象力"的游戏实属"雄心勃勃，且具有一定的风险"。他指出，早期儿童专家为沙盒中的儿童寻求的思想自由，在成年后会丧失，除了少数制作游戏的成年人。布雷斯林指出："毫无疑问，游戏设计本身就是终极沙盒游戏：作为设计师的你必须决定游戏的目标，不仅如此，你还要创造并组合图像和其他元素，根据自己的想法平衡游戏，创造一个完整的游戏世界。"

布雷斯林认为，这类游戏比那些以硬币或其他奖品为代表的简单游戏更需要精心制作。布雷斯林写道："沙盒游戏的最大风险在于它可能会很无聊。"这种设计巧思往往深藏于幕后，就像在福禄贝尔幼儿园精心准备的教学环境一样，或者用沙子、木头或回收资源填充游乐场。在《我的世界》中，创造性玩家所掌握的各种材料，以及 YouTube 视频、照片和其他玩家创作的博客帖子所创造的隐性竞争和显性社区，都能够激励玩家继续前进。

在沙盒中发生了两件不同的事情，就像在 Roxaboxen 公司有两种不同的游戏一样。首先，材料的发现和地点的建造，由玛丽安给罗得河命名而起。接下来是叙事，故事和制作交替开展，将盒子变成一个舞台。最初的沙堆是由城墙围起来的；后来的设备发明家，如奥尔多·凡·艾克（Aldo vanEyck），使用彩色路面或混凝土的几何形状，给孩子们创造空间。沙子是一种适合分享、制作和再制作的材料。无论是在数字沙盒还是现实沙盒中，玩家都必须创造属于自己的内在乐趣。也许，沙盒游戏是成年人没有意识到但内心仍然渴求的游乐场。

●

美国游乐场协会（PAA）于 1906 年 4 月 12 日成立，旨在组织美国各地的改革者为户外娱乐活动筹集公共资金。他们很幸运得到了资助。西奥多·罗斯福（Theodore Roosevelt）总统被选为 PAA 的名誉主席，并于次日在白宫接见了该组织的领导人。罗斯福在 1907 年给华盛顿游乐场协会主席库诺·H. 鲁道夫（Cuno H. Rudolph）的信中写道：

城市的街道对孩子们来说不是理想的游乐场，因为街道过于危险，大多数好玩的游戏都是禁止的，夏天太热，而且在城市拥挤地区很容易成为犯罪乐园。家庭的小后院和装饰性草地，只能满足幼童需求。大孩子们如果想玩点激烈的游戏，就必须为他们留出专门的地方；而且，既然游戏是一种基本需求，就应该像提供学校一样为每个孩子提供游戏场地。这意味着，游戏场地必须在城市中广泛分布，以便男孩和女孩都能步行到达，因为大多数孩子都负担不起车费。[18]

1887 年，社区领袖查尔斯·B. 斯托弗（Charles B. Stover）提出了一项纽约市政法案，要求纽约市政府每年花费 100 万美元在小型公园和游乐场上，但直到 1901 年才开始执行。斯托弗同时也是一名社会活动家，他主张将新建的地铁系统公有化。[19] 相反，私人投资者创建了户外娱乐联盟（Outdoor Recreation League），赞助开放一些小的游戏空间，通常只是一个用三堵墙围起来的沙堆，或者一个配有跷跷板、滑梯和单杠等游戏设备的球场。其中，最著名的是位于下东区的苏厄德公园（Seward Park）。纽约市于 1903 年启动了该公园的建设，是目前纽约市 700 个游乐场中的第一个。在接管和改造苏厄德公园的过程中，纽约市彻底改变了公园原有的面貌：石灰岩与赤陶土材质的公园亭阁，里面设置了大理石铺装的水池、室内体育馆和会议室，宽阔的游廊上摆放着供母亲们带着婴儿休憩的摇椅；环绕公园的跑道旁划出专门区域，利用蜿蜒小径和绿化带分隔出儿童花园和户外游乐区。[20] 斯托弗一直要求市政府在娱乐和交通方面投资，后来他成为公园管理局的局长。

在芝加哥，建筑师德怀特·H.帕金斯（Dwight H. Derkins）和社会学家查尔斯·祖布林（Charles Zueblin）认为，公共空间是培养公民精神的关键，孩子们需要比现有空地和公园有更多玩耍的选择，这些空地和公园是为被动娱乐而设计的。

1901 年，帕金斯被任命为芝加哥特别公园委员会委员，并在接下来的十年中为该市设计了许多公园、游乐场和野外场馆。正如建筑历史学家詹妮弗·格雷（Jennifer Gray）所写的那样，20 世纪早期的游乐场设计迅速成为一个定式。[21] 从上面俯瞰，公园就像一个纺织图案，设施从中央建筑向外辐射，有更衣设施、室内体育馆，还有成人教室。在建筑附近，你可能会找到一些景观性的场所，比如装饰性的喷泉、铺好的音乐会长廊或小树林。以树木和小径为边界的开放场地用作游戏场所，儿童游乐区通过种植带、矮墙、长椅与沙坑等元素形成独立单元。这里为男孩和女孩留出了单独的锻炼空间，还有一个游泳池。游戏场所改革者最重要的贡献是在政策上：在快速建设的城市中为市政设施优先留出空间，不再依赖于个人慈善机构或居民的请求。[22] 曾经无序和自建性的沙坑被布扎体系（Beaux-Arts）的规划所取代：对称的、规则的布局中，每个活动都有专属场地或被安排在对应的位置上。

建筑以其复杂的分隔和空间组织，反映了作为城市政策来拯救儿童运动的意识形态。在城市的街道上，孩子们确实处于危险之中——1910 年，交通事故是导致五至十四岁儿童死亡的主要原因；1908 年，500 名儿童在被称为"死亡大道"的第十一街上游行，抗议纽约中央铁路公司的粗暴，但好心的成年人也担心过度自由的不利影响。[23] 因为交通拥挤，也因为成年人的破坏和对空间的竞争，街道变得更加危险。[24] 改革家雅各布·里斯（JacobRiis）在 1899 年发表于《大西洋月刊》（*essay*）的一篇题为《帮派的起源》（*The Genesis of the Gang*）一文中写道："福禄贝尔已经告诉我们，男孩性格的塑造与他玩耍的内容有关。"在城市里，"那个培养性格的道具已经被破坏了。直到去年，纽约才拥有儿童游乐场。确实如此……好像在我们城市的早期规划中根本没有考虑到孩子们似的。"[25]

正如进步时代推动取缔童工和强制小学教育一样，游乐场运动的积极影响也有家长式和民族主义的一面。儿童作家露西·费奇·帕金斯（Lucy Fitch Perkins）曾在她丈夫德怀特·H.帕金斯（Dwight H. Perkins）设计的芝加哥大学社区服务中心（University of Chicago Settlement House）内绘制了一幅壁画，其中揭示了新游乐场的根本目的。帕金斯将后院的社区当作她"全国儿童五月漫舞"的舞台，孩子们穿着各民族服装，在母亲和婴儿的注视下尽情跳舞。[26] 在游乐场上，参加由专业游戏指导设计的集体活动，让美国孩子会形成一个更完美的联盟。为了做到这一点，游乐场推行"有针对性的活动"计划，而不是"启发性游戏"，专注于特定技能训练和身心塑造。[27] 曾是儿童心理学家斯坦利·霍尔（G. Stanley Hall）的学生、PAA 的创始秘书和财务主管的亨利·S. 柯蒂斯（Henry S. Curtis），研究了英格兰和德国的娱乐活动，批判他们在组织具有个人主义和好战精神的体操运动。[28] 团队运动是当今社会的主流，因为它会迫使来自不同背景的孩子们为共同的目标而努力，并将集体努力提升到个人成就之上。在游乐场上，经验丰富的孩子们将被吸收到一个新的集体中。正如柯蒂斯（Curtis）所写，"童子军巡逻队像棒球比赛一样没有贫富差距，你必须完成任务才能获得优先权……游戏是我们所知道的最民主的活动。"[29]

作为这些新公园的一部分，坚固的田间房屋发展成为公共图书馆的分支机构，并提供小儿福利、音乐、绘画、素描和舞蹈课程，还有随时供应的巴氏消毒牛奶、专业护士和日间托儿所等。除了从街头拯救儿童，进步时代的改革者对降低婴儿死亡率也十分关注；如提供安全的食品，并对母亲进行适当的婴儿护理和卫生培训，将婴儿死亡率从 1915 年的 10% 降低到 1950 年的 5% 以下。[30] 所有这些都是由专业的"游戏指导者"监督的，他们被期望成为解社会学、生理学、心理学、儿童发展并且擅长运动的人。[31] 芝加哥南公园游乐场系统的主管将游戏总监的角色描述为"深思熟虑的管理者、儿童和青少年生活的阐释者、人类欲望的化学家"。[32] 奥克兰娱乐总监声称，游戏总监应该具备与公司经理或军官相同的素质。俄亥俄州克利夫兰古德里奇之家（Goodrich House）的校长约翰·H. 蔡斯（John H. Chase）在 1909 年为美国游乐场协会（PAA）月刊《游乐场》(Playground) 撰稿时写道，"我们最大的希望是让游乐场成为数百名儿童可以玩耍的地方。我们想要一个游戏工厂，希望它能在规定时间内以最高速度运行，配备最好的机器和熟练的操作人员；要尽可能地制造幸福，充分开发空间潜能；对新发明保持清醒，用我们的头脑来规划，用我们的心灵来激发热情。"[33] 历史学家多米尼克·卡瓦洛（Dominick Cavallo）引用了纽约教育委员会经营游乐场时对典型一天的描述："现在是一点钟。钢琴弹奏出欢迎的和弦，所有聚集在一起的孩子都排成一列，准备迎接盛大的进行曲。在信号发出后，向国旗敬礼；随后，大家热情地唱两三首爱国歌曲，之后下令'队伍解散'。"[34]

他们尽管强调了游乐场的熔炉性质，但并不是每个孩子都接受了相同的训练。女子体操通常在较小的、性别隔离的室内体育馆进行，刻意避免竞争性体育运动，而是注重形体塑造。因为游乐场主要适用于他们自己的社区，住房和收入的隔离限制了使用游乐场人群的多样性，就像新建的公立学校一样。非裔美国儿童基本上被排除在城市大型游乐场之外。与早期公立学校系统类似的另一个特征是，他们的设施较差，空间比较陈旧，如空地和封闭的街道。[35]

1921年，在美国3969个市政经营的游乐场和娱乐中心中，供黑人儿童使用的游乐场只有56个，有综合游乐场的城市仅14个。[36] 1925年，霍华德大学（Howard University）秘书长、布克·T.华盛顿（Booker T. Washington）前秘书埃米特·J.斯科特（Emmett J. Scott）在游乐场上写了一篇题为《闲暇时间与有色人种公民》（*Leisure Time and the Colored Citizen*）的社论，指出北方城市缺乏黑人儿童的游乐场，南方全域缺乏儿童游乐场。

斯科特写道："黑人儿童缺乏鼓励，有时甚至是明确禁止，导致许多地区由政府主导和规划的娱乐中心，几乎完全没有考虑黑人儿童的需求。"黑人儿童必须拥有与白人儿童同样的娱乐设施，才能发展成为国家和民族所需要的健康、思维正确的公民。[37]

游乐场的倡导者认为玩耍是一种同化和增强力量的活动。斯科特以此为基础，提出了黑人儿童需要拥有独立且平等的设施，就像华盛顿的教育产权主张。他引用了欧内斯特·T.阿特韦尔（Ernest T. Attwell）之前的一篇文章。阿特韦尔受雇于当时被称为美国游乐场和娱乐协会（Playground and Recreation Association of America）的机构，负责在黑人社区开展推广活动。他指出，非裔美国人的健康和福祉对于"社区整体的健康和幸福"是必要的。"游戏工厂……创造最大的幸福"与沙堆或创造性模式相得益彰。随着游乐场被政府接管，它们就像学校一样，成为同化的工具，并得到成人社会共同利益的关注，而不是儿童当家做主的地方。

●

除了强调有组织的活动外，这些游乐场还配备了大量的设备：纯粹为玩耍而建造的建筑。纽约苏厄德公园的历史照片展示了一个巨大的金属攀爬架，上面有用来绑绳子和秋千的钩子，男孩们栖息在角落里，离地20英尺，好像在树梢上一样。但对于使用这些设备是否对孩子们有好处，改革者们意见不一。有人形容荡秋千的心理"类似于醉酒"，而柯蒂斯则嘲笑它为"不合群"行为。"它对眼睛、手和判断力训练得很少。"[38] 对于女孩来说，秋千被视为诱发"情欲躁动"的危险源。[39] 尽管如此，20世纪早期的游乐场通常包括一个放置"设备"的区域，即安装在裸露的沙地、草地或泥土上的金属和木质框架设备。布伦达·比昂多（Brenda Biondo）在2014年出版的《曾经的游乐场》（*Once Upon a Playground*）一书中展示了一些美国各地游乐场的历史明信片。照片显示了1918年在明尼苏达州罗切斯特市的一个金属框架，上面挂着环和绳子，一个梯子和一个高高的滑梯；1914年，纽约和阿克伦的游乐场有一排排的木制跷跷板；在1910年的一张明信片中，展示密尔沃基的一个游乐场，包括一艘木制摇摆船，就像游乐场海盗船的前身。[40] 到20世纪30年代初，游乐场开始失去工作人员和游戏项目。供孩子们自由使用的设备成了游戏的中心，制造商在宣传他们产品的同时，也强调了产品的安全性和刺激性。在今天看来许多游戏建筑都很可怕，比如1912年纽约市将游乐场从公园中拆除，因为它们被认为太危险了。[41] 金属旋转木马，25英尺或30英尺高的波浪形滑梯，5英尺高的倾斜梯子，杆子上缠着绳索，孩子们在上面抓着、跳着、旋转着，肩膀脱臼和骨折似乎是不可避免的。1931年，卡里莫尔的一则广告上写道："你无法阻止孩子们在一件器械上爬来爬去。卡里莫尔设计的构件使孩子们在任何情况下都不会被困住。一些国家的盲童机构已经安装了卡里莫尔设备，因为它具有许多安全功能。"[42] 广受欢迎的旋转秋千，由悬挂在中央柱子上的吊椅组成，宣传口号为"行动！刺激！"[43] 尽管制造商声称设备很安全，直到20世纪70年代才出台专门针对游乐场设备的联邦法规。1972年消费者产品安全委员会成立，1981年《公共游乐场指南》发布，这才规定了器械允许的高度和距离，以及在设备下方推荐使用的表面材料类型。[44]

攀爬架起源背后的故事最引人入胜，它与伊利诺伊州温尼特卡市的警司卡尔顿·沃什伯恩（Carleton Washburne）的职业生涯交织在一起。体育训练是温尼特卡市警员课程的重要组成部分，与公立学校共用一名全职体育老师。当地一位在日本长大的专职律师塞巴斯蒂安·辛顿（Sebastian Hinton），经常在自己的数学家父亲制作的多边形竹筐架上玩耍。竹筐本来是用来教三维几何的，但孩子们更喜欢"像猴子一样"在上面爬来爬去。辛顿与沃什伯恩在一个晚宴上相遇，两人与北岸乡村走读学校的校长佩里·邓拉普·史密斯（Perry Dunlap Smith）合作，一起研究了一个由铁管制成的锥形模型，该模型于1920年在学校里安装，并于同年由辛顿成立的荣格莱姆公司获得了"攀爬架"专利。[45] "这是一个理想的学校游乐场设备，它可以在一个小范围内照顾许多孩子，满足孩子们攀爬的愿望，锻炼了全身的肌肉。"沃什伯恩在他的回忆录中写道。[46] 随后，附近的霍勒斯·曼（Horace Mann）公立学校的游乐场对攀爬架进行了改进；当这所学校在1940年被拆除时，攀爬架被重新安装在克劳岛上，一直沿用到2010年。1948年，J.E.波特公司制作的一则"丛林游戏"广告称，该建筑服务了超过1亿小时的儿童游戏时间，却没有发生过一次严重事故，它被称为"游乐场磁铁"，完全满足联邦住房管理局的标准。[47] 到第二次世界大战结束时，标准游乐场已经相当成熟，也已经开始变得单调乏味，战后的婴儿潮引发了城市和郊区儿童公共设施的第二次扩张。

虽然许多政府官员满足于沙盒、滑梯、秋千、跷跷板这四种模式，但战后改善儿童生活以及重建城市的需求，仍然导致了户外游戏新形式的涌现。

●

1920 年夏天，孩子们在伦敦北部的阿尔弗雷德国王学校（King Alfred School）建造了松鼠大厅。松鼠大厅的巨大屋顶由一棵橡树的枝干支撑，为孩子们遮风挡雨，而年仅六岁的学生们则帮助建造了一个露天剧场。阅读、戏剧和科学实验也在户外进行，并以佩斯塔洛齐、福禄贝尔以及美国教育家海伦·帕克赫斯特（Helen Parkhurst）的教育理念为基础。男孩和女孩一起接受教育，从第一天开始，学生就可以选择自己的学习计划。阿尔弗雷德国王学校成立于 1898 年，是类似杜威实验学校和普拉特城乡学校的平行实验学校，很难想象这里能培养出建筑师奥尔多·凡·艾克（Aldo Van Eyck）这样优秀的学生，他在那里学习到十四岁。[48] 凡·艾克在战后建筑史上是一个类似齐利格式的人物，他重建了二战后的阿姆斯特丹，在国际现代建筑大会（CIAM）的十个创意团体中崭露头角，并预见了 20 世纪 70 年代的细胞实验项目，如阿姆斯特丹市政孤儿院。[49]

在那里，凡·艾克使用了简单的几何阵列来创造内部空间，这些组合起来形成了一个网格化、非分层的结构，像是一个用来装鸡蛋的箱子。方形中有圆形，圆形中也有六边形，圆形和方形相互组合，雕刻和建造出了一个内部景观，这将在孤儿院儿童发展的每个阶段对他们进行挑战。[50] 在婴儿区，一组堆叠的圆柱体，直径越来越小，变成了室内的小山。通过平板玻璃窗，婴儿们可以看到，大一点的孩子们在外面一个有盖的圆形沙坑里挖土，从山谷一直挖到他们的小山。在供十至十四岁女孩居住的房子里，居民们会在中央的公共餐桌上吃饭，餐桌是用水磨石制成的六边形，周围环绕着圆柱形的凳子。为了创造一种封闭的感觉，凡·艾克在立柱和室内的小屋顶上添加了金属灯。同一空间内的开放式厨房可供人们集体做饭。

所有这些装置的材料都是由混凝土、水磨石和用于交通流量大区域的染色木材制成。凡·艾克通过玻璃、水和镶嵌镜为空间注入了灵动光影。在房子外面为二至四岁孩子准备的凉廊里，有一个游戏池，半掩于屋檐之下，半敞向天际，并在四周设有座位。在一个阳光明媚的日子，混凝土靠背之间的粉红色玻璃会捕捉光线，并将其反射到泳池表面，池水反射出的颜色再反射到凉廊的底部。在室内的派对室中，哈哈镜被设置在混凝土平台的顶部，该平台用作篝火的休息区，创造了一个有趣的空间，也让人看到了另一番景象。事实证明，这一幕太分散注意力了，甚至令人不安。凡·艾克后来说："孩子们非常喜欢哈哈镜，他们在镜子里看到了各种各样的东西——这就是为什么它们被移走了！"[51]

正方形、圆形和六边形是幼儿园设计的主流词汇，但即使在当代学校，你也很少看到灰色和棕色的儿童建筑，没有地毯，没有图像，没有令人厌烦的三原色调色板。一个游乐场设计流派通过公共马车、攀爬结构、火箭飞船或滑梯卡通画来引起孩子们的兴趣。凡·艾克坚持极简主义学校，建筑是孩子们激发创造力的背景和支柱。他在1962年的一次演讲中说，想象中的动物不属于这座城市，他们抑制了想象力，而不是激发它。"游戏对象必须是真实的，就像电话亭是真实的，因为你可以在上面打电话；长凳是真实的，因为你可以坐在上面；铝制大象是不真实的，大象应该会走路，它作为街上的东西是不自然的。"[52]

凡·艾克作为受雇于阿姆斯特丹城市规划部门的设计师，他的影响力是通过1947—1978年创作的700多个游乐场来体现的。建筑历史学家莉安·勒法伊夫（Liane Lefaivre）在谈到游乐场时写道，"建筑专业人士无法感知它们，因为它们是无形的，凭空建造的。"[53] 凡·艾克经常用蜡笔来画出这些游乐场。多年来，它们一直是阿姆斯特丹街道上的固定设施，但因为许多场地都被拆除，人们已经看不见它们了。2001年的一项调查发现，有370处场地被拆除，237处被彻底改造，只有90处保留了原有的模样。2016年的一项调查发现，市中心只有17处场地仍完好无损；一本名为《阿尔多·凡·艾克：十七个游乐场》（Aldo van Eyck: Seventeen Playgrounds）的小书，既是为了纪念他们，也是为了鼓励人们保护现存的凡·艾克作品。[54] 这些场地衰退的原因是人口老龄化，尤其是在城市战后扩张期间修建的社区。战后阿姆斯特丹为年轻家庭建造了新的住房和新的游乐场，但人口老龄化加剧，这些设备已经没有观众了。

1946年，凡·艾克被阿姆斯特丹新城市发展部的负责人科尼利厄斯·范·伊斯特恩（Cornelius van Eesteren）聘用，并被指派与范·伊斯特恩的副手雅各布·穆德（Jacoba Mulder）一起设计新的儿童游乐场。凡·艾克的第一个游乐场作品位于伯特尔曼广场，这是一个25英尺×30英尺的公共广场，有成熟的树木，周围是战争期间建造的穆德（Mulder）的住所。一天，在她去上班的路上，看到一个小女孩在一棵树的附近，用挖出来的泥土做成泥饼。但随后来了一只狗，在树穴里撒了一泡尿，这出戏就结束了。这让穆德感觉需要建设一个游乐场，而凡·艾克欣然接受了这项工作。[55] 一位路过的邻居看到了那个游乐场，就写信给凡·艾克，要求在自己居住的社区也建一个。同样的事情一次又一次地发生，直到它成为一项政策。城市中任何想要游乐场的社区都可以提出申请，规划师会优先选择历史城区中的废弃空地，战时受损区域及新兴郊区住宅区的预留空间作为实施场地。游乐场建成后，投诉信也不断地涌来，有的抱怨房屋会被风吹进沙子或者是有动物跑进来，还有的抱怨房子太拥挤，天黑后还会有年轻人"骚扰"他们。但是，大多数信件都要求建设更多的游乐场。[56]

在伯特曼广场，凡·艾克建立了自己的基本设计元素。在一个树木环绕的小公园里，西北角布置了一个长方形的沙坑，围绕沙坑的混凝土墙很低，路沿上有切口，便于小孩子进入。沙地里放了四张圆形混凝土游戏桌和一个钢制攀爬架。在沙坑斜对角的人行道上，加了一组三根翻滚架。

在公园边缘的树下，有5张供家长坐的长椅。就这样，长凳和沙坑的边缘给人一种封闭的感觉，但公园和后面的一切却是开放的。在1998年设计的第二座游乐场坐落在霍夫住宅区的庭院中，建筑四角与每侧的墙中间各植乔木，同时创造了四个游戏区，第一个有圆形大沙坑，第二个有7个混凝土圆柱体，第三个有钢制翻滚架，第四个有三角形钢制旋转木马。游乐区的路面是白色的，棕色场地上有供成年人使用的长凳。

凡·艾克从未解释过，在他的游乐场上出现的那些网格状的混凝土圆柱体究竟象征着什么，是森林、柱子还是岩石？"翻滚架"——弯曲的半圆钢隧道或踏脚石，究竟是实心的还是空心的？最知名的设备还是"圆顶小屋"，这是一种由钢条组成的圆顶，由孩子们决定它的使用功能，对较大的孩子来说是一个攀爬挑战，对较小的孩子来说是一个方便的游戏室。也许是阿姆斯特丹的游乐场提供的东西太少了，很难判断周围的建筑是给了他们一种隐私感，还是仅仅引导风从其中穿过。

凡·艾克游乐场中最迷人之处是它与重建理念的紧密结合。1954年，在迪克斯特拉特（Dijkstraat），他被邀请来改造一个狭窄房子的遗址。房子在阿姆斯特丹的中心，旁边是三层和四层楼的建筑。场地只有一端是开放的，里面给人一种黑暗和充满危险的感觉。凡·艾克通过引入对角线理念，将白色混凝土砖和棕色砖切割成三角形，并引入一个罕见的三角形沙坑。邻近街道的入口设置了一个翻滚架，当你通过入口前往场地的内部时，里面的活动变得更加活跃和密集。他试图创造一种现代城市的语言，将舞台全部交还给孩子们。孩子们的活动和想象力不会因为他们居住在城市里而受到限制（图4-1）。罗伯特·麦卡特（Robert McCarter）最近写了一本关于凡·艾克的专著，他写道："凡·艾克在设计作品时，借鉴了他收集的威尼斯、阿姆斯特丹、伦敦和世界各地其他城市孩子们玩耍的照片，因为他明白，孩子们会想方设法玩城市里建造的一切东西，无论它们是不是孩子们的玩具。"[57]

尽管凡·艾克设计的游乐场数量不断增加，但他从未对这些元素进行标准化，他要求现有的墙壁保持原样而无需打磨，并将各个元素在场地上进行重新排布，沙坑永

图 4-1 迪克斯特拉特在阿姆斯特丹的中心活动场地改造前后
（来源：Archined 基金会官网）

远是核心。勒费弗尔（Lefaivre）写道："彼得·史密森（Peter Smithson）将它们比作引入牡蛎（今天的城市）的沙粒，它们引起了刺激，从而导致了珍珠的生长（城市生活的更新）。"[58] 当一月份的纽约下完雪，我看到自行车倡导者在社交媒体上发布了孩子们在无车街道上玩耍的照片时，我想到了这一点。凡·艾克在这方面也走在了时代的前列，他赞美"那些罕见的时刻，比如一场大雪之后，孩子们占据了城市空间，整个城市变成了游乐场。"[59] 在1962年的经典儿童读物《下雪天》（the Snowy Day）中，彼得发现他的城市被大雪变成了简单的形状，一个没有成年人的外部世界，一个充满体验感的世界，作家埃兹拉·杰克·济慈（Ezra Jack Keats）也产生过同样的感慨。[60] 凡·艾克没有特别的力量，但在30年的时间里，他为这座古老的城市注入了现代化的元素，为孩子们提供了玩耍的舞台，与成人街道和人行道的商业活动分开，但并不隔绝。

●

街上响起了敲击声。路过超市和室内滑雪场时，每隔5分钟就能听到南线列车的呼啸声。拐过一个弯，经过一个类似于东京酒馆的地方，我看到了一座混凝土材质的弯曲形屋顶，上面点缀着黑白涂鸦，就像老式的装饰品。大门上有一个手绘的标志，一排排自行车和婴儿车在十月周日早晨的阳光下炙烤着。这座建筑以前是一座混凝土工厂，它通过弯曲的悬挑和加州风格开放的人行道，展示了混凝土这种材料的无限可能。但实际上，我在这里看到的建筑仍在建设中，一条街道将会有目前用粉笔线在泥土上展示的小型露天摊位。

挥舞着卷尺、画笔和锯子的建筑师，其实是 30 个年龄在五至十三岁之间的孩童。在川崎（东京大都市圈的一部分）的工业区边缘，他们正在建造自己的迷你商业街。两周后，小工匠们将化身为商店的店主，出售他们的自制商品。煎饼、弹珠、手工编织的手镯、稀泥，用真金白银进行买卖。由于使用的货币是真实的日元，科多莫·尤姆公园（意思是"儿童的梦想"）的游戏工作者必须征得家长的许可，并要求他们不要出资支持。在这个有十三年历史的公园里发生的一切都是由孩子们和管理它的工人共同决定的，费用由川崎市教育部门支付。这里没有免责条款，也没有着装要求：婴儿们赤脚在岩坑附近徘徊，男孩们穿着人字拖，戴着自行车头盔劳作。[61]

在东京最古老的冒险乐园羽木公园（Hanegi Park）的标牌上写着：自由玩耍，风险自担。在由它衍生而来的尤姆公园里，玩耍、自由和风险这三个要素得到了充分的体现。[62] 在迷你商业街的开放空间之外，还有一个更隐蔽的区域，那里有一个永久岩坑、水滑梯和吊床秋千。在附近进行挖掘工作的一家建筑公司捐赠的泥土台地，经铲掘与水冲形成的沟壑纵横的地貌。2003 年 7 月，尤姆公园开放时，天气又热又潮湿，孩子们大部分时间都挤在一个有空调的空间里。一个星期后，游戏工作者们忍无可忍，切断了电源。"我们告诉他们空调坏了，"我的导游岛村仁（Hitoshi Shimamura）说，他是东京游戏组织的负责人。"然后孩子们就离开屋子开始去外面玩水。"造访过的每一个冒险游乐场，总能看到孩子们提桶注水观察水流的场景。正如建筑师理查德·达特纳（Richard Dattner）所说："沙子和水将为你提供游乐场 80% 的功能。"[63] 尽管人们对创意废品游戏场的描述主要集中在那些岩坑和工具上，但对城市的孩子们来说，简单的闲逛可以是度过一个下午的愉快方式。这让我想起了自己的弟弟，他从来没有错过任何小溪或水坑。如果我们在街尾有个尤姆公园，他就不用到处去找泥巴了。

碰巧的是，我周日参观尤姆公园的时候，正好赶上《反直升机父母的呼吁：让孩子玩吧！》(*The Anti-Helicopter Parent's Plea: Let Kids Play*！)（美国曾以"直升机父母"来称呼那些对孩子过度保护的家长，形容他们就像直升机一样，无时无刻不围绕在孩子周围）在《纽约时报》上发表了，文章让美国的家长十分恼火，他们在评论区关闭之前已经发表了 2016 条非常有代表性的评论。[64]

东京的尤姆公园、羽木公园和其他几十个创意废品游戏场都是提供了一种公共设施，就像迈克·兰扎（Mike Lanza）（被称为"反直升机父母"）在他私人的门洛帕克后院创造的那样：一个具有挑战性的、特殊的体育游戏场所，基本上不受父母监督，并对任何孩子都开放。兰扎的院子，以及他自己出版的书《玩乐时代：把你的社区变成一个玩耍的地方》(*Play borhood: Turn Your Neighborhood into a Place for Play*),都是他童年在户外度过的记忆,他和他的朋友们则在自己编的游戏中担任裁判。

《时代》周刊的作者、兰扎的邻居梅兰妮·塞恩斯特罗姆(Melanie Thernstrom)对儿童游乐场的安全观念与兰扎完全不同:兰扎以统计数据为依据,认为孩子从屋顶上摔下来等都是小概率事件,可以不予理睬;但塞恩斯特罗姆在读到这些数据时,则会担心自己的孩子成为那些小概率事件。塞恩斯还批评了兰扎游戏观念中的性别歧视:男孩喜欢寻求冒险,而母亲则要阻止这种冒险行为。兰扎后来否认了他对戏剧《十字军东征》(*Crusade*)的性别解读。兰扎并不是唯一认为美国的孩子有玩耍问题的人(事实上,在兰扎关于游戏时代的书中,将游戏问题描述为社会性和空间性问题)。2016年和2017年夏天,非营利组织"纽约地面"(Ground NYC)在总督岛(Governors Island)搭建了一个临时的创意废品游戏场,围栏上挂着一个牌子,上面写着"不管有没有建议,你的孩子都会很好。"勒诺·斯科纳兹(Lenore Skenazy)的自由放养儿童博客上充斥着这样的报道:当父母真的让孩子在无人监督的情况下玩耍时,警察和儿童保护服务机构就会接到电话。

《时代》周刊的文章说:如果没有更广泛的社区支持,这样的尝试注定会失败,只会满足"我的孩子比你们的孩子更有韧性"这种想法的虚荣心理!冒险游乐场的目的应该是提供更广泛的活动,这样父母就可以观察他们的孩子学习爬屋顶和使用蹦床所需的技能,以及创建从家里到游乐场所的安全路线,让孩子自己就可以到达那个地方。

对(部分)美国儿童生活的过度保护,是工作、家庭和街头生活一系列变化的结果,这些变化使得抚养孩子变成了一系列消费者的选择,从无补贴的日托开始。需要改变的是按照东京游乐场模式运行的公共领域,我们希望看到美国的儿童们,可以在下午和周末,无组织地聚集在一起玩耍,成群结队地在学校和游乐场之间骑自行车和步行,而不是在父母的严格看管之下。

2001年日本川崎市童梦公园(Kodomo Yume Park)所在的川崎市制定了自己的儿童权利条例(图4-2)。其中包括一篇文章,承诺"为孩子们提供安全舒适的场所",并要求设置独立的儿童基础设施。日本的冒险游乐场可以追溯到战后丹麦的创意废品游戏场。在这个游乐场里,景观设计师卡尔·西奥多·索森(Carl Theodor Soensen)建立了一个面积略大于1英亩的封闭区域,里面堆放着木屑、砖块、泥土和其他基本工具,并由一名成年人来负责监督游戏安全。索森后来写道,"在我帮助实现的所有事情中,创意废品游戏场是面貌最丑陋的;但对我来说,它是我最好、最美丽的作品。"[65]

图 4-2　川崎市童梦公园
（来源：《建筑师》杂志）

　　如果不是 1945 年英国青年倡导者、赫特伍德的艾伦夫人马乔里·吉尔·艾伦（Marjory Gill Allen）的访问，这个位于哥本哈根埃姆德鲁普附近的游乐场可能一直是当地的一个摆设。艾伦回到英国，发表了一篇题为《为什么不这样使用我们被轰炸的地点》（*Why Not Use Our Bomb Sites Like This?*）的插图文章发表在《图片邮报》（*Picture Dost*）（一本类似《美国生活》的杂志）上。[66] 两张图片展示了丹麦儿童大多穿着短裤和毛背心，在放置一个坦克复制品的场地中绘画、铲土和建造东西。她的文章一开始就批评了传统的游乐场，当时的游乐场意味着铺沥青的道路和单一的设备，她称之为"一个完全无聊的地方……难怪孩子们更喜欢被轰炸得乱七八糟的木头、成堆的砖块和垃圾，或者危险和刺激的道路交通"。在拯救儿童运动开始五十多年后，改革者仍在努力让儿童远离街头，用积极行动取代违法行为。但除了传统游乐场外，其他地方的儿童活动场所都是脏乱的、有建设性的、由孩子主导的。因此，在接下来的十年里，英国开设了两个创意废品游戏场，随后还会有更多。艾伦将创意废品游乐场视为欧洲城市自下而上重建的工具，她最终将其重新命名为"冒险运动场"，以使它们更容易被地方规划委员会接受。就像凡·艾克在阿姆斯特丹设计的那样，甚至是最初的沙地，新的游乐场可以被整合到现有的规划当中。

　　创意废品游戏场在美国战后有过短暂的繁荣。第一家于 1949 年在明尼阿波利斯市亮相，这是一项由麦考尔杂志赞助的年度实验项目，名为"院子"，该杂志在 1950 年发表了一篇关于实验的封面故事："院子背后的想法很简单，就是给孩子们提供一块土地，以及他们认为合适的挖掘、建造和创造所需的大量工具和材料。院子里没有现成的游乐场设备，而是堆满了工具、用过的木材、砖块、瓷砖、油漆、钉子和各种二手材料。还有一辆老式火车车厢，一辆1934年的老爷车，还有一辆牛奶车的车身，孩子们会把这些材料改造成任何他们喜欢的东西。"[67]那时，杜鲁门总统为了筹备当年在华盛顿举行的世纪中期白宫儿童与青年会议亲自进行了参观。1965年，艾伦前往美国进行巡回演讲，在白宫会见了被美国媒体称为"简单直接"和"填补空白"的伯德·约翰逊（Bird Johnson）夫人，并谈到了古根海姆博物馆的游乐场。[68] 到1977年，在马萨诸塞州的罗克斯伯里有20个冒险运动场，大多数已有十年历史。同样，俄勒冈州尤金、加利福尼亚州的米尔皮塔斯、欧文和亨廷顿海滩也建立了冒险运动场。[69] 现存历史最悠久的美国冒险游乐场是1979年伯克利码头的改建场地，它是当今欧洲和日本以外仅有的几个改良版游乐场之一。在文森特·阿斯托基金会（Vincent Astor Foundation）的支持下，纽约也有了一个冒险游乐场，该基金会还资助了几座建于1970年左右的，由最前卫的建筑师设计的公共游乐场。第二年，《纽约客》的"城镇谈话"专栏报道了勒诺克斯山社区协会（Lenox Hill Neighborhood Association）在第一大道和东70街拐角处经营的一家游乐园。一位戴着墨镜、穿着印花长裙和高跟凉鞋、名叫贝弗利·佩瑟（Beverly Peyser）的年轻女子带着观众参观。佩瑟说："这个游乐场的核心理念是"偶发艺术"，即不预设任何剧本。当你环顾四周时，会有一种混乱的感觉，但从混乱的感觉中会产生创造灵感。"[70] 孩子们开始在一个旧的电缆线轴上跳舞。"这是一个真正的冒险乐园"，佩瑟说。"这些孩子没有监督。他们会即兴发挥。他们会建造隧道，他们会自己建造滑梯，整个游乐场的主题每天都在变化……但有一件事是肯定的，这不会是一个整洁的游乐场。"

2014年，当记者汉娜·罗森（Hanna Rosin）前往威尔士寻找冒险游乐场时，她发现2012年在雷克斯汉姆郊外的一个住宅区旁边的游乐场。[71] 她描述的场景与我在东京看到的十分相似，同一时期艾琳·戴维斯（Erin Davis）制作的名为《大地》（*The Land*）的纪录短片中，也出现了同样的场景。火、泥、锤子、木头：孩子们在冒险乐园中一般都会体验到这些要素。成年人看到有些事物后都会觉得难以应对。有时，孩子似乎处于严重的危险之中，但有时似乎什么都没有发生。这种影响是可以累积的。这种"冒险"可来源于水、工具、真正的火，也可以只是用仿真的厨房设备，这让公园可以吸引更多的儿童，并让他们留在这里更长时间。实际上这意味着，一系列的活动会持续几天、几周甚至几年。早上，公园变成了城市版的森林幼儿园，孩子们在那里学习户外活动的基本知识。下午，它们成为学校和家庭作业之间过渡的宣泄场所；东京的许多社区会在下午五点敲响钟声，这是一个告诉孩子们该回家了的信号。周末，川崎童梦公园可能会响起孩子们的喧闹声，但对于青少年来说，还有其他选择：一间有软垫墙壁的录音棚，一间堆满自行车配件的木棚，一个安静、阴凉的地方，可以用来聊天。正如瑟伦森创意废品游戏场的丹麦主管约翰·贝特森（John Bertelsen）在日记中写道的：

> 偶尔也会有人抱怨说游乐场的外观不够美观，孩子们不可能在如此混乱的环境中快乐地玩耍。对于这一点，我只想说，有时孩子们可以自己塑造游乐场，使它成为他们努力的丰碑和成人眼中审美乐趣的源泉；在其他时候，在成年人看来，它就像一个猪圈。然而，孩子的游戏真谛不是成人所见，而是孩子自己经历的。[72]

在过去的五年里，冒险游戏又重新引起了人们的兴趣。这种兴趣似乎是纽约州长岛项目背后的非营利组织（Ground NYC）看到的新大陆，他们希望城市里有全年都可以用的游乐场，但土地价值的开发成本不允许他们这么做。"在纽约，任何时候为家庭提供便利设施，都会吸引高收入人群"，纽约城市大学（City University of New York）研究生中心儿童环境研究小组（Children's Environments research Group）的研究助理、冒险游乐场（Play: Ground NYC）董事会成员赖利·伯金·威尔逊（Reilly Bergin Wilson）说，"这些设施放在低收入社区，也同样具备吸引力。"[73]

2015年，莎莉·福斯特（Sallie Foster）探险游乐场在内布拉斯加州奥马哈市一个社区花园旁边的捐赠土地上落成，其主要推动者、艺术家蒂尔·加德纳（Teal Gardner）希望在她搬到爱达荷州博伊西后，能够再建成一个类似的项目。[74] 同年，总部位于伦敦的总装配设计团队（Assemble）出人意料地获得了著名的视觉艺术大奖——特纳奖，该奖项以画家J. M. W. 特纳（J. M. W. Turner）的名字命名。2014年，英联邦运动会的公共艺术委员会委托该集团在格拉斯哥建造了一个新的冒险游乐场。他们引用艾伦夫人的话，主张为贫困儿童建造一个永久性的游乐场，比静态艺术装置更能有效地利用资金。一年后，他们在英国皇家建筑学院（Royal Institute of British Architects）用泡沫重新建造了一个凡·艾克式的野蛮主义游乐场，游戏再次成为焦点。艺术家、记者和冒险游戏爱好者们对艾伦所描述的公共游戏空间的无趣做出了高度的认同。他们认为游戏场所变得太单调、太安全、太容易了，让人有逃离这些场所的欲望。正如艾伦所写，"儿童是伟大的探险家，希望不断发现和感受他们周围的世界。这是成长的一部分，没有什么事情比这更重要，无论是对儿童本身还是对社会，但我们很难说他们周围的世界在这一重要过程中起到了很大的帮助。"[75]

发生了什么事？美国的冒险游乐园在20世纪70年代末达到顶峰并非偶然，因为彼时公诉浪潮已然兴起。罗森写道："很难理解在短短一代人的时间里，儿童生活的规则发生了何等剧变。那些在70年代被认为是偏执狂的行为——亲自护送三年级以上学生上学，禁止孩子在街上打球，孩子坐在家长腿上滑下滑梯——现在已经司空见惯了。"[76] 1978 年，一个名叫弗兰克·尼尔森（Frank Nelson）的蹒跚学步儿童在芝加哥哈姆林公园（Hamlin Park）攀爬"龙卷风滑梯"时（后面跟着他的母亲），在栏杆和台阶之间滑倒，掉到了下面的柏油地面上。[77] 由于他头部严重受伤，七年后，法官判定由芝加哥公园以及滑梯的制造商和安装商对他进行至少950万美元的赔偿。随后，公园计划拆除所有 12 英尺高的龙卷风滑梯，将最大滑梯高度降低到 6 英尺。在《芝加哥论坛报》(*Chicago Tribune Story*) 关于诉讼结果的报道中，令我震撼的是，自纳尔逊受伤后仍一直使用的 12 英尺长滑梯。该公园系统的总工程师莫里斯·托米内（Maurice Thominet）也反驳了有关该地区应该在游乐场安装软地面或雇佣公园管理员来监控儿童的指控。"我无法想象一个母亲会让一个一岁或二岁的孩子爬上 12 英尺高的滑梯"，托米内说。"这听起来很荒谬。即使有个主管在那里会有什么用呢？如果主管告诉一位母亲她的孩子不能爬上'龙卷风滑梯'，你认为她会怎么做？"罗森写道。

西奥多拉·布里格斯·斯威尼（Theodora Briggs Sweeney）是克利夫兰附近约翰·卡罗尔大学（John Carroll University）的消费者权益倡导者和安全顾问，曾在数十场审判中出庭作证，成为推动游乐场改革的公众斗士。1979 年，斯威尼在《儿科》(*Pediatrics*) 杂志上发表了一篇论文，写道："游乐场游戏的名字将继续是俄罗斯轮盘赌，而孩子则是毫无戒心的受害者。"她担心很多事情：滑梯的高度、栏杆之间的空间、松散的 S 形挂钩松脱的风险，但她最担心的是沥青和泥土。斯威尼在其论文中宣称，实验室模拟表明，如果儿童的头撞到沥青上，他们可能会死于 1 英尺以下的坠落，如果他们的头撞到泥土上，他们可能会死于 3 英尺以下的坠落。[78]

今天，很难想象一个 12 英尺高的滑梯或一个没有柔软地面的游乐场，标准的游戏设备都有一个标签，说明其适合的年龄。所有这些变化都是类似纳尔逊诉讼案的结果，它促成了第一份由消费者产品安全委员会主持编制的《公共游乐场安全手册》(*Public Playground Safety*)，于 1981 年出版。手册内的准则以及美国测试与材料学会（American Society for Testing and Materials）的技术要求，成为保险业的标准。制造商们争先恐后地生产符合指导原则的设备，这使得市政当局能够控制他们的风险，从而形成了一个大众化的游戏场景，孩子们无论走到哪里都会遇到相同的设备。

2016 年 12 月，《纽约时报》刊登了一篇文章，展示了孩子们在河滨公园（Riverside Park）的"沿河游乐场"（River Run Playground）上玩跷跷板的情景。[79] 根据当时安全手册的要求，只有在座椅下方安装轮胎，并在座椅周围设置缓冲区以防摔倒，跷跷板才可以安全使用，这些苛刻的要求导致了跷跷板逐步消失。2000 年，55% 的美国游乐场有跷跷板，但到 2004 年这一数据降低到了 7%。纽约市公园和娱乐部门表示，他们三十年来没有安装过新的跷跷板，除非有特殊需求外。二十年前，《纽约时报》曾刊登过一篇关于攀爬架失踪的类似报道，这些攀爬架大多是在1934—1960年罗伯特·摩西（Robert Moses）担任公园管理局局长期间安装的。[80] 栏杆的高度决定了攀爬架需要爬到10英尺的高度，也决定了人下落的过程中可能撞击到的栏杆数量。游乐场顾问特蕾莎·B. 亨迪（Teresa B. Hendy）曾参与起草20世纪80年代的安全标准，她经常与公园区域合作，培训工人检查和维护他们的设备。亨迪告诉我，柔软的表面可以减少头部受伤的可能性，但前提是它必须得到适当的维护。带有活动部件的经典设备——秋千、跷跷板、旋转木马——需要更频繁地检查和更换部件，这不是每个市政当局都有能力做到的。[81]

大多数美国游乐场的游戏设备制造商对于其设备可能使孩子们幼稚化的相关言论表示反对。KOMPAN游戏学院（KOMPAN Play Institute）的国际经理珍妮特·菲什·杰斯珀森（Jeanette Fich Jespersen）向我展示了一段YouTube上的土星旋转木马视频：一个弯曲的手臂，固定在中间的柱子上，两端悬挂着两根单弦秋千。孩子们可以坐在或站在座位上，抓住绳子或附带的把手，一起旋转。它有社交属性，需要孩子们协作使用，且用全身来保持平衡和旋转，看起来像是在锻炼。但杰斯珀森表示，大多数美国公园系统不会购买类似的设施。[82] "法规中有一些内容非常重要。"亨迪说，"比如头部被卡住，可能会压碎或剪断手指的动作，从游戏设备中伸出的东西可能戳到眼睛或造成内伤。但你可以通过设计来避免这些危险，而不是列为禁忌。"她喜欢那些根据能力将孩子们分开的设备，比如加弗纳斯岛的里希特原木攀爬器，它在多层水平原木下面的木屑床上铺上绳索网。年幼一点的孩子们在网之间来回穿梭，大一点的孩子则在上面的木头间爬行、行走或奔跑，这取决于他们的平衡感和自信心。每一个设备的消失都描述了一种真实的恐惧，但也引发了一种即时的怀旧。当父母紧紧抓住孩子的时候，他们也会意识到失去了什么。游乐场伤害是真实存在的：

2001—2008年期间，大约有20万学龄前和学龄儿童因此类事故接受了急诊治疗。其中15%被归类为重症，但只有3%需要住院治疗。[83] 骨折是最常见的伤害，占36%。其实一个孩子坐车去游乐场，发生车祸的概率比在那里玩耍时发生事故的概率更大。正如麦考尔在《院子》（*The Yard*）中指出的那样，"经过一年的运营，200多名儿童都受到了一些损伤，包括拇指受伤、小伤口和瘀青。"[84] 当纽约游乐公园（PlaygroundNYC）申请责任保险时，他们描述了在游乐场上发生的每一件他们能想到的危险事情。保险公司代表会问他们是否打算建一个充气城堡或游泳池，当组织者对两者都说不的时候，每年要缴纳大约700美元的费用。如果公园想租一辆小巴来接送露营者，费用将是这个的7倍。[85]

让游乐场变得更安全的同时，也降低了它们的挑战性，孩子们需要挑战才能成长,无论是身体上还是情感上。跷跷板、旋转木马和其他正在消失的旧设备发展了前庭系统,它能感知身体与地面的关系,提高儿童的平衡和协调能力。攀爬架提供了一个循序渐进的奖励,让孩子们随着年龄增长爬得越来越高,但要求每类器械都针对不同年龄段的儿童进行设计,这是很难做到的。丹麦景观设计师海勒·内贝隆(Helle Nebelong)甚至认为,过度的规则也会带来问题:习惯了所有楼梯都一样高的孩子,在面对不规则的大自然时,更有可能摔倒。[86] 关于儿童游戏的新流行语是"冒险",它是由挪威的儿童早期教育教授埃伦·比特·汉森·桑塞特(Ellen Beate Hansen Sandseter)推广开来的。桑塞特在2009年发表的文章《冒险游戏的特征》(*Characteristics of Risky Play*)将此类游戏分为六类:(1)通过攀爬、跳跃、摇摆或平衡达到极高的高度;(2)通过摆动、滑动、跑步、骑行、滑雪达到很快的速度;(3)有锋利边缘或可能被勒死的危险工具;(4)危险因素或未知因素,如悬崖和深水;(5)打斗,如摔跤或其他形式的打斗;(6)消失或迷路。[87] 桑塞特的分类涵盖了儿童的大部分活动,很难想象将你的孩子与每一项活动隔离开来。教孩子们如何游泳、骑自行车或安全使用道路的教育项目隐含了接受这些活动的危险,同时帮助孩子们更好地应对风险。桑塞特认为,儿童天生就有一种冒险的本能,因为曾几何时,他们的生活充满了真正的危险。把自己暴露在危险中,然后毫发无损地回来,这是心理发展的一个重要部分。事实上,直接的经验可以教会孩子们哪些风险是值得去冒的。[88] 桑塞特和莱夫·爱德华·奥特森·肯纳尔(Leif Edward Ottesen Kennair)在一篇关于冒险游乐场规则的精辟描述中写道:"成年人应该努力消除那些孩子们无法看到或者无法应对的危险,而非所有风险,这样孩子们就能够迎接挑战并在相对安全的游戏环境中迎接挑战。"[89]

在《游戏的科学》(*The Science of Play*)一书中,研究游乐场的学者苏珊·G.所罗门(Susan G. Solomon)总结了其他科学分支得出的类似结论。神经科学家还认为,冒险是儿童典型发展的一部分。"如果孩子们想要适应周围的世界,他们就必须抓住机会,不断经历风险。我们可以从高兴的尖叫声中看出,他们觉得很愉快。"[90] 桑德拉·阿莫特(Sandra Aamodt)和萨姆·王(Sam Wang)写道:"游戏是现实生活中的实践,在孩子的游戏中冒险是一个重要的发展过程。它可以测试界限,确定什么是安全的,什么是危险的。在美国,游乐场设备已经做得非常安全了,这导致了一个意想不到的问题,即孩子们缺乏辨别危险的经验,这可能会给他们以后的生活带来麻烦。"[91] 此外,允许儿童挑战自我的长期好处包括锻炼力量、自力更生,培养冒险精神和创业精神。[92] 但是,正如蒂姆·吉尔(Tim Gill)在其长篇文章《无所畏惧》(*No Fear*)中指出的那样,量化危险远比增加收益容易,编制伤病数据远比捕捉创造力容易。他指出，英国政府赞助的游戏安全论坛在 2002 年发表的一份声明中显示了变化的迹象。该组织指出，安全不能成为游乐场设计的首要目标，供应商需要利用儿童发展的知识以及工程方面的考虑来权衡风险和收益。空间的设计应该考虑孩子们能看到的危险，比如高度，而不是那些他们可能看不到的东西，比如可以困住头部或四肢的网或立柱。[93]

在冒险游乐场上，自己动手的规则限制了潜在的危险。例如，用简单工具建造的塔比从商品目录中订购的要矮。在童梦公园，有一个可以容纳 12 人的吊床（不是蹦床），是由孩子和家长亲手编织的。我看到很多孩子爬上屋顶——规则是，如果你可以不用梯子，依靠自己的力量和聪明才智爬上去，那就没问题。关于冒险游戏的新闻报道倾向于强调危险，但这些场所实际上可以被视为另类的社区中心，在那里，父母和孩子可以进行各种类型的社会活动。一位游戏工作者告诉我，他为家长们开设了使用工具的课程，因为他们的恐惧源于自己缺乏经验。不仅仅是孩子们需要主人翁意识。孩子们也会花时间进入那种自由的状态，找到最吸引他们的活动。如果冒险游戏在纽约可以成为永久性的，那么它将更好地融入社区（在东京，许多公园以前都是工业用地），而不是像没有永久性住房的总督岛那样只能作为一个周末的休闲目的地。

通往川崎童梦公园的道路狭窄而曲折，大部分路段都没有人行道。然而，这是安全的，因为司机知道留意行人和骑自行车的人，因此会以较慢的速度行驶。沿途的房屋和商店里都有人，很少有超过三、四层楼高的建筑，可以提供"街道上的眼睛"，也有成年人可以求助。这个社区就像冒险游乐场一样，起着安全网的作用，随时准备好应对麻烦，且不需要特别部署。

一位母亲带着 5 个孩子在童梦公园露营，最小的只有 3 个月大，她给我讲了一个对她来说很滑稽的故事，但对我来说听起来像是一场噩梦。她两岁的孩子看到五岁的哥哥到街角买面包时，他决定自己也要这样做，于是带着一个空钱包出现在商店里。这段即兴的旅程让人想起了热门电视剧《我的第一个差事》（My First Errand）。在这个已经播出超过二十五年的节目中，只有两至三岁的孩子在他们的社区里做一些简单的事情，并被一个摄制组小心翼翼地跟拍。我环顾四周，看到了受保护的自行车道、公共资助的游乐场工人以及午后亮着灯火的住户。在东京，低犯罪率和公共社区空间共有的认知创造了一个有更多容错空间的城市。桑塞特的最后一个类别——迷路——似乎没有布鲁克林那么令人担忧。我希望我的两个孩子，一个七岁，一个十岁，放学后自己在公园滚爬，和朋友见面，然后在下午 5 点出现在家门口，满身是泥，湿漉漉的，尽情玩耍。但后来我想起了自己的亲身经历：周六的运动日程排得满满当当，冬季的操场空无一人，狂风肆虐，孩子们在人行横道上过马路时被闯红灯的汽车撞倒。让我害怕的不是我的孩子拿着锤子的想法，而是让他们独自去社区游玩的想法。

●

首先打动你的是它的规模。莫埃努马（Moerenuma）公园给人的感觉是站在月球视角上设计的，而不是骑着小自行车去探险（图4-3）。游乐场已经变成了一个小镇的规模，一个让所有年龄段的孩子都能体验和探索得令人兴奋的场地。当你到达山顶并回头看所走过的地面时，才会意识到自己在什么形状里（字面上和比喻上），金字塔、土丘、圆形喷泉、三脚架或三角形尖顶（图4-4）。当我气喘吁吁地到达莫尔山顶时，我简直不敢相信自己已经爬完了台阶，我留在下面的自行车已经在一阵狂风中翻倒了。中央的一块牌匾上有一幅札幌地图，一角写着"想象力的顶峰"。地理调查研究所 G.S.I.（Geographical Survey Institute）把地图献给野口勇（Isamu Noguchi）先生，我确实觉得我的想象力开始有点疯狂了。莫埃努马公园是艺术家野口勇的最后一个作品，是一个占地400英亩的公园，于2005年完工，包括山脉、河流、海滩和森林游乐设施（图4-5）。它结合了野口勇最大的野心（就规模而言）和他最小的野心（就观众而言）。它将野口勇作为一名艺术家的最高志向与对儿童游戏的深度参与融合在一起。然而，孩子们没有参与公园的设计，缺乏了可移动元素。公园完全掌握在野口勇的手中，在任何关于设计师塑造儿童空间愿望的章节中，莫埃努马公园都是终点，但终点意味着什么？ [94]

图 4-3　莫埃努马公园
（来源：莫埃努马公园官网）

图 4-4　莫埃努马公园四丘山
（来源：莫埃努马公园官网）

图 4-5　莫埃努马公园水上广场和运河
（来源：莫埃努马公园官网）

纵观20世纪的游乐场设计，制造商最终分为三个阵营。首先是制造商和供应商提供彩色、木质、塑料和金属的设备，这些设备符合所有已知的设计标准，安装在所谓的"安全表面"上，这是游乐场设备中最昂贵的部分之一。然后是废旧物品专家，他们认为最好的游乐场是由孩子们建造的，应该把钱花在材料和监督上。最后是抽象主义者：建筑师、艺术家和设计师，他们想让孩子们享受自由的空间，但并没有放弃设计的欲望。凡·艾克就是其中之一，他把设备拆成最基本的部分，为儿童游戏提供了一个戏剧性的框架。野口勇是另外一个，他在设备和地面上练习，寻求一种不同的自然景观。在"废旧物品"和"抽象"的交集中，韦恩图（Venn Diagram）展现了第四个阵营：所谓的冒险游乐场，建于20世纪60年代末和70年代初的中央公园，有沙子和松散的部分，但也有金字塔和滑梯。

野口勇的第一个游戏设计是在 1933 年完成的。他的游戏山包括一个阶梯式金字塔形状的小山，一个弯曲的入口坡道，一个游泳池和一块可供游人休息的石头，所有这些元素都会在他接下来五十年设计的游乐场和景观中反复出现。通过社会关系，野口勇与罗伯特·摩西（Robert Moses）见了面。摩西是当时纽约市的新任公园管理专员，他受命增加游乐场的数量。野口勇之前没有为儿童设计的经验——他当时的工作主要是肖像雕塑，并刚刚开始接触现代舞蹈设计舞台布景和服装，为鲁思·佩奇（Ruth Page）和玛莎·格雷厄姆（Martha Graham）工作。摩西对这位年轻的雕塑家不屑一顾，他继续使用标准化设备开设了 400 个游乐场，引发了持续数十年的冲突。1939 年，野口勇再次尝试，为阿拉莫阿纳公园（Ala Moana Park）设计了精巧而非粗糙坚固的游戏设备原型，并试图像十年后的凡·艾克那样改进该设备。[95] 这些关于设备更新的想法并没有执行，但野口勇将改造方案的草图发表在了建筑论坛上。[96]

灵感可能来自野口勇为玛莎·格雷厄姆设计的那些紧绷而轻便的布景，她正在发展成为一种新的运动词汇。孩子们的游戏是一种他们边走边跳的舞蹈，辅之以横穿的路缘和攀爬的墙壁。1941 年，有人批评野口勇的阶梯式秋千和跷跷板太危险了，为了回应这一批评，野口勇尝试了另一种策略，用土堆、沟渠和挖空的泥土建造运动场地，巧妙地暗示孩子们不会从地面上掉下来。1946 年，野口勇参加了在现代艺术博物馆举办的颇具影响力的"十四个美国人"群展，其中一个"游乐场"的模型与阿希尔·高尔基（Arshile Gorky）和罗伯特·马瑟韦尔（Robert Motherwell）的画作以及索尔·斯坦伯格（Saul Steinberg）的素描一起展出。[97] 在 1947 年丽塔·海华丝（Rita Hayworth）的电影《坠入凡间》（*Down to Earth*）中，野口勇的螺旋滑梯和有角度的摆动出现在未经署名的结尾场景中，野口勇起诉了哥伦比亚电影公司的侵权行为。[98]

1950 年，《艺术新闻》（*ART News*）编辑托马斯·B. 赫斯（Thomas B. Hess）的妻子奥黛丽·赫斯（Audrey Hess）请野口勇为当时正在施工的联合国总部附近的一处场地进行游乐场设计。联合国已经同意将这 1 英亩的土地拨出，作为回馈社区的一种方式，热衷于艺术和儿童慈善事业的赫斯认为野口勇有能力将二者进行结合。[99] 野口勇和建筑师朱利安·惠特尔西（Julian Whittlesey）一起制作了一个石膏模型，将轮廓分明的地面和珠宝状金属设备结合在一起。在矩形广场的一端挖了一个螺旋阶梯状水池，在另一端挖出了一条隧道。金属攀爬穹顶提供了更高的高度，而三角形的由混凝土铺装的区域则显示出岩石景观。这些形式，以及这些形式所能提供的活动，像极了缩小版的大自然，以便更与纽约市的空间相适应。如果你曾经去过 Heckscher 游乐场或中央公园的古游乐场（由建筑师理查德·达特纳（Richard Dattner）在 20 世纪 60 年代末设计），你就不会对这种效果感到陌生。野口勇写道，他的想法"已经被其他人利用，我必须进入更新鲜的领域"，他所指的就是这些项目。[100]

在他们的第二次会面中，公园事务专员摩西拒绝了野口勇和惠特尔西的设计，联合国也同意了摩西的决定。1952 年，现代艺术博物馆展出了这个模型，托马斯·赫斯（Thomas Hess）在他的杂志上写了一篇社论，嘲笑摩西的品位。[101] 这种模式被广泛采用，正如苏珊·G. 所罗门（Susan G. Solomon）在她的《美国游乐场》(*American Playgrounds*) 一书中所写的那样，它播下了这样一种想法的种子，即抽象游戏提供了一个比传统设备更刺激的游戏环境，孩子们可以通过这样的地方了解空间和形式。[102] 如今，这个概念似乎已经司空见惯。从高线公园到马德里河，从芝加哥湖边的千禧公园到西雅图滨水的奥林匹克雕塑公园，景观融合了交通、环境、公共活动和顶尖的建筑设计，还有一个游乐场。

野口勇是第一批通过城市干预来提升游戏体验的设计师之一，他认为儿童不是审美的次要消费者，而是首要消费者，也是最重要的体验者。赫斯在谈到这个尚未建成的联合国项目时写道，游乐场"不再是告诉孩子们该做什么（在这里荡秋千，在那里攀爬），而是成为一个无尽探索的地方。"[103] "野口勇的理念非常好，游乐场不应该被设计成类似廉价新兵训练营的军事演习设备"，皇后区野口勇博物馆的高级策展人达金·哈特（Dakin Hart）说。"他认为孩子们应该像人类第一次体验地球一样来体验环境，把它当作一个壮观而复杂的地方。"[104]

野口勇一直想在纽约市再试一次。1960 年，一个社区组织成立，试图改造曼哈顿西区 103 街附近河滨公园一片崎岖危险的丘陵地带。该组织联系了奥黛丽·赫斯（Audrey Hess），赫斯又代表他们联系了这位艺术家，并向他保证，这一次当地社区和新任公园事务专员纽博尔德·莫里斯（Newbold Morris）将支持一项创新设计。建成后的公园将以赫斯的姑妈阿黛尔·利维（Adele Levy）的名字命名。随着项目的规模逐渐明朗，建筑师路易斯·I. 卡恩（Louis I.Kahn）作为野口勇的合作者被邀请进来。[105] 请来卡恩的主要原因是他最近的名气很大，且过去对建造游乐场十分感兴趣。1946 年，他在费城西部儿童之家附近一个狭小的城市场地上设计了一个多层游戏空间，包括秋千、攀爬架以及平台、雕塑和一条微型、蜿蜒的小路。这两个人整合地形和活动场地的理念不谋而合，都拒绝矮化儿童设计。

1962 年 1 月，卡恩和野口勇用一个黏土模型和图纸向市政府官员展示了他们的设计。设计师充分利用地形，将一所半圆形的幼儿园嵌入斜坡上，创造了一个圆形沙箱和饼状的圆形剧场，并将另一个斜坡变成了滑梯。尽管赫斯做出了保证，但反馈还是令人寒心。莫里斯写信给一位社区赞助人说："在我们看来，你们向我们展示的作品极具想象力，但是建筑过于昂贵，规模太大，构思上过于戏剧化，不适合社区的母亲和小孩使用。"他不能支持只会吸引外地人和"先锋派"的"非理性建筑纪念碑"。[106] 尽管如此，设计师们仍在继续工作，通过设计的变化来寻求让顾客和公园部门都满意的方案。野口勇后来回忆道："每次都会有人反对，路易斯·I. 卡恩总是说，'太好了！他们不想要。现在可以从头再来，创造更好的方案'"。[107] 1963 年，一群邻居提起诉讼，声称这一设计会破坏开放的绿地空间，并在赫斯和其他委员会成员的家门前示威。他们赞同莫里斯对这一设计的评价，认为该设计"过于魔幻而不实用。"[108]《纽约时报》却盛赞道"这个河滨公园是可以让孩子们在斜坡上雕刻和创造的奇幻仙境"，并在一篇社论中表示支持，同时指出（从一开始就是如此）该项目的金字塔和山丘都没有超过滨河大道的高度。[109]

但结果并不理想。1965 年底，约翰·林赛（John Lindsay）当选了纽约的新市长，他和他的新公园事务专员托马斯·霍文（Thomas Hoving）对这个项目并不热心。卡恩自此永别了游乐场设计，但野口勇仍然坚持，只是远离了纽约，开始了零零碎碎的设计。奥克特拉（Octetra）模型，1968 年建成于意大利斯波莱托大教堂附近：堆叠的、独立的混凝土游戏形状，像是一个等待蜂群的蜂巢。在亚特兰大的皮埃蒙特公园（Piedmont Park），一个名为"游戏空间"（Playscape）的装置，是野口勇之前未使用过的金属材质，被置于一片青翠的树林中，以庆祝美国建国二百周年。"滑梯山"变成了一系列"咒语滑梯"（Slide Mantras），它们是黑白的、视觉上整体的雕塑，于1986 年首次在威尼斯双年展展出。[110] 这些作品最近经历了一次复兴：2017 年，野口勇在旧金山现代艺术博物馆旁边的一条小巷里安装了一件他设计的手环式攀岩器，华盛顿特区计划修建的 11 街大桥公园（11th Street Bridge Park）的效果图采用了野口勇设计的设备装饰，作为创意游乐场的形象符号。

只有在札幌，在野口勇生命的最后一年，他才有机会实现他的全部游戏梦想。20 世纪 80 年代初，当该市首次获得以沼泽地为边界的莫尔湖地块时，他们设想它是"环形绿地"的一部分，打造围绕市中心的公园链和开放空间。1988 年 1 月，野口勇在纽约会见了札幌一家科技公司的总裁服部裕之（Hiroyuki Hattori）。当他们参观长岛市博物馆时，野口勇在他制作的"游戏山"（1933）和"犁纪念碑"（1933）青铜模型前停了下来。他说："我最好的设计到现在还没有建成过。"[111] 1988 年 3 月，野口勇与服部和札幌市长一起参观了三个潜在的场地，札幌市长很高兴能在札幌安放一个国际知名艺术家的作品。野口勇在这次旅行中感觉良好，传记作家海登·赫雷拉（Hayden Herrera）报道说：野口勇认为一个森林覆盖的地方不需要改进，而当地的一个艺术公园则是"雕塑的墓地"。"最后，他们去了札幌的市政垃圾场，"他写道，"它三面被丰平河环绕，有一个很大的垃圾堆场。"野口勇立刻就被它吸引住了，他想把整个 400

英亩的空间变成一个大型雕塑——这是他整个职业生涯中最大的雕塑。[112] 那年的春秋两季，野口勇又两次回到札幌，为公园绘制了大比例图纸和模型。他的最后一件作品是"游戏山"（Moerenuma 公园）。野口勇于 1988 年 12 月在纽约去世，他知道公园会继续建设。十七年后，公园终于完工了。

2016 年 10 月，我去造访日本札幌的莫埃伦努玛公园（Moerenuma），当时正值淡季，独自一人在游乐场上，听着周围的树叶沙沙作响。樱花树之间的小径从一个圆形空地通向另一个圆形空地，每个开口都有野口勇设计的游戏设施，这些设施很多都是野口勇第一次也是唯一一次在设计中应用。首先映入眼帘的是玻璃金字塔，一个有弧度的双滑道，以及一组纪念碑山谷——就像墙壁和楼梯一样，是一个容易进入的坡道，可以进行大规模的上上下下的运动。在它的后面有三个秋千，用楔形的墙支撑着，看起来可以飞得很高，像是在一组堆叠的八面体中筑巢。只有当你探索完所有的地方，你才会看到独一无二的滑梯山，这是一座锥形的石堆，有两个弧形的滑梯和一个狭窄的楼梯。所以我做了任何调查记者都会做的事：我滑下滑梯，在秋千上荡来荡去，爬进奥克特拉，仰望天空，开始冥想。这些设施很舒适，非常适合当作太空舱、蚕茧、拇指姑娘的花瓣或彼得·潘（Peter Pan）的藏身之处。有一种合理的批评认为，现代主义玩具只是成人设计师对于游乐设施的构想，但野口勇设计的造型似乎提供了恰到好处的风险和选择。我无法确定这些波浪形条纹的毛毛虫环如何使用，我是应该沿着顶部跑，还是应该像坐宇宙飞船一样乘坐这个设备呢？我想把它带回家，安装在自己的后院，只是为了看看。这种模糊性表明，这种形式是成功的。我无法摆脱野口勇营造的氛围，野口勇和他的团队尽了最大的努力，但他还是建造了另一座"雕塑墓地"。莫埃伦努玛公园是想象力的丰碑，但它是谁的呢？

●

建筑师理查德·达特纳在中央公园外围设计了 5 个游乐场，其中之一是西 67 街冒险游乐场（West Sixty Seventh Street Adventure playground），他在这个游乐场案例史的开头写道："除了儿童自己设计的游玩空间外，这是成年人设计的最棒的游乐场，它允许儿童在其中创造自己的游乐场。"[113] 在卡恩和野口勇失败的地方，达特纳和景观设计师 M. 保罗·弗里德伯格获得了成功。纽约总会有一些公园，里面有滑梯山、地下隧道、沙子和水，还有古老的几何结构，将地形与游戏融为一体，而不是将设备放在软垫地面上。20 世纪 60 年代末，达特纳和弗里德伯格在纽约几个家族基金会的帮助下，设计并建造了一系列公共游乐场，这些游乐场已经成为以不同方式玩耍的典范,尽管它们也面临着安全的挑战。

第二次世界大战后,在慈善家凯特·沃尔曼(Kate Wollman)的捐赠下,世界上最大的户外溜冰场在59街以北的中央公园内湖建成。公园的建筑师和工程师们将为旋转木马、国际象棋和跳棋盘屋、洛布船屋等建造新的结构,但其风格被《纽约客》建筑评论家刘易斯·芒福德谴责为"愚蠢的功利主义"。[114]

公园最初的设计师弗雷德里克·劳·奥姆斯特德(Frederick Law Olmsted)和卡尔弗特·沃克斯(Calvert Vaux)一直在努力减少景观中的建筑,大多数建筑都有着奇妙的外观。1956年,摩西决定扩建公园西侧的绿地酒馆,并准备在公园北面的儿童游乐场旧址上建造一个可容纳80辆车的停车场。画家斯图尔特·戴维斯(Roselle Davis)的妻子罗塞尔·戴维斯(Stuart Davis)是公园的常客,她注意到一些人带着测量设备,并查看了他们的蓝图,标题是"停车场详细布局图"。[115]她组织了一份由小说家芬妮·赫斯特(Fannie Hurst)起草的请愿书,引起了《纽约先驱论坛报》(*New York Herald Tribune*)的注意。

摩西拒绝与请愿书的签名者会面,并在4月17日直接派出了推土机。当艾略特(Elliott)和埃莉诺·桑格(Eleanor Sanger)的支持者们在他们位于中央公园西75号的公寓里醒来,看到这项工作正在进行时,戴维斯、埃莉诺·桑格(Eleanor Sanger)和其他母亲们迅速集结起来,在他们的游乐场前形成了一个由妇女、儿童和婴儿车组成的警戒线。正如简·雅各布斯(Jane Jacobs)和雪莉·海耶斯(Shirley Hayes)后来在与摩西抗争时发生的那样,最小的抗议者往往是最上镜的。[116]

对峙持续了数周,直到一天早上,母亲们回到现场,发现公园工作人员推倒了一棵枫树。这群人便起诉了摩西,要求对这项工作颁布禁令,而富有同情心的州最高法院法官塞缪尔·H. 霍夫施塔特(Samuel H. Hofstadter)评论说,"既然这座城市并不缺乏夜总会,没必要在公园里再开一家。"他在裁决书中写道,"理论上讲,半英亩的土地对于中央公园是微不足道的,但在我们这个熙熙攘攘的大都市,没有一英尺,甚至一英寸的公园空间是可以牺牲的。"[117]

摩西最终被母亲们打败了,他做出了让步,在现有游乐场的旁边新建一个较小的游乐场来取代原有方案。六年后,两者都年久失修,一群新的用户向纽博尔德·莫里斯公司请愿,要求对卡恩和野口勇的滨河公园进行提升改造,比如在设备下面加一块橡胶安全面。用了大约四年的时间,诉求才获得批准。但在1965年,约翰·林赛(John Lindsay)成为市长,托马斯·霍文(Thomas Hoving)取代了摩西。三十四岁的霍文拥有艺术史博士学位,他将公园视为城市文化生活的一部分,而不仅仅是娱乐设施,将公园视为公共表演和"事件"的舞台,包括当代工艺品博物馆的儿童友好型展览。[118] 霍文（后来成为大都会艺术博物馆的负责人）更能接受母亲们要求改进的请求，而且一旦找到捐赠者，也更愿意接受将游戏本身视为日常活动的设计。埃斯特埃（Estée）和约瑟夫·兰黛基金会（Joseph Lauder Foundation）提出支持在绿地酒馆北部建造一个新游乐场。莱纳德·兰黛（Leonard Lauder）代表他的父母说，"几年前，我们的许多朋友都在逃离纽约，因为他们认为纽约不适合抚养孩子。[119] 所以我们决定建造几个这样的游乐场，给这座城市带来一点帮助。" 20 世纪 60 年代末，纽约所需要的重建并非像阿姆斯特丹和伦敦所建造的游乐场那样是为了应对战争，而是为了应对公共设施的侵蚀，因为这些设施过时、维护不足，无法满足新一代城市儿童的需要。

当时，达特纳有一个小型的建筑事务所。其与山姆·布罗迪（Sam Brody）合作设计的雅诗兰黛长岛实验室登上《建筑纪录》1965 年的封面，这使劳德家族选择这位缺乏经验却勇于任事的建筑师。达特纳告诉我："劳德对我说，'你想设计一个游乐场吗？'我其实对游乐场设计一无所知。但自从我开设事务所以来，我的态度就是，'任何人提出任何问题，都答应。'"与此同时，他的妻子是城市学院（City College）一名年轻的心理学研究生，引导他研读皮亚杰、布鲁诺·贝特尔海姆等人的理论[120] 在《为游戏而设计》（Design for Play）一书中，达特纳回忆了关于卡恩－野口勇公园的争议，但没有提到它的名字。他写道："尽管从未建成，但这个游乐场设计对后来的游乐场产生了相当大的影响，包括冒险游乐场。""除了出色的设计，这个注定失败的项目还带来了一个非常重要的教训：社区必须从一开始就充分参与项目。"[121]

从逻辑上讲，达特纳进军中央公园始于一个社区规划。在向当时被称为创意游乐场委员会（Committee for a Creative Playground）的最活跃成员展示了粗略的草图后，达特纳用木棍和黏土制作了一个等比例的模型，展示给众人。第二次会议有 70 人参加，目的是研究这个模型。在这次会议结束时，劳德家族提出了一个请求：既然他们已经支付了建筑师费用和建筑成本，社区是否会筹集资金来支付全职游戏工作者的费用？在设计和建设的过程中，筹款活动成为将社区团结在一起的重要黏合剂。为"游戏工作者"筹集资金增加了人们对公园的关注，并强调了一个事实，即公园不仅需要建造，还需要维护。达特纳还向当地小学的孩子们展示了他的设计，并向他们展示了建造前后的场景，这些场景引起了年轻观众的一片惊叹。[122]

具体是什么样的设计呢？最终的方案展示了一系列由混凝土和堆叠的鹅卵石建成的相互关联的游戏元素，它们大多数是弯弯曲曲的，围绕着一个椭圆形的跑道排列。室外是一条铺好的小径，周围环绕着长椅，这是为家长准备的（他们不喜欢沙子进鞋子）。内部，表面是沙子，中间被一个长长的雕塑水槽分开，让人想起意大利现代主义者卡洛·斯卡帕（Carlo Scarpa）的一些花园设计。这里有圆形迷宫和截断的圆锥体、滑梯和被台阶环绕的喷泉。由原木和水平钢筋制成的攀爬架提供了一个制高点，而围绕现有的八棵树之一建造的树屋则提供了另一个制高点。还有一艘装有粗麻布帆的船，孩子们可以操纵，这与其他没有可调节元素的游乐场不同（图4-6）。达特纳在接受《纽约时报》杂志采访时表示："传统游乐场的主要问题在于，孩子们无法改变它们。""一个孩子必须要能感觉到他对环境的影响。我真的认为这就是为什么有些孩子会破坏东西。如果他们不能创造，就必须破坏。"[123]

冒险游乐场提供了不同难度的游戏关卡，有的安全保护措施较好、有的会相对开放一些，既有隐藏的空间也有对外展示的舞台，整体空间像是在游乐场周边建了一个公园。与那个公园不同的是，整个建筑群在30英寸高的墙壁上形成了一条连续环绕的路径。这些山脉、溪流和山谷都是人造的，但它们对孩子的象征意义也是十分明显

图 4-6 中央公园冒险游乐场
（来源：中央公园保护协会杂志）

的。南端用于体育活动、跑步、跳跃、攀爬和挖掘隧道，而北端用于挖掘、建筑、绘画和玩水。由于一名训练有素的游戏工作者成功筹集了资金，为了方便游乐场内的监督，所有活动由中空的阶梯金字塔管理控制，其中包括一个储藏室，用于存放监督人员可能需要的所有用品，以及更衣室和电源插座。

画家朱莉亚·雅克特（Julia Jacquette）的父亲在20世纪70年代与他公司的罗斯·瑞安·雅克特（Ross Ryan Jacquette）一起设计了另一个中央公园的冒险游乐场。[124] 她在2017年出版了一本图文并茂的回忆录中，讲述了一个又一个的游乐场，其中包括西67街游乐场的写实绘画。在谈到达特纳的设计时，她告诉城市综合节目（Urban Omnibus），"我记得第一次进入那个游乐场的时候，看到相互连接的水道后极度兴奋：这是一个类似圆形剧场的结构，中间有一个喷泉，然后通过管道让水流到下方几何形状的水池里。很明显，这个水池是为儿童而建的，水池的墙很矮，孩子们可以走到水池边放东西进去。我立刻注意到，孩子们把橡胶鸭子或帆船放在水池的顶部，看着它们沿着30英尺长的水道漂流下去，然后在浅水池中把它们捞出来。[125]

每种元素都经过了仔细考虑，以便为年长和年幼的孩子都提供玩耍的可能性。以攀爬杆为例，它是对沥青路面上的金属攀爬架的改进。从攀爬架上摔下来是母亲们最初向当时的局长莫里斯投诉的一部分内容。达特纳说，打磨过的红木立柱比钢制的更美观、触感也更好，而且通过设计改变了横向阶梯的间距，这样孩子们可以在更加安全的前提下爬到梯级下面。柱子周围都布满了沙子，以防坠落时摔伤（图4-7）。同时通过增加更多可以踩踏或抓取的设计，从而减少坠落的可能性。

在活动较少的时候，这些攀爬架会变成画架，上面钉着张大画纸，形成壁画大小的绘画表面。这种用法让我想起了克劳岛学校墙壁上柔软的松木镶板：这种材料会包容磨损，不会被几十年的大头钉和订书钉损坏。

弗雷德伯格于1985年设计的比利·约翰逊游乐场（Billy Johnson Playground）至今是中央公园里的乡村式的休闲场所。后来，他通过模板公司（TimberForm公司）设计并认证了这种用原木和钢铁做成的模块化攀岩器，使全国各地的游乐场规划者都能使用它们。他最初想让公园管理员根据自己的场地定制他们的攀爬设备，但他发现，大多数顾客想要的是预先安排好可供选择的模型，因为选择太多反而会无所适从（图4-8）。[126]

考虑不同年龄孩子的需求，达特纳为不同能力的孩子设计了相应的游乐场地，包括一套"残疾儿童游乐场"的设计方案，残疾儿童的身心发展同样需要拓展活动范围、增加挑战层级和丰富选择可能。达特纳展示了一系列现代游戏空间的例子，这些空间通过简单的改变使人更容易接近。[127] 在纽约斯普林谷的一个盲人度假营地，弗里德伯

图 4-7　中央公园冒险游乐场一角
（来源：中央公园保护协会杂志）

图 4-8　比利·约翰逊游乐场
（来源：中央公园保护协会杂志）

格和建筑师萨姆顿协会（Samton Associates）将弯曲的指示标志插入水平笔直的栏杆中，以指示方向或水平的变化。达特纳为纽约市伯德·S.科勒医院（Bird S.Coler）的康复部门设计了一个完全适合轮椅的冒险游乐场。就像中央公园的设计一样，这个未建成的游乐场主要由混凝土建造，平坦的地面上通过一系列围挡划分成不同的活动区域，并由树木和一些凉亭屋顶进行遮挡。[128]

几乎所有参与该项目的儿童都使用轮椅、拐杖或轮式床，因此每个活动区都有一条宽阔、平坦的混凝土通道环绕。那里有一个圆形的涉水池，围栏上有一把椅子，可以帮助那些不能爬台阶的孩子们。还有一座简陋的混凝土塔、一个阶梯式露天剧场和通往一座桥的环形坡道，形成了一系列有盖的平行隧道，就像达特纳游乐场里的隧道一样。沙子、水和灰尘被围在凸起边缘的混凝土床中，以免它们粘在轮椅和假肢上。轮椅可以被拉到床前或床下，这样孩子们就可以摸到沙子，照料植物，或者把船放在环绕整个公园的水道里。1969—1970 年期间，达特纳为纽约大学鲁斯克康复医学研究所设计了一个康复游乐场，有许多类似的设计特点，但后来被拆除了。

将达特纳 45 年前的设计与当代包容性游戏的指导方针和产品进行比较是一件很有趣的事情。位于宾夕法尼亚州的游乐场设备制造商 Playworld Systems 在咨询了众多专业人士后，于 2015 年发布了《包容性游戏设计指南》（*Inclusive Play Design Guide*），该指南提出的景观设计要求与达特纳的截然不同。[129] 自 2010 年以来，美国政府一直要求公共游乐区对残疾人开放，这意味着路线设计要平坦或者添加其他一些要素，比如支撑全身的秋千和类似滑雪缆车的安全带。然而，目前只有不到 5% 的残疾儿童行动不便，因此设计指南认为，精心设计和昂贵的坡道并不是一项好的投资：该指南强调基于地面设备有可以抓住的栏杆或可以攀爬的塑料鞍座。玩耍世界的市场调研和包容性游戏经理伊恩·普劳德（Ian Proud）说，80% 的自闭症儿童在他们人生的某个阶段开始喜欢奔跑，所以包容性游戏场所应该有一个清晰、可控的范围，让看护者安心。"如果你不欢迎父母，也就不会得到孩子的喜欢"，他说。"就像你不欢迎正常发育的孩子一样，你也不会接纳他们有残疾的兄弟姐妹。这就是为什么挑战的级别很重要。"[130] 重要的是，出于同样的原因，要把设备分别安排在安静区域和嘈杂区域，这样可以让感到压力大的孩子在公园里找到一个相对安静的角落。这也是穹顶在建筑师设计的游乐场和大众市场游乐场中占有突出地位和经常被使用的一个原因，它们是将不同高度的身体游戏结合起来的绝佳方式，并为想象力游戏提供了一个封闭空间。

玩耍世界的穹顶是凡·艾克攀爬设备的升级版，它的表面由两种大小的圆形金属管状连接在一起，并在中心安装了一圈绳梯。年龄较小的孩子使用固定的小圆圈，年龄较大的孩子可以在较大的圆圈或梯子上挑战自己，梯子的梯级在一个（或多个）攀登者的重力下会弯曲和移动。有几个圆圈里填满了可操纵的面板，有一半的尺寸朝向松散的零件。康派有限公司（KOMPAN）号称"世界第一游乐场供应商"，它制造了一系列的产品：可以打开的穹顶，可以在下方开展一系列挑战的金属管拱。例如，在名为"牛郎星"的设备上，孩子们可以用胳膊或腿爬上和跨越各种元素，包括塑料秋千、绳网和平脚架在内的各种东西。康派有限公司的珍妮特·菲什·杰斯珀森（Jeanette Fich Jespersen）说："为了有坡道而修建一条坡道一点也不好玩。""你让它变得容易接近，但你让它变得有趣了吗？"[131]

玩耍世界有一个名为 NEOS 360 的游乐场电子系列产品，提供带有灯光和触摸板的挑战游戏。当我对那些用于户外活动的小玩意儿表示失望时，普劳德极力为它们的使用辩护："轮椅使用者的游戏概念往往基于精细的运动技能。此外，尽管久坐和待在室内已经成为我们的常态，但真正的公园设计者仍坚信我们需要让孩子们重新与大自然联系起来。这是必然的，而且不止有一种方法可以实现。如果一个孩子习惯了互动，大自然就变成了诱饵，成为一个让他走出去的理由，然后看看树木昆虫这类项目。已经成为我们最畅销的产品。"旋转元素也重新流行起来，有感觉障碍的孩子喜欢坐旋转杯的感觉，小的旋转杯用于单个孩子使用，且比原来的旋转木马有更小的坠落风险。杰斯珀森赞同普劳德公司对数字游乐场的辩护，尤其是那些孩子们经常去的地方，比如校园和住宅区。"玩耍的环境已经改变了——我们现在没有自由放养的孩子，"她说。这意味着孩子们没有时间沉浸在游戏中，他们需要更多即时满足、即时社交的游戏设备。这听起来有点像先有鸡还是先有蛋的辩护，商业公司主张让游乐场趋向电子游戏化，而不是像非商业游乐场制造商所说的游乐场，是电子游戏的解药。但杰斯珀森也有自己的观点：现在很多孩子都是与父母、不同年龄和能力的兄弟姐妹进到游乐场在有限的时间内玩耍，这种方式让他们的参观变得更加受限制和充满目的性，仿佛只是为了锻炼身体而非为了锻炼想象力。

达特纳还根据埃姆斯（Eameses）家的模块化房屋，为他的中央公园冒险游乐场设计了一套部件组合系统。所谓的"游戏面板"（Play Panels）由半英寸厚的胶合板制成，有24英寸×32英寸和12英寸×32英寸两种尺寸，可以组合起来建造墙壁、房屋、车辆和平台。建筑的两侧涂有各种鲜艳颜色的钻石、三角形、圆形和条纹，完整的结构呈现出滑稽的效果。[132] 两侧可以支撑短的匹配梯子，以进入儿童头顶上方的结构屋顶。这些模块足够大，可以用来建造堡垒和房屋；同时也足够轻，可以让孩子们把它举起来。槽口意味着组装不需要额外的工具或部件，不像20世纪初帕蒂·史密斯·希尔（Patty Smith Hill）的类似规模的户外积木系统。

在一天结束时，游戏工作者将这些碎片收集起来，并紧凑地堆放在储物金字塔内。这些面板看起来不像垃圾，甚至不像五金店的现成木材。它们看起来就像为巨人家族定制的玩具，提供了一些孩子们在自己家里不太可能有的东西。对于幼儿来说，有可以用小手坐着玩耍的木箱和木块。达特纳从未将游戏面板推广到中央公园以外的地方。他尝试使用最新推出的玻璃纤维增强聚酯魔方玩具（Play Cubes）来扩大影响力，这种魔方玩具类似于野口勇的雕塑装置的轻量级版本。[133]

达特纳的游戏面板属于"松散部件"的范畴，这个术语是由建筑师西蒙·尼克尔森（Simon Nicholson）在1971年的一篇题为《如何不欺骗儿童：松散部件理论》（*How Not to Cheat Children: The Theory of Loose Parts*）的文章中发明的。[134] 受到伦敦创意废品游戏场的启发，尼克尔森写道："在任何环境中，发明和创造的程度，以及发现的可能性，都与可变要素的数量和种类呈正比。"他接着说，当今儿童的环境"是干净的、静态的，不可变化的。现在的情况是，以专业艺术家、建筑师、景观设计师和规划师身份出现的成年人,在使用他们自己的材料、概念和规划替代儿童自己获得了创造乐趣,然后建设者使用真实材料建造环境时获得了构建的乐趣;因此,所有的乐趣和创造力都被偷走了。"[135] 尼克尔森认为,孩子们需要重新成为娱乐活动的积极体验者。他指出,在20世纪60年代,教育工作者强调"发现式教学"是新课程的核心。孩子们在实验室环境中学习最容易,通过物理实验和试错发现自己想要的东西。如果这听起来像21世纪初的进步教育,它应该像所有的教育改革者一样,从福禄贝尔开始,强调手脑并用。然而,尼克尔森的重要贡献是打通了室内教室和室外操场的联系。他设想了一个完全消除这种界限的未来:"在幼儿时期,玩耍与工作、艺术与科学、娱乐与教育之间没有重要的区别。教育是娱乐,反之亦然。"[136] 他建议将幼儿期的灵活性扩展到整个童年,这意味着扩大教育环境的组成部分和复杂性。

事实证明,将户外玩具设计得像清理过的垃圾,是一个非常棒的想法,在许多情况下,比单纯玩垃圾或者玩具更受欢迎。查尔斯和雷·埃姆斯(Ray Eames)的玩具可以在户外使用,但它并不是为了弄脏或在公共场合使用而设计的。帕蒂·史密斯·希尔(Patty Smith Hill)的积木需要相互组合,但也需要一些小的专业部件。最近,建筑师大卫·罗克韦尔(David Rockwell)与游戏倡导组织"大爆炸"(KaBOOM)创造了一个盒子里的创想游乐场:由轻质泡沫制成的蓝色大部件,形状从长长的弯曲杆到圆形齿轮,从可堆叠的砖块到挖出的通道。[137] 人们可以看到许多以前的建筑玩具的影子,从万能工匠玩具(Tinkertoys)到单元积木,再到大理石滑道和拼装玩具。罗克韦尔作为一位"失意的家长"加入了这个项目。正如丽贝卡·米德(Rebecca Mead)在《纽约客》上所写的那样,2010年,曼哈顿伯林船坞第一家创想游乐场开业之前,"像许多初为父母的人一样,尤其是那些城市中上层阶级的人,罗克韦尔怀念自己童年时的自由玩耍,并哀叹他的后代所能得到的机会越来越少。"她甚至对埃姆斯夫妇的《纸箱城》(Carton City)表示赞同,并发现"孩子们往往对装玩具的盒子比玩具本身更感兴趣。"

在柏林船坞游乐场,这些玩具被保存在一个椭圆形的房子里,里面有一间卫生间以及成人大小的楼梯通往观景平台。该建筑由游戏工作者管理,他们最初由《游戏入门》(*Playwork Primer*)的作者佩妮·威尔逊(Penny Wilson)培训。相比在楼房里的积木,同样由罗克韦尔设计的游乐场会显得相当荒凉,就像一个没有玩家的舞台。但玩耍是一件微妙的事情:我和自己的孩子去过公园好几次,体验不尽相同。曾经,房子里没有积木,也没有生命迹象。有一次,游戏工作者把零零碎碎的积木分发给孩子们,让那些想要一大堆积木的孩子们感到很沮丧。有一次,游戏工作者在我八岁孩子和临时伙伴搭建的结构快建成时,很快将他们的成果拆除了。游戏工作者应该介入吗?作为一名家长,当泪水说服了我的儿子离开了宽阔的木地板建筑时,我的想法是肯定的。但作为一名历史学家，我认为没必要：孩子们需要自己解决问题。

自从蓝色积木问世以来，我在儿童博物馆和快闪公园看到了很多：孩子学校的家长教师协会买了一套，孩子的学前班也被捐赠了一套。对于城市中上层阶级的孩子来说，蓝色积木已经无处不在，甚至令人厌烦。

垃圾，就像天气一样，总是在变化，但蓝色积木是保持不变的，这使它们面临着像固定游乐场一样的一成不变的风险。冒险游乐场的雷利·伯金·威尔逊（Reilly Bergin Wilson）说，使用松散而廉价的材料是一种非常奇妙的感觉。我们的创造者们不应该只谈论生产效率，因为孩子们有时候只需要破坏。[138] 松散部件理论产生于对无序的追求，而非秩序的构建。目前，尚不清楚设计师是否完成了松散部件这一使命。玩具、游戏面板、创想游乐场积木可能太干净，太容易搬动和连接。在成人设计的世界中，约束也是一个创新机会，但这些松散部件有意识地将难度降至最低。

尼克尔森关于松散部件的文章指出，家长参与组织新形式的娱乐活动，是冒险游乐场运动的一个非常意外、积极的结果。"就松散部件而言，我们可以看到一个自然的演变，从用木头、锤子、绳子、钉子和火，到创造性地玩耍和参与城市区域设计和规划的整个过程。"[139] 对于成年人来说，在这些新公园中了解、提议、资助并最终玩耍的过程变成了对管理松散部件的探索。责任保险并不是很昂贵，难的是如何收集足够的垃圾来度过一个夏天。中央公园的冒险游乐场就是一个例子，从一开始是为了更好地维护安全，到最近为了适应新时代而进行修复，这是由那些从小就在爬金字塔的孩子们推动的，现在这些人也有了自己的孩子。为了拯救西 67 街的游乐场免于被拆除，婴儿车排成了长队，这与市中心为拯救华盛顿广场拱门而排起的队伍遥相呼应。简·雅各布斯（Jane Jacobs）的《美国大城市的死与生》（*The Death and Life of Great American Cities*）促使人们从地面上观察城市，并观察人们想要生活的地方。

●

在纽约市，有一个地方可以让你体验整个游乐场：模塑的抽象地形、具有挑战性的（且经过安全测试的）设备和废旧物品。道路上没有汽车，所以任何人都可以骑自行车。喷泉不仅供人们观赏，还可以用作戏水池。山坡上点缀着滑梯，比城市中其他任何滑梯都要快、也要长。就连路缘石都是为了玩耍而塑造的，白色混凝土的微妙图案，起伏不定，提供了一条与众不同的道路。这是 2007 年由荷兰的 West 8 景观设计师精心设计的：将总督岛南半部无人居住的公寓改造成了一个现代的休闲公园，该岛从曼哈顿南端乘渡轮只需 7 分钟。

他们建造了四座山：瞭望山（Outlook Hill），从那里你可以眺望海港对面的自由岛（Liberty Island）；发现山（Discovery Hill），树木更为茂密，是英国艺术家雷切尔·怀特里德（Rachel Whiteread）的一尊特定地点雕塑的所在地；滑梯山（Slide Hill），57英尺的滑梯让成年人胆战心惊；还有慵懒的草山（Grassy Hill），那里有一片适合野餐和玩耍的绿草地。所有这些都建在一个垃圾填埋场、被拆除的海岸警卫队建筑和仔细校准的土壤之上。[140] 在与总督岛信托基金会主席莱斯利·科赫（Leslie Koch）的合作中，公园设计师和游戏设计者似乎回顾了整个现代游戏史，并从之前的错误中吸取了教训。West 8 景观事务所的负责人阿德里安·安格兹（Adriaan Geuze）说："如果你创造一个类似公园的环境，人们会感到真正的自由，成年人就会像孩子一样闲逛和参与。"2012年，科赫对我坦言道："一开始我们说不想要传统游乐场，但我并没有说明要什么。"[141]

四年后，当我再次回去看时，正值2016年阵亡将士纪念日之前，总督岛的定期渡轮进行两年一次的调整，因此这艘载着十几个家庭在Hills进行试运行的船只是一艘派对船，配有蓝色玻璃、LED照明的舞池和带咖啡椅、桌子的顶层甲板。这似乎是一个合适的休息日，保姆、父母和孩子们都从办公桌和玩耍对象中跳出来。一群孩子把鼻子贴在窗户上，指着从曼哈顿市中心停机坪上缓缓升起的直升机，而另一群孩子则走到顶层甲板上欣赏风景。当船到达岛上时，这群人从码头出发，有的坐着婴儿车，有的骑着滑板车，有的骑着自行车。"你的头盔呢？"一位母亲看着她的丈夫问道。

这群人在岛的西侧游玩，从利格特大厅的一端和一所学校之间经过，除了一辆厕所拖车外，岛上没有开放其他建筑。摆在我们面前的是自由女神像，和她以往一样，还有一些新的东西：一座高高的、棕褐色的小山，像金字塔一样呈阶梯状，岩石瀑布沿着北侧蜿蜒而下。"乔纳斯（Jonas），我们今天要去爬山了。"我八岁的孩子对他最好的朋友说。当我们走近时，瀑布变成了巨大的、像《我的世界》一样的大块，这是一条冰冻的河流，由岛上海堤回收的带花纹的花岗石组成，在山的表面上显得坚硬而灰暗。"谁能告诉我这座山是由什么构成的？"科赫问道。没有人回答。"这是爆破的大楼废弃物！"孩子们并不以为然——作为建筑师的子女，他们中的一些人目睹了爆炸。"是的，我们炸毁了这里的一栋建筑"，科赫说。"你将要攀登的岩石在海洋中已经有一百年了，该由你来告诉我们，它们对纽约来说是否足够坚硬。"

说完，孩子们就出发了，这是他们第一次用七码（合25厘米）以下的脚碰到石堆上的岩石，他们按照大小顺序蹦蹦跳跳爬上了山。在过去，人们可能会用山羊来比喻；今天，这些孩子可能都上过跑酷课。在大多数成年人到达山脚下之前，大孩子们已经爬上了山顶，站在来之不易的70英尺高的岩石上，隔着海港望着自由女神的脸。

他们几乎不可能被说服摆好姿势拍照，只能看到他们不停地爬上爬下。一个大一点的孩子跑过来，喘着气说："维拉发现了一块摇摇晃晃的石头（图4-9）！"

当孩子们开始在希尔家高地前的草地上挖土时，我们意识到该启程返航了。当这座岛向所有人开放时，将有足够的空间供孩子们挖掘玩耍：诺兰公园（Nolan Park）历史悠久的黄色隔板房屋附近的创意废品游乐场。如果他们需要凉快一下，可以去米德怀特公司（McKim, Mead & White）大营房后面的利格特露台（Liggett Terrace），那里的餐车、咖啡桌和椭圆形喷泉鳞次栉比。从露台到山丘，他们可以先爬上绳索，或者假装在一堆原木上穿越河流。滑梯已经准备好了，通往滑梯山顶的路有很多，而且看不到梯子，这让山体变得更加有趣。当我们下山回到公寓时，科赫满意地注意到孩子们在路边奔跑。她始终难忘，2008年第一次规划研讨会结束后，一位母亲靠近她，并低声说，"不要告诉任何人，我要让我的孩子在这里自由奔跑。"

图4-9　总督岛公园的石头假山
（来源：总督导社区网）

5 城市

一放学，贝特西（Betsy）便和塔西（Tacy）、蒂布（Tib）前往他们家后面的大山（Big Hill）上寻找紫罗兰。这时正是温暖的四月天，三个女孩摘下她们的绒帽，解开外套，一边走一边唱着《共和国战歌》。明天是贝特西的十岁生日，为了迎接这天的到来，姑娘们还对歌词进行了改编。[1] 途中，她们经过埃克斯特罗姆家，这是大山上唯一的一所房子。八岁时，她们曾在那儿假装乞丐讨要过牛奶和饼干。之后，她们沿着山毛榉林中的秘密小路继续前行，并经过了神秘房子，现在只剩下地基了。她们走了很久，来到了明尼苏达州山区一个以前从未遇到过的山坳。在一条布满岩石的山脊下面，她们看到了小叙利亚社区的村舍。那是一片移民社区，她们曾经开车经过那里。"尽管小叙利亚位于深谷，但它看起来完全是大洋彼岸的样子。"[2] 以上内容摘自莫德·哈特·洛夫莱斯（Maud Hart Lovelace）于 1942 年所著的经典儿童读物——《翻越大山的贝特西和塔西》（*Betsy and Tacy Go Over the Big Hill*）。该书讲述了三个女孩与一位同龄叙利亚裔美国女孩的友谊，并通过她们的视角对这片紧密而又陌生的新区域展开了探索，而在书中有关小叙利亚社区以及国际地理的知识与探险故事进行了巧妙的融合。这部克罗莱斯的半自传体作品出版于 1940—1955 年之间，以作者 1900 年在明尼苏达州曼卡托的童年生活为背景。

贝特西和塔西在五岁的时候还不认识蒂布，大山脚下的长凳大概是她们去过的最远的地方了，大部分的时间里她们只能在贝特西家的后院玩耍。八岁时，她们必须得到父母的许可后才能进入大山玩耍，但现在他们唯一的规矩就是在晚饭前赶回去。十岁时，她们可以在一条城乡接合部的荒废公路上自由玩耍。十二岁时，她们被获准前往深谷镇的中心区，那里正在建设一座新的图书馆，镇上的前街还有卖糖果的舒尔特杂货店和卖廉价小说的库克书店。在镇上，她们第一次见到了不需要马拉的汽车。这辆车属于波比夫妇，他们居住在颇具异国情调的梅尔本旅馆。

从成年人的视角看，这套书向大家讲述了贝特西在不断拓展的物理空间中锻造其独立性格的故事，从长凳到小山，从街道到市中心，最终从农场到大学。正如书名所示，贝特西的朋友圈和知识面也随着地理范围的扩大而得到拓展，首先她遇到了塔西，然后是蒂布。在大山中，贝特西第一次遇到了不同于自己的陌生人，但她并没有恐惧对方的不同，而是学着去尊重这一切。在深谷镇的中心区，贝特西见识了汽车和豪华歌剧院，还有对其最为重要的卡耐基图书馆。正是在那里，贝特西种下了当作家的种子。每一本书中都包含了一个延伸和反转的故事，贝特西总是在成长的过程中遭遇一些挫折，但她会重新振作起来，并在经历不断地尝试后收获了儿童心理文学的写作能力。伴随着20世纪初社会和技术的快速更迭，这套书籍与它的读者们共同成长，并在贝特西的婚礼（1955年）后终结。不过不用担心，我们的女主人公婚后还在继续写作。

在洛夫莱斯的小说《深谷》（*Deep Valley*）中，我注意到的第一件事是，每个家庭都有女士的存在。当女孩们第一次没有带篮子走进大山时，总是富有想象力的贝特西让大家打扮成乞丐的样子，以至于艾克斯托姆太太在家门口看到她们时，眼泛泪光。雷夫人是贝特西的母亲，她不用工作，而且雇用了一个女佣帮忙做家务，她可以在下午的时候自由外出，也不用带着茱莉亚、贝特西和玛格丽特，因为家里的事情佣人一般都能搞定。当五月女王活动来临时，白天街道上的妇女、儿童和晚上回家的父亲都成了女孩们的拉票对象。房屋是易受关注的、有益的、具有包容性的，而不是封闭的、黑暗的。纽约城市大学研究生院儿童环境研究小组的罗杰·A.哈特尔（Roger A.Hart）主任认为，"社会资本"的概念同样适用于这类组织松散的社区监督，在这种监督中，父母不需要随时在场，可以在家里做自己的事情。所有成年人都可以根据自己的工作需求随意外出，也可以在公园里自由锻炼。他曾写道："儿童不仅是创造一种有凝聚力的社区意识的被动受益者，他们也是代言人。他们对公共空间的使用有助于促进成年人之间的互动，并引导产生其他形式的合作"。[3]

我对影响儿童和家庭的公共环境及政策方面的浓厚兴趣来源于我作为母亲的经历，因此我更加认同"为人父母会让你从不同的视角来观察你所生活的城市，同时父母在街道上活动的时间会变多"。对于父母来说，周六的早晨不能睡懒觉，而是要在早上八点半和一个已经起床三小时的小朋友在操场上玩耍。建筑历史学家德洛丽丝·海登（Dolores Hayden）曾在其20世纪80年代的文章中提到，公共空间的设计应该考虑带娃父母的需求，例如丹麦银行的儿童游乐区、新西兰百货商店的儿童看护区和宜家的海洋球乐园等，这些空间的设置让父母们找回了一些自由。她的研究还进行了更为广泛的探索，即在公共生活和私人生活之间架起桥梁，从而将那些因为年龄或性别原因被封闭在家中的妇女儿童解放出来。[4]

第一次需要向陌生人介绍自己，这或许是女孩们这次小叙利亚之旅的部分意义所在。原本社区的人都认识她们，一旦来到大山的另一侧，她们就成了陌生人。十岁这一年，她们突然从外人眼中看到了自己，明白了世界的不同。在这本书的后面，当叙利亚女孩奈菲来到女孩们的社区时，她们保护着奈菲，免遭那些男同学的嘲笑。蒂布的母亲（穆勒太太）为此颇感自豪，她告诉女孩们："蒂布的奶奶和外婆都来自其他地方，她们最初下船靠岸时看起来也让人觉得奇怪。"贝特西的父亲是镇上一家鞋店的老板，他的生意跨越了阶级和种族间的界限，扮演了儿童和成人之间、土著和移民之间的沟通桥梁。在之后的青少年读物——《来自深谷的艾米丽》（Emily of Deep Valley）中，洛夫莱斯将她的女主人公艾米丽·韦伯斯特（Emily Webster）塑造成了一位替叙利亚社区争取权益的斗争者。1912年，刚从高中毕业的艾米丽目睹了几名白人男孩羞辱一名叙利亚男孩，该事件激发了她的个人英雄主义思想，并为她的小镇生活开启了新世界，也为其成年后的交友之路奠定了基础。[5] 这本小说其实暗示了一种观点，即地理活动的范围其实与人的成熟程度相关。

在该系列书的下一册中，贝特西和塔西在市中心与图书管理员和书商交谈，这是她们第一次与除了父母和老师之外的成年人交谈，就像日本电视真人秀《第一次跑腿》（Hajimete no Otsukai）一样。并不是说小姑娘们足够自信，而是"群体信任"允许了她们的自由活动。正如文化人类学家德韦恩·迪克森（Dwayne Dixon）在《大西洋月刊》（Atlantic）所说，"日本儿童很早就被教育，社区成员之间应该互帮互助。"[6] 这里的成员不只包括居民，还有商店老板、路上骑车的人和售票员等。成长其实就是在更多的地方与更多的人打交道。在美国，儿童通常被教育不要接受他人的帮助，母亲们希望孩子们始终被掌控在自己的视野中，或者雇人来实现这个目的。"让儿童自由成长"计划的创始人莱诺·斯科纳兹（Lenore Skenazy）认为这种做法其实是"隐含的反女权主义"。[7] 19世纪末期的唯物主义女权者曾对妇女儿童搬往郊区的运动进行过抨击，他们认为妇女一旦远离人们的视线，其工作就难以得到平等对待。[8] 为家庭而设计的社区意味着更有利于看护儿童，在当代大多数成功的例子中，学校和日托设施是不可或缺的部分，它们缓解了母亲们的压力，但也花费不菲，约占家庭收入的7/24。在《来自深谷的艾米丽》中，雷夫人的情况并非个例。

我在书中注意到街道上的汽车很少（至少前三本中是这样的），因为20世纪初的小汽车很少。贝特西、塔西和蒂布是在结伴前往市中心时头一次看到汽车。等到上高中时，贝特西家才拥有了自己的汽车，而她也在不久后学会了开车。最初，希尔街上没有太多的交通工具，速度也很慢，孩童们无需担忧安全问题。马车（四轮马车、四轮马车与手推车组合的）、货车和手推车的司机们都在户外，可以进行眼神交流，他们的移动速度比汽车上的司机慢得多。随着快速交通工具时代的来临（从马车开始），玩耍的孩童们被驱离街道。到19世纪末期，随着交通工具的速度提升，纽约下东区的道路首次进行了铺装。当时的男孩子为了防止马车干扰他们的游戏，会在街道上铺满玻璃渣。[9] 早期纽约的交通事故受害者很多都是儿童，操场运动的出现便是为了将在街道上玩耍的儿童吸引至独立、柔性的玩耍空间。

然而，将儿童的游乐空间与城市生活空间分隔开来也会产生新的问题。操场就好比儿童护栏一样，最终还是会被翻越。创意废品游乐场能够让孩子们进行更大范围的自主活动，但仍然需要成年人给予一定的干预或监督。丹尼斯·伍德（Denis Wood）于1977年曾在《砸烂操场，解放儿童》（*Free the Children! Down with Playgrounds!*）一文中写道："除非成年人比儿童更清楚应该在何时何地玩何种游戏，否则操场的设置毫无意义"。[10] 对于贝特西、塔西和蒂布来说，操场只是她们上学期间的玩耍空间，其余时间她们则待在深谷镇的建筑或自然环境中。现如今譬如"安全街道家庭联盟"等提倡的并非将机动车和行人完全隔离，而是希望改进街道空间的设计，将行人放在首位，并降低车速，让行人在被汽车撞到时不至于付出生命。繁忙的街道不能供儿童玩耍，而且会将儿童与地理位置很近的公园隔离开来。哈特认为，解决问题的办法不是给儿童提供更多的空间，而是减少空间，他认为城市应该成为不同年龄、速度和能力的人群都能适应的场所。荷兰的庭院式道路就是这样一种设计：取消人行道、路缘石和交通标线的设置，道路线形弯曲，并紧靠游戏设施，目的是让行人、自行车和小汽车等各类道路使用者都能公平地使用道路。通过缩窄路面、拉近设施距离和降低路面顺滑度等方式提升道路使用者之间的认知，从而创造出一个低速、柔软的街道环境，一个更接近于20世纪初的曼卡托街道，而不是现今的断头路。在曼卡托，大多数家庭都拥有后院（非户前花园），并与驿站、山丘联系在一起，形成一个没有边界的公共场所，供孩子们肆意玩耍。

小说中关于贝特西童年后期的描述会让人联想到如今"自由放养运动"所倡导的田园风情。那时，孩子们没有课后拓展活动，能够在户外玩到天黑再回家，父母也不会因为把孩子单独留在操场或短时间锁在车内而被逮捕。贝特西的父母会给孩子们一条适合他们年纪玩耍的绳子，然后便在远处静静看着，不再打扰。[11] 当回到《深谷》中虚构的山谷时，我发现孩子们的地盘正在缩小，相关研究也证实了我的想法。2007年每日邮报的一篇题为《儿童是如何在四代人内失去独立外出权利的？》（*How Children Lost the Right to Roam in Four Generations*）文章中描述道："1926年，一个八岁的孩子会在没有家人陪伴的情况下独自前往离家6英里（1英里合1.61千米）的钓鱼池；2007年，他的曾孙却需要由家人开车载至离家不过300码（1码约合0.9米）的安全郊区街道骑车。"[12] 这种变化导致了一系列问题，包括儿童肥胖症的患病概率增加、独立性受阻、与人交往受限导致的心理健康损害以及地理认知障碍等。与那些步行或骑车外出的儿童相比，乘车出行的儿童在描绘外部场景和路径方面的能力相对较弱。斯科纳兹（Skenazy），一位曾因放任九岁儿子独自乘坐纽约地铁而被冠以"世界上最糟糕妈妈"标签的母亲，倡导父母们应该去了解儿童无人监管时面临的真正风险，并通过改变监管环境来适应他们的选择。她在2015年接受《纽约客》采访时表示："希望有足够多的孩子能在户外玩耍，并希望这能成为一种常态。"[13] 要扭转这一态势，不仅需要像"自由放养运动"所倡导的那样改变政策，还需要进行物理层面的干预，即为儿童重新设计城市。为儿童建造的城市不应该是父母的决定，这种状况会导致该行动更具消费者属性，即只有那些有资源的人能够选择想要的社区或与现有的制度进行抗争。空间导向的应对方式能够为儿童营造一个有边界感的环境，在这里他们可以自主决定去哪里玩和做什么事。儿童研究专家蒂姆·吉尔（Tim Gill）认为，"以空间为导向的儿童城市建设非常强调公园、广场和公共空间的可达性，它鼓励儿童选择步行、自行车和公共交通出行，而非乘机动车。学校等儿童机构周边的防护设施可以不那么僵化，而是应该更为弹性，例如学校操场可以在放学后免费开放。"[14]

雷夫人采用的是自由放养的育儿方式，但她处在一个稳定的自然环境和社会结构中，许多其他成年人帮她共同起到了监护的职能，也存在大量容错空间。然而，如今在这个按用途和速度划分的现代城市，人们会觉得没有失败的余地。如果不是因为怀念过去，而是因为弹性的城市设计，我们的城市能否设计得更加包容，包括更安全的街道、面向公众的户外空间、俯瞰公园的图书馆和对各类人群都友好的公园？事实上，符合所有人的利益岂不是更好？2011年，我在"GOOD"杂志上发表了一篇文章——《妈妈们没有错：为什么儿童友好的规划会让城市变得全龄友好》（*The Moms Aren't Wrong : Why Planning for Children Would Make Cities Better for All*）。[15] 针对纽约建设"老龄友好城市"的建议，包括增加更多的步行照明灯、公共厕所以及商场休息区等，我在文中回应道：

当城市里的父母，尤其是母亲，抱怨公共领域的问题时，他们经常被讽刺为爱发牢骚和过度保护。如果你的孩子被新公园的攀爬穹顶烫伤，他们会说孩子们太娇惯了；如果你不能推着婴儿车在地铁台阶上行走，他们会说让孩子们自己走；如果你找不到公共厕所，他们则会说那就待在家里。但如果在很多情况下，母亲们的抱怨是正确的呢？……

孩子们没有现金，但他们的父母和祖父母肯定有，而且多数生活在城市中的家庭一般拥有经济和社会福利。年长者和儿童并不是唯一利益一致的群体，但他们的主张却被割裂开来。其实，只要我们愿意倾听，孩子们可以引导自行车的骑行者、开发商、学校管理者和健康达人们去探寻更加美好的城市。

在那篇文章中，我研究了一系列应对各种问题的设计方案，例如让肥胖症患者爱上爬楼梯，防止儿童在下车时发生事故，为家庭户型住房提供补贴，以提高城市人口密度。我提议成立一个由规划、交通、教育和卫生部门组成的超大型城市建设机构，以重组城市的实体规划，促进这些目标的实现。事实上，温哥华已经这样做了，在接下来的几年里，更多的城市将效仿。当时我并没有意识到，我的文章标题正好呼应了哥伦比亚波哥大市长恩里克·佩涅洛萨（Enrique Peñelosa）先生的名言，儿童权利倡导者也很喜欢重复运用这句话，即"儿童天生就是检验城市指标的物种。如果我们能为孩子们建设一座成功的城市，我们也将拥有一座对所有人来说都很成功的城市。"[16]

本章中的"城市"是一个占位词，表示"非乡村"。小城市、远郊甚至郊区也可以重新设计，以实现更大的连通性和自治性。雷德朋、新泽西、拉斐特、底特律以及我在下面描述的城市（20世纪初至中叶发展起来的）都位于郊区，以打造一个公共的、以家庭为导向的社区为目的，颠覆了19世纪后期郊区建设中固有的私人生活和私有财产模式。20世纪中叶至21世纪，大量的城市规划试图重现20世纪早期的田园生活，通过安全的街道、公共交通和公园将住宅、社区中心和学校串联起来，从而形成一座柔性的城市，它不是专门为开车的上班族设计，而是为家庭各种不同的成员服务。

●

某个二月的清晨，艾德里安·克鲁克（Adrian Crook）从二十九层往下看，他的5个孩子中有4个在跑着追赶公共汽车。克鲁克花了一年的时间训练这4个孩子（当时他们分别是十岁、九岁、八岁和七岁）乘坐公交车往返于他在温哥华市中心租的公寓和北温哥华的公立学校之间，但他的训练不可能覆盖所有可能发生的情况，如果遇到什么问题，他只能等到孩子们当天下午返回后再解决，毕竟在二十九层的高度叫喊是没有任何意义的。

与此同时，是时候带着最小的儿子（五岁）乘坐高架铁路（SkyTrain）去上日托中心了。然后，他将花10分钟骑行一辆Mobi单车（温哥华的共享单车）返回公寓。克鲁克的职业是游戏设计顾问和网站博主，可以在家里工作。下午，克鲁克将为他的自行车制作一个儿童座椅，大约能承载50磅的重量（正好适合他的小儿子）。他曾在网上寻找过可以安装在Mobi单车上的轻便座椅，但显然设计师们并未考虑过这类需求。

克鲁克做的一切看起来相当费力，也的确是这样。在训练期间，他每天要花费4个小时带着4个孩子乘坐公交车前往北温哥华（他的孩子每个月会有两周时间和他们的母亲在北温哥华度过，母亲住在那里，步行就能到学校）。他认为，这种辛苦只会持续一段时间，但却具有教育意义：除了教孩子们用地图和金钱解决问题之外，还教会他们独立自主。克鲁克的大部分育儿决策都是经过数据分析得出的，"五至十四岁儿童的头号杀手是车祸，你能为你的孩子做的最安全的事情就是把他们从车里抱出来。"[17]

克鲁克一家的其他需求基本都在步行、滑行或水上巴士的出行范围内。乘坐公交放学后，孩子们可以前往几个街区之外的圆屋社区艺术和娱乐中心参加课外活动。社区中心对面是一所公立小学（这个学校的学位非常紧张，原因我会简单解释），那里的孩子放学后可以直接步行前往社区中心。学校的操场与一个大型海滨公园连通，所以周末时操场的设备可供游人使用。沿着海岸线的绿道长17英里，往北一直能延伸至温哥华半岛北侧的斯坦利公园。周末时，克鲁克一家有时会向南骑行至科学世界博物馆（这是1986年世博会遗留下来的一栋巴克敏斯特·富勒风格的穹顶建筑），有时会乘坐短途水上巴士前往东部的格兰维尔岛，格兰维尔岛有自己的社区中心、售卖糖果的儿童市场、户外水上公园以及巨大的食品供应市场。

克鲁克的大儿子非常喜欢水上巴士，夏天他会独自乘船去露营或者前往科学中心与家人会面。生日当天，克鲁克送给他10张船票作为礼物，"对于孩子来说，这是一笔很大的资产了"。街区尽头处有一家租车行，可以解决克鲁克一家偶尔驾车出行的问题。街区内有两家大型超市，半英里外还有一家Costco。克鲁克的邻居瑞秋·乔纳特（博客名为"极简主义妈妈"）对这家店早上10点的开门时间非常不满。每天早上，她会先把七岁的孩子送往街区外的一所私立学校，然后再把两岁和四岁的孩子送往Costco附近的日托中心。如果这家商店9点开门，那么她就可以在步行回家的路上购买食物。

克鲁克和乔纳特住在同一个物业管理的两栋公寓内，两栋楼由地下停车场连通。由于克鲁克没有车，他将自己的车位租给了一个从郊区来市中心上班的朋友。雨天时，停车库的空闲空间便会成为公寓楼里50~60个孩子的室内游乐场；天气晴朗时，如果家长们觉得跑去操场太过烦琐，便会在首层露天处拉一张网来打曲棍球。令人遗憾的是，加拿大多数建筑的一层都用来设置水景了，没有给草坪留一点空间。

如果非要说克鲁克缺少点什么，那么回答可能是"杂物间"。克鲁克的公寓面积不足1000平方英尺，包含两室两卫，外加一间没有橱柜的玻璃阳光房。为了使房间显得整洁，克鲁克采取了相当激进的装修风格。简约装修的起居室布置了一个书架，兼具沙发、餐桌和装饰的功能，书架上的书不多，阅读主要利用Kindle或图书馆解决（温哥华公共图书馆的主馆就在距公寓五个街区的位置，那里有专为儿童打造的一层空间）。电视、DVD播放器和游戏机都放在一个轮式推车上，可以根据需要从一个房间转移到另一个房间。孩子们的美术用品和玩具放在一间40平方英尺的密闭隔间内，地面铺着油毡，孩子们可以在那里随意摆弄。阳光房由两个女儿共用，里面放置了一张双层床。白天，双层床的下铺变成了一个餐厅风格的小隔间。三个儿子共用两间卧室中的一间，里面放置了一张宜家的双层床。克鲁克则占用了另外一间卧室，里面有一张大号的墨菲床，桌子可以从底部折叠出来。白天，在五个孩子回家之前，他可以在家工作，透过落地玻璃窗看到窗外的景色——城市中心一片宁静的绿洲。

克鲁克原以为自己能够搞定一切，但一个匿名电话打乱了他的计划。有人举报他的孩子在没有成年人陪同的情况下乘坐公共汽车，因此，克鲁克必须接受儿童和家庭发展部的调查。工作人员与克鲁克以及孩子们进行了交谈，并对其公寓进行了考察。调查期间，克鲁克必须签订一份声明，保证每天接送孩子们上学，以避免他们独自乘坐公交车。儿童和家庭发展部的最终裁决比克鲁克担忧的还要糟糕：除了不允许孩子们独自乘坐公交车以外，还禁止将十岁以下的孩子单独放在家中或户外（曼尼托巴省和新不伦瑞克省的规定是十二岁，安大略省则是十六岁）。按照这份裁决，只有克鲁克的大儿子可以独自跑去街对面的商店或者独自去负一层扔垃圾。[18] 如果让其他四个孩子单独去做这些事，克鲁克很可能被剥夺监护权。

克鲁克一家已经进入儿童和家庭发展部的警示名单，这导致他的孩子们甚至被禁止从事一些十岁以下儿童的常规行为，例如住在其母亲家时走路上学，或者和朋友一起骑自行车。2017年9月，克鲁克在他的博客上写道："仅仅是一封举报信，便将我们全家的世界禁锢到其他人手中。"同时，克鲁克发起了一项针对儿童和家庭发展部有关规定的集体诉讼，希望为孩子们的自由进行抗争。[19] 他无法理解自己的数据分析以及作为父亲的权力竟然比不上一种"迷信"观念（克鲁克这样认为），即"如果你不时时刻刻关注你的孩子，可怕的事情就会随时发生"。正如克鲁克所说，这种观点其实和阶层有很大的关系，并认为他有办法也有时间开车或乘公交车把孩子送到学校，或者雇个保姆来代替他完成这些工作，但大多数单亲父母没有这样的条件。

温哥华的情况可以看作是贝特西和塔西拓展地理认知的21世纪翻版，然而克鲁克的境遇使得这件事具有更大的讽刺意味。为了避免郊区化，温哥华规划了大量免费的公共设施，而克鲁克充分利用了这些设施。温哥华是北美地区在战后第一批主动应对郊区化难题的城市之一。温哥华的规划始于1978年，1992年进行过修编，目前正在进行新一轮面向21世纪的规划评估。规划师安·麦卡菲（Ann McAfee）与建筑师安德鲁·马尔切夫斯基（Andrew Malczewski）共同编制了《温哥华规划设计导则》，并发表了一篇名为《高密度住宅家庭》的报告，其中包含了许多精美的插图。[20]

报告的封面上是那只众所周知的鞋子，但这次除了打扫门廊的老妇人，还有许多带着孩子的家庭住在这里，有的与孩子坐在一起吃饭，有的用鞋舌晾晒衣服，有的在客厅看电视，还有的在露台上晒太阳（图5-1）。

这本书的封面插画用视觉化的语言表达了一个观点，即如果能够和朋友一起工作、玩耍，那又何必独自待在家中无所事事呢（图5-2）。麦卡菲说："20世纪70年代时，北美的绝大多数公共住房建设项目都位于美国，然而普鲁特·伊戈居住区（Pruitt-Igoe，1954年建于圣路易斯市）却在当时被拆除。纵观历史，似乎没有哪个高密度住宅建筑能够高品质运转。房地产开发商也不断向城市管理者传达某种信号，即'拥有孩子的家庭都不愿意住在市中心'。但我们想说，温哥华西区中心周边拥有大量的住宅建筑，早年这里有许多家庭居住。"[21] 西区紧邻斯坦利公园（Stanley Park），是一个极具魅力的高密度居住社区，以现代公寓建筑为主。不过，西区的吸引力也是最近才展现出来。20世纪70年代的文学作品曾把这里描绘为"身处数千人之中的疏离和孤独感"的源头，

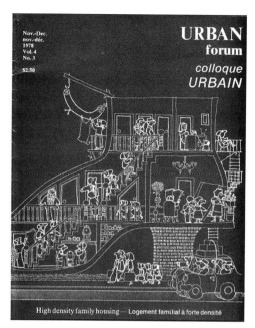

图5-1 《高密度住宅家庭》报告封面照片
（来源：ResearchGate网站）

A. 住宅设计应充分考虑儿童的活动空间需求、儿童空间及周边区域的安全性、家长是否易于监督等因素。

B. 有孩家庭应被安置在多层住宅的1~3层居住。

图5-2 《高密度住宅家庭》报告中关于儿童安全设计的插图
（来源：ResearchGate网站）

这种说法与今天独栋住宅业主描述其与社区隔绝的说法类似。[22]

西区即为如今规划师们所说的"缺失的中等住房",介于独栋住宅和高层玻璃塔楼之间,它的形式介于布鲁克林或波士顿的联排住宅、洛杉矶的庭院公寓以及其他地区的复式或小型公寓之间。这种类型的高密度住宅更容易出售,因为它能够兼顾社区空间和独立空间(图5-3)。

在2016年一篇介绍"缺失的中等住房"的文章中,记者阿曼达·科尔森·赫利(Amanda Kolson Hurley)写道,1870—1940年间的几十年是"美国城市中等规模住房的鼎盛时期"。[23]芝加哥建造的双层公寓主要被移民购买,他们自己居住一间卧室,其他卧室则对外出租;波士顿则建设了大量的三层公寓;土地较为充裕的城市则会选择建设平房庭院,即围绕公共花园按照U形布局小型、独立式住宅。这差不多就是人们的"梦想住宅"了。理论上,建筑面积的损失可以通过密度增加带来的好处来弥补,包括公共交通、公园、零售业以及更短的通勤距离。全美房地产经纪人协会和波特兰州立大学在2015年的一项社区偏好调查中发现,大多数受访者都希望能够在社区内步行前往公交车站,而且25%的受访者都表示愿意为了更短的通勤时间而放弃独栋住宅。[24]如今,这类建筑只占美国国内建筑的19%,这主要是由于战后联邦住房管理局(Federal Housing Administration)的贷款政策造成的,这使得购买独栋住宅更加容易。现在,即便人们有购买步行社区内住宅的需求,也会因为有限的选择和高昂的价格而望而却步。以温哥华市中心为例,原本被开发商看作是备选地,现在却变成了遥不可及的投资区域;大量家庭为了买到能够负担的住宅,只能不断地向远离市中心的郊区迈进,随之而来的便是长距离通勤。

独特的地形条件使得温哥华西区的大多数建筑都拥有广阔的视野,而且距离水体和公园都很近。该社区最大的特质便是绝大多数建筑都是以"地面导向(面向地面)"进行设计的。在该报告中,马尔切夫斯基用一个非常生活化的场景来描述这种设计理

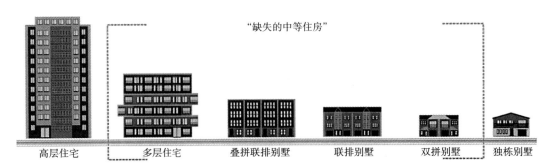

图5-3 "缺失的中等住房"示意图
(来源:译者自绘)

念,"三楼阳台上,一位母亲正在叫楼下骑车的儿子回家吃晚餐;二楼的阳台上,一位母亲正在与一个蹒跚学步的婴儿玩耍;一楼,一位单身男子正在大楼的悬挑阴影下读报纸。"根据该报告,"父母与孩童游戏区之间不能存在视觉盲区,而且能够快速抵达彼此"。[25] 如果克鲁克住在这栋大楼内,他就可以随时看到孩子,还能让奔跑的孩子慢一些。这只是麦卡菲和马尔切夫斯基向建筑师和开发商提出的十二条设计原则之一。其中第一条设计原则便是,多户住宅距离日托中心、公交站、小学、购物中心和运动场的距离不应超过 1/4 英里,距离中学、游泳池及其他体育设施不应超过 1/2 英里。当开发商开始在耶鲁镇、高豪港以及温哥华半岛上的其他社区购买土地时,必须建设一些公共配套设施(公园和日托中心等)才能获得规划许可,同时需要为建设公立学校预留用地。麦卡菲认为:"这些都是这个城市的标准,开发商没有拒绝的权利。"[26]

四十多年来,无论市长和市议会的政治倾向如何,温哥华市的发展始终以规划为引领,并保持了一贯的规划原则。拉里·比斯利(Larry Beasley)与麦卡菲是《温哥华市总体规划》(1994—2006 年)的总规划师,她说,"即便是住宅建筑大规模增加的 20 世纪 90 年代,开发商依旧没有任何特权。一旦我们批准其开发权利,大型地产商将获得巨额利润。然而,他们依然会争辩说,这样的住房没有家庭会选择。"尽管如此,我们仍然会要求开发商为低收入人群预留 20% 的公寓,并要求 25% 的公寓拥有两个以上的卧室。[27] 根据 2010 年针对高密度区域的一份调查报告,市中心约 29% 的住房居住人群以家庭为单位,这些家庭中十五岁以下的儿童高达 5100 名。对于我这样的纽约人来说,《温哥华规划设计导则》的管控范围和力度非常惊人。纽约也会要求开发商在地产开发过程中配套建设开放空间和学校等公共设施,这些配套设施会吸引大量的购房者,但开发商依然不满,并通过向政府要求容积率奖励的方式作为配建公共设施的交换条件。

20 世纪 70 年代的第一批开发项目位于福溪南(与横穿温哥华市的海湾同名),这是位于温哥华市中心南部的一个海滨社区(图 5-4)。社区内每栋建筑仅允许容纳 20~30 套住宅,这被认为是熟悉邻居和创造社区凝聚力的最佳规模,与"邓巴数字"提出的稳定社交网络规模也相符(图 5-5)。[28]

事实证明,这个社区对拥有孩童的家庭极具吸引力,1981 年,约 40% 的住宅为该类家庭所有。麦卡菲说,他们后来意识到,如果他们将单栋建筑的规模提升为 25~35 户,那么福溪南的开发将更为密集。正如温哥华的规划导则中所暗示的一样,福溪南的建筑设计具有"地域性",从私人空间(例如小阳台)到城市公园或街道公共空间的层叠状外部空间。住宅单元之间往往建议布置庭院、共享活动室或份地花园等半公共空间,供所有住户共同使用和维护。

图 5-4　1970 年的温哥华福溪南社区
（来源：温哥华政府官网）

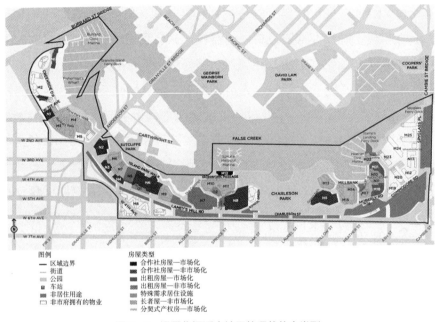

图 5-5　温哥华福溪南社区的现状住宅类型
（来源：温哥华政府官网）

当我与温哥华多户住宅中的各类家庭交谈时，很多人提到了这些半公共空间：即使只是拥有一间小公寓，他们也可以免费利用活动室来举办生日派对，可以在孩子们睡觉后举行读书会，或是一些其他社区活动，这给看似拥挤的生活方式带来了很多改变。同样，建筑物周围的开放空间需要根据年龄段划分为不同的区域，包括主动娱乐休闲空间、被动娱乐休闲空间以及针对儿童的沙坑和攀爬游乐设施等。

1978版的《温哥华规划设计导则》对住宅内部的设计也提出了指引，要求避免出现小而封闭的厨房和过大的客厅或餐厅。麦卡菲和马尔切夫斯基的建议是，要么在厨房用餐，要么在客厅用餐，或者在紧邻厨房的用餐区就餐。否则，家庭不同成员之间的活动就会产生冲突。这版导则在关注总体层面城市规划的同时，对那些没有独立庭院和车库的多户住宅家庭给予更多关注。正如户外空间需要根据不同的活动进行分区，住宅内部的设计也是如此。

然而，有些事情并没有按照规划实施。温哥华的房地产价格在过去十年内飙升，年轻人购置首套房、中年人改善性购房以及老年人更换小户型房屋都变得越来越难。我采访的大部分居民都对其当下的住宅面积不满，但却又无能为力。从2016年8月开始，温哥华出台政策针对外国购房者征收15%的税费，但这只能让房屋价格和销售量暂时下降（这项政策正在面临法律诉讼）。[29]

与此同时，独栋住宅的业主抵制任何增加其社区密度的区划，即便是密度变化非常微弱的叠拼或联排住宅形式，这导致新建住房在市中心或远郊区只能以塔楼的形式存在。在最初的规划设计导则中，规划师假设居民会希望居住在低层房屋中，例如福溪南社区的中密度庭院住宅，或者环绕在纤细塔楼四周的联排式住宅。为了满足视野和光照的要求，温哥华的塔楼通常会位于街区中心，四周为三层结构的零售商业和联排式住宅。导则建议沿同一条过道布置的住户单元不超过12户，以便邻居能够彼此更好地熟悉，同时半私密的户外空间可作为公共后院使用。但事实证明，联排住宅更受没有孩子的家庭或者养狗人士的欢迎，而对于有孩家庭来说太过昂贵。[30]

布伦特·托德里安（Brent Toderian）曾在2006—2012年担任该市的首席规划师，他带着自己的家庭搬离了三层住宅，住到了市中心的塔楼中。他向我介绍，"这是一处由两栋多层建筑和两栋高层建筑组合而成的街区式建筑，彼此之间相互连通、共享配套设施，还能与高铁车站连通，并拥有丰富的街道立面。这种典型的'裙房+塔楼'建筑形式已经成为温哥华的标志性建筑之一。在两座塔楼和多层建筑之间是一个高架庭院，在我看来，它是这座城市中设计最好的私人庭院空间之一。"[31] 这些位于地面或是裙房楼顶的半私密庭院空间，被要求设置专门为儿童玩耍（当其父母做家务时）的安全空间。但根据住户的反馈，这些户外空间并未与大多数公寓连通，而且它们中的大多数并不安全。多年来，这类建筑中预留的两居室公寓也变得越来越小，最初其建筑面积约1500平方英尺，而现在最新的开发项目中仅有700平方英尺。这就导致卧室只能容纳一张床，孩子们只能在客厅玩耍。

规划设计导则还规定塔楼需要预留社区中心和托幼设施，作为塔楼儿童的第二家园。然而，目前的日托中心或社区项目都处于超负荷运营状态，许多父母只能排队等候或者选择前往社区以外的托幼机构。最后是学校的问题，温哥华的公立学校由省级政府运营管理，与地方政府无关，因此在市中心为新建项目配套儿童就学设施与配套日托设施的行政机制并不相同。20 世纪 90 年代初，省政府不认可温哥华对市中心地区的儿童人口预测，并坚持以实际人口数量为前提建设学校的政策。因此，2004 年建成的埃尔西罗伊小学（Elsie Roy Elementary School）成为市中心自 1975 年以来建成的第一所学校，而且它在运营伊始便处于满负荷状态。2017 年 3 月，温哥华市中心迎来了第二所新学校——跨区小学（Crosstown Elementary School），紧邻两栋塔楼住宅、一座日托中心和公园。2017 年秋季，该学校的学生规模便达到了设计容量。事实上，该校的设计团队曾在设计完成后又为学校额外增加了一层的规模。项目的设计师，阿尔文·马丁（Alvin Martin）曾带我参观了学校。该学校整体设计风格明亮、活泼，从传统教育者的角度来看绝对是一个全新的设计。教室的家具大多是可移动的；走廊顶部装饰了粉色的云朵状吸声板；每层设置了一间活动室；低龄儿童教室前设置了柔软的公共户外空间。俏皮的室内设计风格延伸至室外，沿街建筑的窗户会闪烁彩色的光芒，沿公园一侧则设计了彩虹色的鱼鳍装饰。许多人会认为 20 世纪 90 年代建设的"绿玻璃塔楼 + 裙房"建筑千篇一律，非常单调。当我与马丁站在路边参观学校时，一位女士走向我们说道，"我非常喜欢学校的颜色，它看起来是如此的与众不同"。一旁的马丁笑着说："她可不是我雇来的。"[32]

为了对这个我想居住的社区有一个全面的了解，我穿越甘比桥，从温哥华市中心半岛来到福溪南社区，这里针对不同收入人群、家庭属性提供各种不同类型的房屋，与中心城区的塔楼住宅非常不同。我的这趟福溪南社区之旅由十岁的佐伊（Zoe）、十二岁的赛勒斯（Cyrus）以及一些成年人陪同完成，两个孩子的父亲也在其中。他早上将孩子们从学校接了出来，因为他觉得让孩子们带领我参观是一件非常有教育意义的事情。在福溪南社区，孩子们能够在街道上安全地行走，他们可能走 2/3 英里都不需要过马路。开发地块周边的道路基本都采用了庭院式道路的设计手法，狭窄、弯曲的道路两侧是草地和自行车道，这一切的设计目的就是让车速降下来。几栋高层塔楼搭配大量的庭院式住宅，每英亩包含 45 个住宅单元，密度比中等住房略高。整个社区的建筑密度较高，但并不会觉得拥挤。它们向我准确且清晰地展示了社区中的各种元素，包括公共自行车和步行道之间的绿化种植箱。大人们告诉我，采用低边设计的原因是方便儿童跨越。我们还看到了一处隐藏在红杉树丛中的小型瀑布，它借鉴了日本的景观设计手法。大量树木沿着高速公路的排水沟种植，使得福溪南社区免受高速噪声的影响。待在这里，你可能会有迷失在太平洋西北某个地区的错觉。大人们讲述着夏天在河岸边野餐的场景，孩子们在沙坑里肆意地玩着泥巴。塞勒斯将这个场景描绘为海滩上的玩偶战争。现实生活中的战斗则主要发生在有孩一族和养狗人士（主要是老年人）之间。有孩一族希望水面足够干净，便于孩童们安全玩耍；而养狗人士则希望自己的狗狗能够在水中肆意奔跑。最初的规划师并没有预料会出现这个问题。他们原以为，随着孩子们上大学和就业，许多家庭会搬离这个区域，所有的问题会因为家庭的自我更新而自然消亡。但最终大量的原始和第二代业主留了下来，因为他们喜欢这里的生活方式：公共花园、烧烤露台、亲水空间以及安全的慢行环境。从某种意义上说，退休人员就地养老的愿望证实了佩萨洛萨（Peñalosa）的想法。如今，由市政府拥有的约60%的福溪南项目的土地租约即将到期，政府也已经启动了一项新的规划，计划利用奥运村交通站周边的停车场空地，将整个区域的住宅规模在现状3200户的基础上增加数千套，从而为该区域导入更多的人口。[33] 同时，居民们也为未来该区域的发展制定了新的规划设计导则，包括为1172户保障性住房居民提供可负担的选择（租约到期后），增加面向家庭和中低收入工人的住房供应和增加面向养老群体的小户型住房供应，保护社区内具有文化或历史价值的建筑。

福溪南社区的与众不同在于它为不同收入人群提供了各种类型的住房，包括市场化的公寓、廉租房和低收入住房等，但大多数都采用了与20世纪70年代类似的设计方式：最高四层楼的设计，围合式的建筑布局，中心形成椭圆形开放空间，以及利用狭窄曲折的小径与外部隔离。对于儿童来说，这些小径构建了一个多孔结构，能够将多个庭院空间进行串联。小时候的生活局限于自家的庭院中，随着年龄的增长，孩子们的活动空间会不断扩张。有些小径可能会上锁，但其无形之间也提升了庭院的安全性。如果没有向导带路，我不确定自己是否能够找得到这些小径。面向庭院或水系的住宅单元往往会采用退台式的阳台设计，以便低层住户的景观视野不受影响。这给了他们一个独特的山形，结合各种颜色搭配，让人回想起战后意大利山城的建筑风格。

正如科里·韦博威德（Cory Verbauwhede）对该区域的描述，"一位观察家将其描述为一个希腊山村，在北美小镇的中心地带竟然拥有比利时风格的建筑。我父亲说，在这里的街道上漫步，你随时都会发现独特的风景。"韦博威德的父亲叫乔斯（Jos），曾就职于汤普森、伯威克、普拉特的合营公司（Thompson, Berwick, Pratt and Partners），该公司于1974年获得了福溪第一块土地的开发权，当时高密度住宅设计导则还未出台。为了保证设计方案的独特性，该公司在办公楼内设置了一处方案画板，邀请多位不同事务所的建筑师参与设计。"早上某位设计师完成了一份理想方案，但下午就被别人用铅笔和橡皮进行了改动。"[34] 最终的规划方案没有采用方格网布局，而是采用圆形、曲线和斜坡等元素构建城市的形态。他们给这个区域命名为"福溪第六区"，方案强调一街一景，注重建筑与绿化的协调性，滨水步道选取若干景观节点进行强化设计，街道设计则凸显各类交通参与者共享的理念。设计师们甚至因为一个没有高护栏的海堤设计（因为高护栏会阻挡景观视线）进行了激烈辩论，这是规划方案成本－效益分析的典型案例。

福溪南社区的设计元素反映了一种（盛行于 20 世纪 70 年代的）特殊情感，蕴含着用非建筑形态的历史文化创造新文明的理念。《建筑模式语言》（*Architects is A Pattern Language*）是许多规划师和建筑师的基础语言，出版于 1977 年，由伯克利环境结构中心的克里斯托弗·亚历山大（Christopher Alexander）、萨拉·石川（Sara Ishikawa）和默里·西尔弗斯坦（Murray Silverstein）联合撰写。其前身是 1971 年发行的《亚文化细胞》（*Cells for Subcultures*）。[35] 亚历山大的《建筑模式语言》提供了 253 个描述城镇、邻里、住宅、花园、房间及细部构造的模式，是从大量的建筑和规划实践中精心提炼出来的经验。如今回想起我在建筑学校学习的第一篇文章，其中充满了关于家庭生活和城市生活模式的想法，而这些内容在我有孩子之前都被忽略了。如果将喜欢的模式进行组合，或许能构建一个相当完美的住房或社区。

对于福溪南社区来说，第六十八种模式——"相互沟通的游戏场所"可能最为贴切。亚历山大在书中写道，"孩子们需要伙伴。相关研究显示这种需求可能比孩童对父母的需求更为强烈。"[36] 的确，当代亲子关系中最大的难题便在于如何与孩子健康沟通。即便是克鲁克的公寓楼里有五六十个孩童，但他依然无法在周末下午为最小的孩子找到玩伴。他甚至采用了在洗衣房张贴告示的方式来为孩子征集玩伴，但直到告示消失也没有电话打来。

我的童年在马萨诸塞州剑桥市度过，当时社区里的孩子都在人行道上玩耍（偶尔会在街上），与街区中心的联系往往需要跨越住宅间的栅栏。住宅的院子、门口的街道以及街角尽头的商店是我们的活动范围，而三个街区以外的公园则需要在成年人的陪同下前往。亚历山大关于"相互沟通的游戏场所"模式进行了如下表述："社区内住房之间的用地布局决定了游戏团队的形成，因此他对人们的心理健康具有至关重要的影响。典型的郊区住宅往往会把孩子限制在自己的房子内。父母因害怕交通意外或者不安全的邻居，往往会把孩子关在室内或住宅的花园内，导致孩子们没有机会与同龄人碰面并形成游戏伙伴关系，而这对于儿童的心理健康发展极为重要。"[37]

这里的关键词是机会。在活动时，即使是孩子之间的随意互动也经常被安排，但父母和孩子的梦想是能够走出家门玩耍，在哪里玩、玩什么并不重要。丹尼斯·伍德（Denis Wood）曾提出"砸烂操场"的倡议，而柯林·沃德（Colin Ward）在《城市的孩子》（*Colin Ward's the Child in the City*，1978）一书中写道，"我不想要一个儿童之城。我想要一个能让孩子们像我一样生活的城市。"[38]

这种类型的规划也被视为女权主义，帮助那些职场妈妈从繁忙的家务和照顾孩子的工作中抽离出来。"女性工作城"是1993年在维也纳建造的一个居住社区，将中等住宅、景观庭院、私人阳台、托幼中心和医院综合体进行整合设计，且提供便利的公共交通。该社区的开发源于维也纳推行的"性别主流化政策"，目标是让不同性别群体都能平等地获取城市资源。[39] 安全的人际关系是该政策的主要部分，对家庭生活的关注也是如此。

同时期对福溪南社区的儿童生活调查表明，更高密度的住宅使得儿童可以把家当作"基地"，作为其在户外玩耍间隙的休息站或补给站。生活在这种环境中的儿童会对友谊有更深刻的理解，他们学会与身边的任何人玩耍，而不是必须和父母安排的玩伴玩耍。[40]

邻里关系（社区环境）对个体点对点关系的压力要小得多，因为最好的情况是一群可变的、灵活的孩子群体，你可能会被吸收进来，正如艾奥娜·阿奇博尔德·奥皮（Iona Archibald Opie）和彼得·奥皮（Peter Opie）在1969年对街头游戏的开创性研究中注意到的。[41] 亚历山大针对该问题的解决办法是将两个街区的道路、人行道、商店、庭院等进行整合，正如我曾经居住的剑桥。在他的设计中，每家每户都会预留一块安全的、可以相互连通的用地，这块土地远离道路，而且处在64个家庭的视野范围内（他通过计算每个孩子最少需要5个同龄的玩伴，从而得出"64"这个数据）。

这里的业主之间关系更加密切，他们倾向于共同打造一个公共花园，或者共同参加其他活动，例如冒险游乐场、水景布置或动物饲养等。游泳池也会设置为专为初学者的浅水区和嬉戏玩耍的踩踏区。这里还有易于儿童识别的地标，方便他们在步行玩耍的过程中构建自己的认知世界地图。从家到学校，再到操场，让孩子先了解自己的世界，然后独立地四处走动。亚历山大写道："孩子的正确环境是社区本身，就像婴儿学习说话的正确环境是他自己的家一样。"[42]

室内聚集场所应该与这个连通的户外空间毗邻。在亚历山大的书中，该场所被定义为第八十六种模式，称为"儿童之家"，是面向社区成员全天候开放的、提供幼儿看护和活动等服务的日托中心、社区中心或者游戏场所。亚历山大认为该场所收费低，且不需要提前预约，非常适合美国的有孩家庭。他认为，儿童之家应该位于社区居民能够步行前往的地方（亚历山大对传统建筑的执着可能会成为许多现代读者的绊脚石，因为读者可能不像他那么迷恋伯克利周围的工匠式风格建筑）。[43]

儿童之家需要有稳定的工作人员，而且至少有一个人住在那里，以便夜晚可以提供服务。社区的成年人也可以使用儿童之家作为开会或者聊天的场所，不只是为儿童提供空间。儿童之家就好像是家庭的"泄压阀"，它承担了第三个监护人的角色，使得父母亲能够暂时远离孩子。儿童之家属于居住和工作空间以外的第三场所。亚历山大针对私人住宅的模式与城市类似，需要考虑每一个家庭成员的幸福。第七十六种模式是"小家庭住宅"，它要求具备一个儿童空间、一个成人空间以及一个公共空间。亚历山大认为，如果一个房子没有私人空间，整个房子就会被孩子们的物品淹没，那么没有人会高兴。

佐伊和塞勒斯居住的市场化公寓有一个以岩石瀑布为中心的庭院，两个小向导在这里向我炫耀他们用捡来的观赏石制作的村庄模型。这个村庄使用小木棍搭建结构，外墙类似城墙造型，内部空间为绿色，整个风格受到其住宅庭院布局的影响，并更新了传统的山墙屋顶住宅（与商业游戏里的住宅形式类似）。即便是以现在的眼光来看，他们设计的房屋也是非常激进的，在商业住宅中根本不可能见到。

一个世纪以来，那些想通过设计让孩子回到城市的无政府主义者、教育家和理论家们也认为，孩子们应该对城市空间拥有发言权，这引发了一系列持续的实验。"Urban 95"是伯纳德·范·莱尔基金会（Bernard van Leer Foundation）正在进行的一个项目，它以三岁儿童的平均身高（略高于3英尺）为标准建议了一套新的规划准则。该项目秉持一个理念，即如果我们想让一座城市适合所有人居住，那么从儿童的视角进行规划就是最好的开始。[44]

卡罗琳·普拉特（Caroline Pratt）在城市和乡村学校（City and Country School, 1914）建立之初便将城市探索和建设的内容纳入学校的教育计划中。1914年，该学校在曼哈顿第四大道和西12街交口处的一处三居室公寓内成立，共招收了6名学生，其"只要孩子们不累，我们的旅程就不会停止"的教育计划就此开始。普拉特写道，"河流上来来往往的船只勾起了孩子们的疑惑，由于太过害羞，话到嘴边又咽了回去。但看到我不会替他们去提问，孩子们最终鼓起勇气向船员们进行了问询，当然他们最终也获得了友好的回应。"[45]

孩子们坐在码头边上看着货车一点一点装满货物，并询问司机货物类别和运送目的地。普拉特写道，知识的累积并不是目的，她希望教会孩子们思考。"在旅行中发现的知识需要在回到学校后进行使用。"她的意思是，在孩子们的生活和游戏中使用这些知识。最初，孩子们会推着积木在地板上模拟船只运行的轨迹。然后，有一些孩子想要一艘看起来更像真的一样的船，于是他们学会了用工具雕刻。最后，火车、卡车、马车甚至是起重机都出现了，而且都是用木头和纸作为原料。

动手建造的过程就是孩子们构建自我世界的过程。从普拉特时代到现在，城市和乡村学校的七岁儿童都会把搭建一座城市模型作为其一年的任务，他们会使用积木、纸张、颜料以及各种材料。孩子们会阅读有关纽约市的报纸，分享每周课堂旅行中收集的信息，并研究他们添加到城市景观的不同元素是如何起作用的。当一个男孩在其模型中添加一个水箱时，引发了关于水如何到达建筑物顶部的讨论。普拉特引用了她的一位老师伯莎·德莱汉蒂（Bertha Delehanty）的叙述，"最终，科学老师被请来给大家做实验，并得到了一个令人满意的解决方案。"[46]

多年来，孩子们通过更多、更广泛的旅行找到了许多问题的答案：他们前往变电站了解电力是如何传输到自己家中，其中一些孩子以此为启发在自己的城市模型中安装了电力系统，这其实就是如今 STEAM 教育理念的核心内容。因此，这些七岁（二年级）的孩子比那些被过早教育远离生活知识的孩子能够更好地适应自己的环境。某一天，一个男孩在其父亲的早餐桌上读到一篇新闻，内容是公园行政长官罗伯特·摩西（Robert Moses）将在下东区修建新操场。于是，全班同学决定给摩西写一封感谢信，感谢他改善了华盛顿广场社区（孩子们所在的社区）的环境。操场的建设是源自于孩子们的倡议吗？普拉特并不知道。"但他们作为公民履行了自己的职责，确实比大多数成年公民做得好得多。"[47]

当温哥华的孩子们描述学校和街角杂货店的地标、海堤和高速公路护堤的边缘、操场上跑道交汇的节点，以及冬天滑雪的山坡和夏天生日聚会的山坡之间的区别时，他们无意识地模仿了建筑师兼教师凯文·林奇（Kevin Lynch）的语言。在 1960 年出版的《城市意象》（*The Image of The City*）中，林奇要求他的研究对象（成人和儿童）通过绘画和描述，绘制他们所在社区的心理地图，筛选出"可想象性"的元素。[48] 他提出了五个概念：路径、边界、区域、节点和地标（这就是福溪南社区本身）。在孩子们带领我参观的旅途中，一位父亲要求他的女儿在地图上为我圈出福溪的重要区域，这其实是林奇技巧的应用。1975 年，儿童环境专家罗宾·C. 摩尔（Robin C. Moore）在英国的三座城市开展了研究，对象是 96 名年龄在九至十二岁之间的儿童。他让每个孩子在一张 18 英寸 ×24 英寸的纸上画出他们最喜欢的地方，并让孩子们带领他参观。

住在诺丁戴尔的海瑟（Heather）是第一位研究对象，她带着摩尔来到了一片被铁栅栏围合的荒地。摩尔很快意识到这是海瑟发现的一片绿洲，一个被成年人忽略的地方，她可以在这里挖掘"埋藏的宝藏"，并探索"遗失的文明"。[49] 她为自己的母亲摘了一束花（从成年人的角度看，不过是一些野花野草），并高兴地将其带回"阴暗"的地下室公寓。海瑟的母亲（一位清洁工人）非常喜欢这个礼物，她告诉摩尔，海瑟希望在圣诞节收到一本生物学的书。这一切表明：海瑟的探索精神并没有受到贫困生活的限制，这主要是得益于她的母亲允许她在那些非"儿童专属"的区域玩耍。

吉尔（Gill）是一个与海瑟同龄的女孩，摩尔将两者进行了对比。吉尔的母亲只允许孩子在自己的陪同下接受采访，而且只允许吉尔在她住宅前的水泥场地上玩耍。摩尔写道："儿童天然具备获取知识和技能的原动力。随着生理上的成长，儿童必须通过新的游戏来提升自己的能力。"[50] 摩尔讲述了游逛的教育价值，与专家们对幼儿园的积木玩耍或小学生的冒险游戏的描述如出一辙：孩子们努力提高自身能力，但他们必须经过不断的练习以及失败后的再次尝试，才能最终成功（抵达塔尖、越过丛林或找到学校和操场之间的路线）。

摩尔访问的许多孩子都把当地的公园作为聚会场所，特别是秋千，但这只是名义上的。孩子们的兴趣并不在于某一个特定设备，设备只是作为整个游戏场景的一部分存在而已。[51] 孩子们还向他展示了各种基于街道家具的虚构游戏，包括灯杆、挡土墙、楼梯、栏杆等。对于孩子们来说，如果允许他们在自由时间里去旅行，那么某趟旅程的路线可以像目的地一样令人兴奋。爱奥那（Iona）和彼得·奥皮（Peter Opie）这些民俗学家曾提到："儿童完全可以在自己的规则下公平地解决各种问题。"如果说孩子们在街上玩耍不是问题，而是一种解决方案呢？"现在有一个非常危险的事情，即西方国家的儿童习惯于被动接受经过处理的知识，而不是通过其周围的世界主动探索获取知识。"[52] 他的最终目标是让孩子们参与创造自己的环境。如果说玩耍对于孩子的成长非常重要，那么这必须成为政府需要关注的问题。

最近，研究人员开始使用数据工具来探究儿童兴趣和热情的问题。2014年，受挪威城市环境局的委托，设计师维布克·罗霍尔特（Vibeke Rørholt）发起了一项鼓励奥斯陆4.4万名学生步行或骑自行车上学的活动。该项目属于奥斯陆市政府一项更大计划中的一部分，旨在提高城市的可持续性，并提出在2019年之前禁止私家车进入市中心。将家庭和工作场所更紧密地放在一起，让家庭留在城市，是该计划的关键部分。

从2007年开始，50%的奥斯陆新建住房必须拥有三间卧室。2016年，罗霍尔特在接受卫报记者采访时说道，"我曾被要求编制一份针对奥斯陆所有道路的交通调查报告。这是一项巨大的工程。于是，我想到为什么不问一下孩子们对街道的想法？"[53] 她的解决方案是开发一个名为"Traffic Agent"的APP，从而将这座城市年龄最小的一批居民转化为道路安全的"秘密代理人"。孩子们使用的APP拥有GPS定位功能，可以将他们上学途中或放学后游玩途中发现的问题进行实时上报。就像大人们使用的"See Click Fix"APP一样，使用软件的乐趣在于能够获得及时反馈。罗霍尔特说："我曾接到一位母亲的来电：她的孩子反馈了灌木丛阻挡他过马路视线的问题，两天后灌木丛被砍掉了，孩子对此非常兴奋。"

2017年，图尔设计集团（Toole Design Group）出版了第一套（按照他们的说法）"从儿童视角出发"的系列丛书，聚焦安全街道设计的议题，并配有插画。《我如何去学校》(*How I Get to School*)的封面显示了拥有独立路权的自行车道,用树木或绿化带将自行车、行人以及停车带进行分隔。[54] 有个孩子说:"自行车专用信号灯使得每个人都更加安全"。有个小女孩在父亲的自行车前座上说,"路上有一个不错的公园,有时我们会停下来玩耍。老师说这有助于我在学校做得更好!"这种植物为行人和骑自行车的人提供了荫凉,同时也吸收了来自街道的雨水和暴雨径流。下雨天,她会和妈妈一起乘坐公交。天气寒冷的时候,父女俩会戴着亲子围巾。这本书看起来非常简单,但它强调了一个观点:规划师需要从孩子的视角来考虑城市的问题。

●

克里斯托弗·亚历山大(Christopher Alexander)以及那些在20世纪70年代追随他的规划师,并不是最早将开放空间、街道、社区中心等进行串联的人士。关于共享空间的反文化观念,实际上是一个世纪以来围绕家庭需求重新考虑城市和郊区土地使用问题的一部分。20世纪末,游乐场、义务教育学校、福利院等设施都是想方设法地将贫穷人家的孩子从街道上赶走,而中产阶级的孩子则主要在家庭、学校和院子里度过其童年。

从19世纪70年代开始,美国的一些大城市在郊区建造有轨电车,从而形成了一种新的家庭生活方式:居住在花园环绕的独立式住宅内,与邻居以及城市中的各种问题进行物理层面的隔离。历史学家肯尼斯·T.杰克逊(Kenneth T. Jackson)在《克拉布格拉斯边境》(*Crabgrass Frontier*,1985)中写道,"新的想法不再是成为一个紧密社区的一部分,而是拥有一个独立的住房,一个与世界上其他区域隔绝的私人领地。尽管从视觉上看,这种住宅对街道开放,但草坪就像一道屏障,将房屋与城市的威胁和诱惑隔开了。"[55]

在城市中,联排住宅的后院通常是私搭乱建、垃圾堆放的场所。尽管,随着公共卫生的改善(包括室内管道和其他设施),这些设施最终将被清理。但与此同时,正是在郊区,孩子们才有可能漫游。尽管拉尔夫·沃尔多·爱默生(Ralph Waldo Emerson)认为,"在一个村庄附近,男孩们在一座没有警察的绿水青山中和宽阔的牧场里,可以奔跑、玩耍,并释放他们多余的精力"。然而,建筑评论家刘易斯·芒福德却认为郊区"只是一个抚养孩子的托儿所"。[56]

通过将家庭生活与城市生活、工作、购物和机构分离,郊区变成了一片永久的童年乐土。"为了应对城市的日益拥挤,郊区变成了一个过度专业化的社区,越来越致力于放松和玩乐的目的……这样一个隔离的社区,由某个隔离的经济阶层组成,与工作日的现实世界几乎没有明显的日常接触，这给学校和家庭带来了不应有的教育负担。"如同亚历山大的模式语言一样，芒福德认为目前社会和家庭主导的育儿方式不太健康。在某个年龄段，绿色空间是非常棒的，但当孩子们的生理和心理均达到亟需探索的年龄，这里就没有什么用处了。郊区就好比托儿所，干净、柔软，有边界限制。然而，孩子不能一直待在托儿所里，他总要学会走路。

20世纪30年代的先锋设计师致力于创造一种更好的、半城市化的居住模式，他们提出拆除郊区独栋住宅之间的围栏，形成一个处于公众视野的公共空间，并在一定距离内设置零售、休闲等公共设施，从而提升居民的生活便利性。新泽西州的雷德朋就是按照该理念建设而成的，距离纽约市约14英里，建于1928—1934年。雷德朋由克拉伦斯·斯坦（Clarence Stein）与亨利·赖特（Henry Wright）规划，由亚历山大·宾（Alexander Bing）的城市住宅公司资助，并获得了美国区域规划协会的支持。该项目旨在建设一座具有示范意义的"新城镇"，从而说明如何在机动化时代规划出最好的居住区。雷德朋的居住建筑按照邻里单元进行划分，每个单元的开发应当提供满足一所小学的服务人口所需要的住房。[57]

20世纪20年代，塞奇基金会（区域规划协会的一个分支机构）的克拉伦斯·佩里（Clarence Perry）提出了"邻里单元"的规划理念，斯坦和赖特的方案便是受到该理念的影响。佩里在1929年提出的"邻里单元"是一个以主干道为边界围合而成的梯形区域，中心布局包含学校在内的各类公共设施。[58]狭窄的街道在内部纵横交错，内部道路和小型公园至少占整个社区面积的10%。梯形区域上绘制了一个直径为0.5英里的圆圈，表明单元内的每个区域步行至社区中心都不会超过5分钟（0.25英里）。在圆圈外围靠近主要交叉口的位置，佩里建议布置商店或教堂等设施（图5-6）。

雷德朋希望吸引家庭住户，所以针对儿童的规划非常重要，包括安全、教育和娱乐。雷德朋最大的特点在于其人车分流的交通组织模式：住宅一侧围绕尽端路呈U形布局，另一侧的私人庭院则直接面向占地约二三十英亩的中央绿地公园和公园绿道。尽端路靠近中心绿地的边缘但不侵

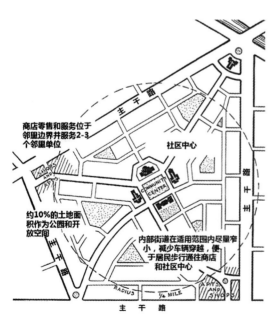

图5-6 "邻里单元"概念示意图
（来源：《新都市主义宪章》）

入，主要为住宅车库进出和垃圾清运车服务。

原本位于房屋后院的负面空间被整合至一个连续的公园中，孩子们可以通过公园内部道路步行或骑车至小学、游泳池、游乐区以及朋友家，这其实就是"超级街区"的概念。超级街区之间被繁忙的交通干道分隔，规划师则采取了道路下沉或新建人行天桥的方式解决街区之间的连通问题。机动车交通被隔绝在街区之外，居民可以开车到达或驶离雷德朋，但是不能在内部驾车行驶。雷德朋的宣传口号为"机动车时代的新城镇"，但它其实是把机动车留在外围。[59] 景观设计师玛乔丽·休厄尔（Marjorie Sewell Cautley）负责雷德朋中央公园的景观设计，她借鉴了纽约中央公园 [由弗雷德里克·劳·奥姆斯特德（Frederick Law Olmsted）设计] 的设计风格，并选取了大量北新泽西的本土植物。

雷德朋的规划中包括了一条商业街，以满足社区内部的步行购物需求。斯坦和赖特最初规划了三个社区，每个社区都拥有自己的社区中心和中央绿地公园。然而，随着城市住房公司在 1934 年的大萧条中破产，斯坦和赖特的建设计划被迫停止。当时其中一个社区已经建设完成，另一个社区也建设了一部分，大约有 200 栋房屋。后来，雷德朋的建设得以继续，但却抛弃了原本的规划方案，而是按照美国传统郊区模式进行建设，即所有的住宅面向街道，并拥有宽阔的前院和独立的车道。

所谓"反向住宅"，即住宅前门正对公园，客厅则毗邻私人庭院，且拥有开阔的视野；而厨房、洗衣间和车库则位于住宅后门。这些房屋按照不同的规模建造，卧室从两居到四居不等，还有一些采用双拼式设计，与邻居共用一面墙。这些房屋大多采用了殖民地或都铎复兴风格，并采用带装饰板的砖墙或框架结构。两栋三层的公寓建筑（最初被称作"Abbott Court"）共包含 93 套公寓，其 L 形的布局形成了一个围合的庭院。这与另一条街上的复式住宅一样，旨在为整个开发范围内的居民提供成本更为低廉的租赁选择。所有的设计都以地面为导向，而且景观设计也非常注重公寓建筑与公园之间的联系。随着出资人财务状况的恶化，规划师和建筑师不得不参照桑尼赛德、皇后区、费城和巴尔的摩的例子，增加了更多的联排住宅。

雷德朋被认为是 20 世纪最具影响力的住宅开发项目之一（图 5-7）。[60] 在 20 世纪 30 年代，它为美国新政下的新城镇建设提供了样板，包括马里兰州的绿带城、洛杉矶的鲍德温山庄以及战后的新城镇。鲍德温山庄（现被称为格林山庄），占地面积约 68 英亩，地势较为平坦，且位于洛杉矶市区内，由雷金纳德·约翰逊（Reginald D. Johnson）领衔的设计团队负责规划。[61] 鲍德温山庄于 1941 年开工建设，共有 95 栋建筑，包含 16 种不同的户型单元，共计 627 套住宅。山庄内的公共绿地和庭院绿地占地约 44 英亩，导致整个山庄的密度仅为每英亩 9.2 户，低于洛杉矶市中心的一般标准。约翰逊和他的团队采用了"超级街区"的设计理念，将所有的过境交通隔离在社区外部，仅允许内部居民交通驶入。

第二次世界大战后，美国政府的贷款计划为在郊区建造或购买新房的白人家庭提供补贴，这促使郊区住房成为美国近代家庭的主要生活模式。1954年，《财富》（*Fortune*）杂志估计，有多达900万人在过去十年的时间内搬到了郊区，郊区的人口增长速度大约是中心城区的十倍。1946—1956年间，约97%的新建住宅都是独栋房屋，而联排住宅、缺失的中等住宅等形式则不再受到欢迎。这些新建房屋之间主要是街道和公共空间，例如长岛的莱维敦，其密度约为50年前建造的郊区铁路社区（如威彻斯特县）的一半。[62]

20世纪中叶的独栋住宅多数只有一层，开放式厨房与室外游乐区域毗邻，将室内和室外空间进行连接，私人庭院变成住宅的一个房间。早在1960年，观察家们就注意到了郊区空间对儿童的影响。贝蒂·弗里丹（Betty Friedan）在《女性的奥秘》（*The Feminine Mystique*，1963）一书中曾表达了希望"父母们将孩子从独栋住宅的牢笼中解放出来"的想法。彼得·怀登（Peter Wyden）在《郊区里溺爱的孩子》（*Suburbia's Coddled Kids*，1962）中描述了郊区孩子们丧失城市技能的场景："这是一个阳光明媚的下午，我和我的两个孩子（十岁和八岁）一起在伊利诺伊州高地公园的北岸铁路附近散步，这是非常异乎寻常的事情。"[63] 一个十岁的少年从未见过自动扶梯，也不知道如何乘坐；一个报童坐着父母的车在雨天送报纸；一个女孩在城市里看到醉汉后被吓哭。

1950年，约1100万名二十岁以下的美国人居住在郊区；1960年，该数值达到1900万人，约占美国儿童和青少年总数的28%。这些郊区之间也存在较大的差异。那些拥有郊区铁路的近郊社区依赖中心城市而发展，孩子们可以乘坐郊区铁路或公交车前往市区。但对于更多杂乱无序布局的郊区社区，它们更具独立性，对汽车的依赖使得那里的家庭和儿童距离城市越来越远。其结果便是，婴儿潮时期的白人儿童生活在单一的文化氛围中，其朋友、活动以及各种经历都是由父母预先

图 5-7　雷德朋新镇规划

（来源：EEEWORK 设计百科）

选择的。在怀登的书中,"一位母亲说道:'这里没有乱作一团的地方,每家每户都把院子收拾得干干净净。孩子们没有可以挖洞的地方,没有可以骑行的道路,也没有能够翻越的围栏。'"[64]

而那些非白人家庭,特别是那些无法在种族隔离的新城镇购买房产的家庭只能继续住在城市中。当时,纽约等城市的公园管理部门开启了大规模的儿童娱乐设施建设计划,以满足城市中儿童的需求。但不管是市区还是郊区,儿童的活动空间仅限于这些娱乐场地,城市的其余部分依然是成年人的领地。直到20世纪70年代,大量非洲裔美国人才开始迁往郊区。尽管许多郊区城镇通过限制新增用地的方式来控制规模,但根据杰克逊的报告,在1980年,仍有23.3%的黑人居住在郊区。[65]

现代建筑师密斯·凡·德·罗(Mies van der Rohe)与规划师路德维希·希尔伯塞默(Ludwig Hilberseimer)以及景观设计师阿尔弗雷德·考德威尔(Alfred Caldwell)一同设计了底特律的拉斐特公园社区,占地约70~80英亩。该社区借鉴了雷德朋体系的"超级街区"理念,设计了多种户型的住宅,包括3栋20层的公寓住宅、162栋联排别墅和24栋花园别墅,它们与小学、游泳池、公共浴室和社区购物中心等设施共同处于一系列私人、半公共和公共的公园绿地之中。[66]

拉斐特公园采用了非常前卫的建筑语言,如钢柱、落地玻璃窗、长直线以及锐利的边缘设计,明显不同于雷德朋等早期花园城市的风格,但其整体布局依然遵循了花园城市的理念,社区内部为居民和儿童创造了一个没有机动车的、绝对安全的、弹性的绿色环境(图5-8)。尽管拆除了黑人聚集的贫民窟,且原住民大多都搬离了此地(如今90%的黑人社区都聚集在底特律CBD东侧区域),但拉斐特公园仍然被称为美国最成功的城市更新项目。

由于歧视性契约限制,黑人聚集的贫民窟是底特律市为数不多的允许非裔美国人居住的社区之一,并且拥有这座城市最古老的住宅。随着新的城市规划出炉,这个历史悠久、充满活力的社区最终被拆除。这里被城市规划师定

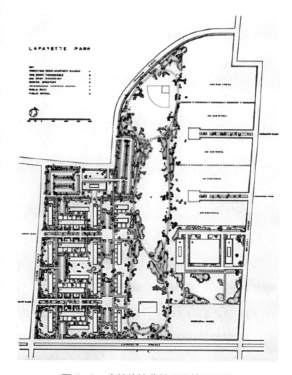

图5-8 底特律拉斐特公园总平面图
(来源:芝加哥艺术博物馆的馆藏资料照片)

位为贫民窟，为了获取联邦政府的"Title 1"援助（美国公立学校最大的联邦援助项目），1951 年市政府收购了该社区的土地。政府希望将该区域开发为混合各类阶层的中等密度社区，然而由于之前的历史以及周边环境（与低收入社区毗邻），开发商对该地块的开发持谨慎态度。1954 年，美国汽车工人联合会主席沃尔特·罗伊特（Walter Reuther）向底特律市政府施压，要求对该区域的闲置土地采取措施，该片区的规划得以正式启动。

市政府任命的市民委员会希望将这片土地建设成为"一个最先进的、最高标准的综合居住社区，能够吸引那些郊区居住的人口重新回到城市中心"。[67] 为了说明他们的观点，市民委员会聘请了一支由现代主义建筑师组建的设计团队，其中包括了双子塔的建筑设计师——山崎实（Minoru Yamasaki）和杰出的购物中心设计师——维克托·格鲁恩（Victor Gruen）。该团队提出了一版惊人的设计方案，包含建设 20 栋高层塔楼、20~30 栋联排别墅和 1 条宽阔的林荫大道，共计 4400 户，其中 25% 为低收入住房。该方案虽然尚未实施，但促使芝加哥开发商赫伯特·格林沃尔德（Herbert Greenwald）竞标该地块，并邀请密斯担任该项目的首席建筑设计师。

与过往的新城一样，规划者试图通过增加公寓户型种类和租售形式等方式来实现社区经济的多样性。然而，建筑成本的增加，导致低收入家庭并不会在拉斐特公园中存在。佩维里恩（Pavilion）公寓是拉斐特公园内第一座建成的建筑，1960 年 5 月，该建筑内 98% 的公寓都被出租，而联排别墅的销售期则维持了很久。1959 年《底特律自由报》（Detroit Free Press）刊登了一篇关于该社区的文章，提到该社区的新居民大多来自郊区的新城镇，他们的职业包括："26 名医生和牙医，13 名律师，7 名建筑师，5 名证券经纪人，31 名企业高管，7 名副总级别的银行高管，6 名工程师，4 名注册会计师，12 名销售员，13 名广告、电视和电台从业者，以及大量的高校人员"。[68] 另一篇文章中也写道："拉斐特公园与普通郊区社区最大的区别在于居民中职场女性的比例很高，至少有 14 名女性有全职工作，更多的女性从事兼职工作。"[69]

拉斐特公园的塔楼采用出租形式，其户型包含一居室和两居室两种。塔楼一侧为行列式布局的联排别墅，另一侧则为占地 14 英亩的普莱桑斯公园。为了使大面积的公共空间具备经济上的可行性，塔楼的高度远高于"新城镇"中的同类建筑。同时期的其他城市更新项目往往仅包含一种住宅形式（塔楼或中等住宅），传统的行列式布局导致这类超级街区的开放空间过于零碎，城市景观极其单调。

而在拉斐特公园，其丰富的住房类型组合与联排别墅周边的私密景观创造了更好的平衡。小孩子可以在自家门前玩耍，稍大的孩子则可以前往宽广的普莱桑斯公园（"Plaisance"源自一个古老的法语单词，意思是"游乐场"）玩耍。孩子们的父母不需要陪在身边，因为知道他们不会受到交通的侵扰。162 栋双层联排别墅按照 L 形布局，每户均有两间朝向前院的卧室和两间朝向后院的卧室。前院为各户共同拥有，包括开阔的草坪和游乐设施；后院则为每户的私人空间，进深 6 英尺，刚好可以容纳家庭烧烤的桌椅，这里也可以通往普莱桑斯公园。

联排别墅之间通过巧妙的地下通道进行了连接；垃圾清运和其他公用设施维修都在人们的视线之外完成，增加了整个社区的公园氛围，密度约为每英亩 12 户。24 栋花园别墅位于 4 栋独立的建筑内，其后院都采用了围合的私人庭院设计。小汽车被安置于社区边缘，停放在凹槽式的停车场中，与雷德朋的尽端路类似，从房屋内几乎看不到。进出社区都可以开车，但上学、玩耍或者是在社区商业中心购物都可以通过步行完成，不需要穿越任何的道路。正如《建筑论坛》杂志在 1960 年 5 月的一篇文章所写，"这个景象让人很难想象底特律曾对世界作出过的卓越贡献——汽车，它曾经融入了城市街道的每个角落，现在却处于被支配的地位。"[70]

克莱斯勒小学并非由密斯设计，而是由当地的一家建筑公司设计，直到 1961 年才动工建设，当时许多居民已经在这个社区居住。除非有足够的适龄儿童，否则底特律的教育局不会启动新学校的建设。为了吸引有孩家庭选择拉斐特公园，开发商将一栋新建成的联排住宅赠予底特律教育局，并以"单室学校"的形式存在。[71]

根据《底特律自由报》的报道：

在底特律市中心，一栋价值数百万美元的超现代大楼中间，坐落着一座只有一间教室的学校，这听起来就像回到了 19 世纪，但当你见到露丝·贝勒夫（Ruth Belew）后，便会相信这一事实。

露丝小姐完全有能力管理好底特律唯一的单室学校。这位活泼的黑发女孩说："我不会唱歌，但我相信我们可以解决这个问题。"从 1941 年起，贝勒夫就开始在底特律当老师，二战期间曾在非洲和欧洲红十字会服役。

露丝小姐是拉菲特公园的老住户，她是最早搬进佩维里恩公寓的住户之一。她告诉记者："这个项目的设计是为了吸引家庭住户。如果孩子们上学需要穿越繁忙的街道，例如格劳托街（Gratiot）或国会街（Congress），那么他们一定不愿意搬进来。"经过一个夏天的努力，贝勒夫设计了一个以孩子为中心的课程体系，重点是所有年级的孩子都可以参与其中。她曾希望在学校内为男孩子设立一个木工基地，后来她认为没有外人干扰的木工活动更好。

贝勒夫关于学校管理的想法非常超前，它打算开办一些开放或可移动的课堂。"我们把整个市中心当作我们的教室，并邀请从事艺术、音乐、法律等行业的父母来学校讲课。从某些方面来看，这里就像一座小镇，我们可以彼此亲近，但又保持一定的距离。"自从搬到拉斐特公园后，贝勒夫改变了自己的生活方式。以前她每天需要开车 80 英里，现在她几乎不用开车，她那辆 1957 年购买的粉色敞篷车也已卖掉。

贝勒夫生活方式发生转变的故事触及了新城镇规划的所有要素：步行可达性、社区、自由、DIY 以及女权主义。该故事所在的页面充满了拉斐特公园和其他产品的广告。在贝勒夫的简介旁边有一篇小文章，提到底特律的驾车者在下午的高峰时间每小时开车只有 20 英里，早上上班要花 27 分钟，晚上下班要花 32 分半钟。罗宾逊家具公司（Robinson Furniture）邀请读者参观他们位于尼可莱广场（Nicolet Place）1352 号的样板间，而米奇路提兄弟（Michielutti Brothers）则发布了一则自问自答的广告："住在郊区还是市中心？是的，拉斐特公园的好处不止于此。"房地产经纪人的一则广告写道："现在底特律人不仅能买到房子，还能买到无忧无虑的、优雅的、全新概念的'市中心'生活方式。我们可以为您提供额外的时间来放松、阅读，并享受和家人欢聚的美好时光（每周可以节省半天或更多的通勤时间）！"广告中还配了一幅父子俩在院子里遛狗的画面。

●

当你回想曾经经历过的、对于儿童最为友好的户外环境，你的脑海中会浮现出什么？许多人会想到迪士尼乐园，那里的道路没有汽车，到处都是吃喝玩乐的地方。迪士尼乐园的出现并非偶然，而是沃尔特·迪士尼的有意为之。沃尔特也是一位父亲，也常常困惑于不知道周末该和女儿们做什么事情，经常是孩子们在一些社区的游乐设施上跑跑跳跳，而他百般无聊地坐在一边。在一次欧洲旅行中，沃尔特游览了哥本哈根历史悠久的游乐园——蒂沃利花园，那里有美丽的风景、可口的餐厅、适合每个家庭成员游玩的项目以及干净整洁的环境，这与美国的游乐场形成了鲜明的对比。

在荷兰的马德罗丹小人国，沃尔特看到一座拥有微缩版欧洲地标建筑的游乐园。回到美国后，沃尔特决定按照自己的想法建造一座世界级的游乐园，以它创造的卡通形象和对未来的畅想为主题，并在乐园外围设置了一条环形观光铁路。同时，乐园采用了高耸的城墙设计，将乐园与世俗的洛杉矶城隔绝开来。1954 年，在 ABC 电视台的一档特别节目中，沃尔特向观众们展示了他计划在阿纳海姆建造的乐园。[72]

你从迪士尼乐园的大门进入，身后的停车场是汽车的海洋，然后向前沿着主街漫步。在那些看起来像狭窄的、独立商店的旧式外墙后面，实际上是一个巨大的单一建筑，每 18 英尺就有一个门廊，有些是假的，像是一条维多利亚时代风格的购物街。迪士尼的幻想师（代表想象力 + 工程师）使用了强制的透视法，将主街商店的上层不断缩小，使建筑物看起来更高。在主街的尽头有一个玫瑰花形路牌，上面有放射状的路径通往公园的景点。你永远不会迷路，因为你总是要回到玫瑰花形路牌。前面是城堡，后面是马特洪峰，左侧是有河船巡逻的密西西比河和俯瞰河滨的咖啡馆，右侧是若隐若现的未来世界。

长久以来，世界博览会一直是先进儿童技术展示的场所，因为儿童福利被视为人类未来不可或缺的组成部分。在 1876 年费城博览会上，福禄贝尔积木和幼儿园首次进入美国人的视线；1893 年，芝加哥博览会的儿童区设置了雕刻工坊、国际儿童玩具展区和室内体育馆。[73]1933 年的芝加哥世博会展示了一栋未来住宅，拥有玻璃幕墙和独立的飞机库；1939 年的金门国际博览会展示了未来的田园式住宅，其中包含了一套由肯姆·韦伯（Kem Weber，他曾为迪士尼工作）设计的房屋，采用了新型的油毡、层压板，并在客厅放置了野口勇的雕塑。[74]

博览会通过向观众展示美好的事物来批判现状，迪士尼乐园也不例外。历史学家卡拉尔·安·马林（Karal Ann Marling）写道："将汽车驱逐在外，游客只能在乐园内步行，沃尔特其实是暗示乐园外疯狂的汽车文化存在问题。"[75]尽管私人小汽车和新的圣安娜高速公路是迪士尼乐园成功的关键，但沃尔特认为迪士尼乐园就像一个非常规的小城市，他总是不停地修缮和升级园区内部的交通系统。

1959 年 6 月，迪士尼建设了美国第一条正式运营的单轨列车，乘坐该列车可以直达"未来世界"，并参观由麻省理工学院设计的孟都山未来之家，这是一座拥有巨大落地玻璃窗的白色蘑菇状建筑，里面设置了免提电话和嵌入式家具（图 5-9）。1967 年，迪士尼乐园计划建设一套旅客捷运系统，为中心商务区的旅客服务。迪士尼乐园是一个商业公园，它内部的很多东西都是虚构的，里面没有真正的住房，但它能够给予人们真正需要的东西：凝聚力、社交属性、街头生活和公共交通，这些与当时规划师的呼吁一致。沃尔特希望创造出适合每个家庭成员的游乐园，一个"父母和孩子都觉得有趣的地方"。这句话现在被刻在阿纳海姆和奥兰多迪士尼乐园的沃尔特和米老鼠雕像下方。

迪士尼乐园开业后，沃尔特经常会随身携带有关城市规划的书籍，讨论交通噪声和霓虹灯牌匾的影响，并研究了规划师维克多·格鲁恩（Victor Gruen）的《我们城市的心脏》（*The Heart of Our Cities*）（1964）一书。格鲁恩是一位欧洲移民，被称为美国购物中心的鼻祖，他曾在明尼苏达州的埃迪纳和密歇根州的南菲尔德等地建造现代主义风格的商业街，并取得了一些成功。20 世纪中叶，洛杉矶已经成为这类场景式零售商业街的聚集地，包括世界的十字路口（一系列精品店聚集的户外商业街，1936 年开业）。如今，洛杉矶的圣莫妮卡广场和格罗夫购物中心都是私人开发的购物中心，顾客都是从没有步行环境的社区开车而来的。

图 5-9　孟都山未来之家照片
（来源：网络）

1966 年，在为推出第二座沃尔特·迪士尼世界而创作的一部电影中，沃尔特自豪地引用了詹姆斯·劳斯（James Rouse）的赞誉。劳斯是许多城市节庆市集的策划者，20 世纪 70 年代，他将许多新的商业形态引入历史建筑，试图将购物中心的乐趣重新融入城市。1963 年的哈佛大学城市设计大会上，劳斯面对一屋子的规划师说出了他的褒奖："迪士尼乐园是当今美国最伟大的城市设计作品。"[76]

劳斯并不是唯一持有该观点的建筑师，建筑师查尔斯·摩尔（Charles Moore）也说过类似的话。摩尔在《你必须为公共生活买单》（*You Have to Pay for the Public Life*，1965）一文中写道，"迪士尼是西方世界在过去几十年中最为重要的单体建筑。"[77] 在那篇被许多人误解的文章中，摩尔讲述了其在南加州地区寻找公共生活的故事，他认为迪士尼乐园是其观点的最佳案例。学生们经常认为他很讽刺，但事实并非如此：迪士尼乐园的游客在付费后获得了步行和社交体验，得以摆脱机动车交通的影响，而这在他们的日常生活中是无法实现的。

如果愿意付出某种代价（纳税或者建筑所住房屋的面积），或许他们可以获得公共生活体验。摩尔写道，"人们居住的房屋大多是独立的、与世隔绝的，就像一座小岛，旁边停泊着汽车，将居民带到其他地方。"[78] 这正好与连接的公共空间相反，所以他们才会开车前往迪士尼。摩尔没有直接提到儿童，甚至没有谈到家庭，但他相信，每个人(包括沃尔特·迪士尼)都在寻找一个能够玩耍的公共场所。

"迪士尼乐园非常重要和成功,因为它为公众创造了重新面对公共环境的机会,而洛杉矶已经不再拥有这种环境。在迪士尼,人们可以在公共环境中观看演出,也可以参与其中。"[79]迪士尼乐园拥有真实世界的建筑尺度,而且干净整洁。摩尔谈到了他对真实世界的失望,例如加州伯克利的喷泉总是因遭到破坏而关停。而这些在迪士尼乐园是不会发生的,人们愿意为那些已知的安全性付费。摩尔清楚地知道,将公共生活私有化有一个缺点,即迪士尼乐园里不会有抗议活动,那些付不起门票的穷人根本进不来。

家庭友好型的城市规划也存在一个问题,即有孩家庭可能会认为这类城市变得太像迪士尼乐园了。这些太漂亮或太过整洁的城市存在着一个更大的危险,即健康的多样性和差异性消失了。这类城市也会处处散发可爱的气息:当规划师试图让整座城市变得更加好玩时,我退缩了,因为这意味着路侧会增加攀爬设施,车道可能会涂成鲜艳的颜色。我更喜欢安全的街道和全龄友好的公园,事实上,沃尔特·迪士尼对乐趣的理解更为广泛:一个易于识别的、由公共交通提供动力的环境,旨在能够吸引所有人的关注。

在迪士尼乐园的成功以及劳斯的鼓舞下,沃尔特·迪士尼打算建造一座未来的城市:艾波卡特(The Experimental Prototype Community of Tomorrow,EPCOT),未来社区原型,代号为"X计划"(图5-10)。该项目在奥兰多建设,与一座新建的、

图 5-10　未来社区概念图

(来源:Archdaily 网站)

更大规模的主题公园毗邻。该项目预计能容纳 2 万人，中心是一个占地 50 英亩的穹顶建筑，以商业和娱乐休闲功能为主，外围区域与中心的交通联系通过多种方式的公共交通完成，整体的交通组织模式与雷德朋类似。汽车停放在最外围，住宅、儿童和草坪位于内部（图 5-11）。[80]

正如马林（Marling）所描述的那样："工厂看起来非常现代化，塔楼和烟囱在黑暗中闪闪发光，整洁却又突兀，仿佛在暗示它们低调的沉默。住宅都是陈列品，围绕着湖泊进行组团式布局。为了保护，内城被封闭在一个 50 英亩的穹顶之下，从而保护这一代易受惊，再也不去市中心的郊区居民。"[81]

这个穹顶显然受到了蒙特利尔第 67 届世博会上巴克明斯特·富勒（Buckminster Fuller）展品的启发——一个控制气候环境的圆形穹顶。轨道交通围合而成的椭圆形布局让人想起规划师埃比尼泽·霍华德（Ebenezer Howard）的田园城市：商业中心、绿带以及楔形布局的居住区。机动车交通被严格限制在穹顶内的地下环形道路上。艾波卡特（EPCOT）并不是对现状的巨大创新，而是综合了底特律、蒙特利尔、芝加哥、洛杉矶和休斯敦等地的想法。

如果沃尔特自己负责，该项目或许已经实现。他曾希望公司购买并建造研发设施，并在艾波卡特的工业园区内进行永久展示。想象一下，从佛罗里达州中部通往硅谷的办公园区由一条高速单轨铁路提供服务，你就会明白了。然而，在向佛罗里达州的官员和公众展示艾波卡特的宣传片几个月之后，沃尔特便去世了。20 世纪 50 年代加入

图 5-11　沃尔特与未来社区总平面图的合影
（来源：Archdaily 网站）

迪士尼营销和宣传团队的马蒂·斯克拉（Marty Sklar）接受《时尚先生》采访时说："这个展示对于沃尔特来说非常有意义。但是他没能活得更久，以至于无法让他的想法来指导后续的工作细节。一个绝妙的想法与具体的实施之间存在着巨大的差异。"[82] 1982年最终建成的是一座以沃尔特·迪士尼的想法为基础的未来世界主题公园。与之前的迪士尼乐园一样，它结合了怀旧元素和新的理念，并创造了城市难以提供的行人友好和娱乐环境。

●

"我们有些朋友的房子非常大，他们也一直致力于此，而我们想说的是：'再见，我们要去（皇家安大略）博物馆了。'当这里变得拥挤和疯狂时，这就是我们试图去记住的东西。"

——乔尔（Joel）和弗朗西斯（Frances），科马克的父母[83]

这句话出自多伦多市中心的一户公寓家庭，它形象地描绘了有关私人住宅与公共生活之间的争论。正如我们所了解的，自从郊区住宅面世以来，那些富有远见的规划师一直在努力做出改变，希望通过重塑私人住宅、公共空间和公共交通之间的关系来为儿童争取更多的权利。与此同时，设计师、心理学家和社会学家正在研究环境对儿童的影响，并指出儿童需要参与城市活动和户外活动的经验，而不是封闭的玩乐空间。缺少这一点，孩子们会丧失主动性、竞争性和独立性，而这些都是在后工业时代孩子们需要具备的基本素质。

后院还是博物馆？重新整理壁橱还是断舍离？21世纪的家庭友好型规划不是在新城镇中进行，也不是工业用地的更新，而是在城市设计师、交通工程师、学校和公园管理人员的共同努力下，在城市内部创建连通各区域的开放空间，就如同在公寓楼中将过剩的停车空间改造为游戏空间一样。理想情况下，在现有的城市环境中建设家庭友好型建筑和社区将有利于公平发挥规划的益处，且不易受到种族、经济、地理区域差异的影响。现实情况下的效果还有待观察。

多伦多在2006—2016年期间进一步壮大，城市范围内共新建了14.3万套住宅，其中80%的住宅楼超过五层，3.8%的住宅为三居室。与此同时，居住在高层住宅中的有孩家庭数量增加了一万户。事实上，高层住宅设计时并未考虑该类家庭的需求。多伦多的低层住宅社区规划了商业、社区中心和学校等设施，但是独栋住宅对于千禧一代过于昂贵，而老年人也倾向于留在原居住地，因此城市未来的新增居民将更有可能集中在中高层填充式建筑中。

为了应对该情况，多伦多市于2016年启动了一项研究项目，旨在探索如何为不同年龄段和家庭构成的居民创建适宜的城市——从公寓到社区，从存储空间到街道。规划师们意识到了保留城市中心区多样性的重要价值，不同规模的公寓使得各年龄层的市民都能拥有其可以负担的住房，通过公园、社区商业等配套设施又可以增加居民之间的社交互动。多伦多市的规划师、新城市设计指南的作者之一安德里亚·奥佩迪萨诺（Andrea Oppedisano）说："大多数家庭希望采用非机动化的通勤方式，也更喜欢步行送孩子上学（图5-12）。"[84]

该项目的研究汇集了全球各地的优秀案例：纽约市的校园——操场计划，该项目对290个校园的操场进行了翻新，并在非上课时间对公众进行开放；多伦多、布莱顿以及西雅图的庭院式街道或共享街道；以温哥华奥运村（2010年）为例的混合用途社区。这些指导原则也适用于建筑物内部，根据对不同家庭的使用需求调研，提供了公寓设计示例。规划师朱莉·博格达诺维茨（Julie Bogdanowicz）在推特（Twitter）

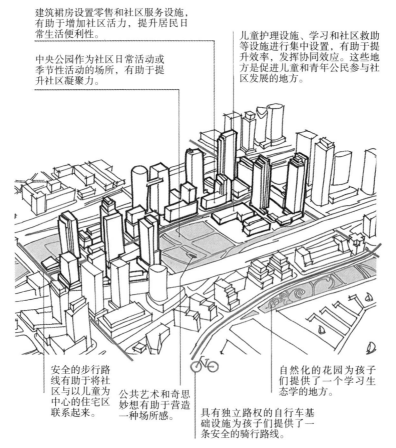

图5-12　基于儿童成长的新型垂直社区计划——多伦多市城市设计导则草案

（来源：《多伦多城市设计草案》）

上传了一张婴儿车在浴缸中的图片："访问 CondoHack 网站，我们看到了许多家庭存放婴儿车的方式，非常有趣。"奥佩迪萨诺（Oppedisano）补充道："高层社区中存在的非正式的共享空间让我们备受鼓舞。大多数家庭都希望楼宇内有一个公共的游戏室，居民可以在这里共享三轮车和玩具，这同时也释放了家庭的空间。"

设计指南的作者认为，通过这种方式，公共空间变成了家庭空间的延伸："一个能够满足儿童需求的公共空间同样能够满足其他人群的需求。例如，安全舒适的街道不仅有益于有孩家庭的停留和社交活动，同时也将成为其他社区居民的优质资产。"[85] 佩纳洛萨（Peñalosa）认为儿童友好是一个成功城市的评价指标。

多伦多幸运的地方在于它拥有一个近在咫尺的样板——圣劳伦斯社区，该社区的规划在简·雅各布斯（Jane Jacobs）的思想指导下进行，并结合现状城市肌理成功地将新建的中低层住宅（可租可售）和商业开发进行了有机整合。圣劳伦斯社区的土地于 1974 年 5 月被收购，当时这里还只是一片废弃的工业区；到 1979 年，这里建成了 3500 套住房，还配套了学校、商店、图书馆、社区中心等设施，并设置了一条专用的公共汽车线路。[86]

艾伦·利特尔伍德（Alan Littlewood）是许多公共项目的设计者，他为该社区的建设提出了三条指导原则，以避免出现前市长大卫·克龙比（David Crombie）所说的"美国式城市"，即中心城区只有办公功能（没有居住功能）的情况。[87] 规划方案没有将新建的公寓塔楼布置在公园内，也没有试图让人群远离街道或者将公寓和商业分区布置，而是将现有的街道延伸至老旧的铁路站场和停车场，并通过公开征集的方式为这些新街道赋予具有历史意味的名称。新建筑物的前门往往通往人行道或开放场地。住宅建筑内混合了市场化的可销售住宅和提供补贴的租赁式住房，力求打造不同收入人群混合的社区。

少量现存的历史建筑则通过拍卖形式出售，并由新主人进行修缮。这是一个从零开始建设的社区，充满了时间的印迹，但后来有人对红砖的过度使用提出了质疑。在利特尔伍德之后，肯·格林伯格（Ken Greenberg）成为多伦多的城市设计总监，他将雅各布斯称作社区规划的导师："我们会向她寻求建议，她也会向我们指出多伦多城市结构的问题，告诉我们新开发项目需要注意的事项。她的观点是将步行可达性、小街区、历史遗产等元素进行混合。"[88] 新的设计指南提出了一些更加精细的建议，如果成功，可以将其推广至其他希望吸引更多家庭的北美城市。

我们先来看看 969 平方英尺的两居公寓和 1140 平方英尺的三居公寓。入户门厅应该交错布局或采用凹形布局，这样能够避免相邻公寓直接看到客厅的情景。门厅空间应该能够容纳 4 个人和 1 辆婴儿车，并能布置两个储物柜，一个用来挂置常用的外套，另一个用来存放滑板车、靴子、大衣或儿童自行车。而较大的物品则可以存放在公寓楼停车位的壁橱中（采访中，我发现温哥华的几户家庭没有车，于是他们利用停车位来存放物品或玩耍）。指南里还有一段与壁橱相关的描述："最大化可用的墙壁空间，用于安装壁橱或其他家具（有趣的是，孩子们需要大量的衣物）。"[89]正如加州大学洛杉矶分校（UCLA）关于家庭生活研究课题的成果所示，厨房是家庭空间的重要节点，需要一个开放的平面和自然采光，而且烹饪和操作台需要紧邻一张能够容纳全家人的大桌子，桌子边上应该设置足够的充电插座（图5-13）。

该设计指南建议客厅能够观察到单元楼内的任何室外游戏空间。卧室需要足够大，为以后的重新布局预留可能。11平方米的空间可以容纳1张书桌、1件衣柜、两张单人床、1张高低床或1张双人床，以及床头柜。考虑到视觉和听觉隐私需求，卧室应该与客厅分隔设置，为每个家庭成员创造属于自己的空间，就像克里斯托弗·亚历山大（Christopher Alexander）描绘的幸福家庭生活场景一样。即使是在高层公寓建筑

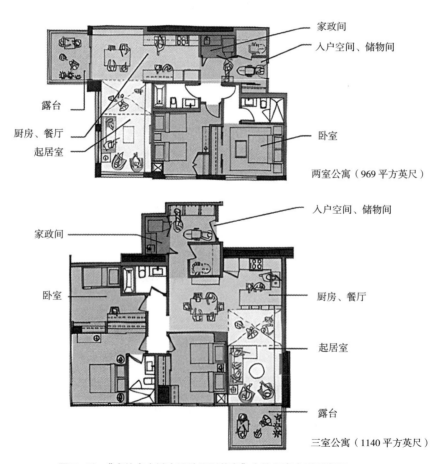

图5-13 《多伦多市城市设计导则草案》中的公寓户型示意图
（来源：多伦多城市设计草案）

内,成年人和儿童都有对自身空间的需求。

针对该需求的最激进做法或许是住宅内部的墙体可以改变。根据家庭不同阶段的需求,通过拆除或调整功能分区,可以将三居房屋(适合儿童家庭)改造为两居房屋(适合孩子上大学的家庭)或一居房屋(适合空巢老人)。[90] 当你不再需要这些空间的时候,你可以把这些空间还回去,并降低租金,这种措施可能更加有用。

我以前看到过有关代际住宅的概念,最著名的是 Gang 工作室的"重组住宅"(Recombinant House),这是美国现代艺术博物馆在 2012 年"止赎:重新安置美国梦"的主题展中的一件展品。[91] Gang 建筑事务所将 20 世纪 20 年代的别墅(位于伊利诺伊州西塞罗,典型的美国梦式的独栋住宅)拆分为若干个居住单元,每个单元拥有独立的卧室和浴室,厨房和其他公共空间则更加适合代际家庭或单身人士共享使用。这些拆分后的单元采用垂直社区的模式进行布局,将更多的地面空间留给公园和工作空间,社区居民可以根据其不同时段的需求来租用相应的房屋单元。从某种角度看,整栋建筑就像一面储物墙,当你有什么需求时,只需要在入住的时候选择相应的模块即可。

室外通道。与麦卡菲和马尔切夫斯基的观点一样,这些指南强烈提倡家庭住户住在较低的楼层,并要求建筑师在建筑底层布置大量的大户型单元,设置直连地面或楼顶游戏空间的通道。新设计指南包含了一张"母亲叫乔伊吃饭"的图片更新版本,里面绘制了一个种满绿植的庭院、封闭的私人阳台以及室内的公共设施空间。这种四五层的住宅非常具有社交属性。[92]

从规划者和潜在买家的角度来看,类似联排住宅、C 形或 L 形布局的多层庭院式建筑等中等规模住房再次成为首选。较高的建筑拥有宽阔的裙房,可以形成一个围合式的共享庭院,裙房屋顶上设置室内和室外社区空间,塔楼则在裙房上部间隔布置,与温哥华的"塔楼－裙房"设计类似。如果与最近的公园或运动场的距离超过 5~10 分钟的步行路程,建筑物的室外空间应优先考虑游戏功能,并设置一套与机动车交通分离的系统作为儿童往返的路径使用。在圣劳伦斯,大卫·克伦比公园和滨海艺术中心串联在一起,形成了一个线形的共享庭院,一直延伸到街区内部(尽管它与建筑物之间隔了几条机动车道)。

家庭搬往密度更高的社区意味着,他们要放弃院子、车库和地下室等私人空间,这些空间原本还充当保护装置和扩展区的角色。查尔斯·摩尔(Charles Moore)采用"岛屿"一词来描述洛杉矶居住区确实有他的目的:存储空间、工作空间和玩乐空间。《多伦多规划设计导则》(*Toronto's Guidelines*)解决了建筑物的占地面积问题,但必须对社区进行重组,以便为混乱的活动和娱乐提供机会,并在家庭和便利设施之间提供安全的街道。2012年，在俄勒冈州波特兰市的领导下，几座城市启动了围绕"20分钟社区"概念的社区密度增加项目，"社区内的居民可以在20分钟内通过步行或驾车完成其日常生活需求，并可以乘坐公共交通工具上班。"[93]

这些行动不是专门为家庭设计的，但他们的目标和建议与儿童友好型规划密切相关。2014—2015年期间，成长中的博尔德（Growing Up Boulder）针对当地适龄儿童进行了一项理想社区的调查，他们发现大多数孩子只能在步行2分钟的社区范围内独立活动，因为大多数孩子要到中学时才被允许离开家长的视线。[94]

为了提升儿童独立活动的能力，《多伦多规划设计导则》建议加宽人行道，并在人行道和自行车道之间、自行车道与机动车停放区之间设置绿化隔离带。公园需要为儿童提供各种不同的体验，包括拥有设备的有界游乐区和具有探险性质的景观玩乐区。而且，两个区域的设计"都应该考虑一定的风险分级因素，以便孩子们更加舒适和自信的同时，能够获得更高、更快、更强壮的机会。"[95]

线性公园可以用来连接不同的功能区域。交叉口和车道的宽度都应该缩窄，这有利于降低车速；在可能的情况下，应该通过提升人行道高度来降低车速。儿童聚集的目的地应该位于符合这些标准的现有路线上，尽量减少儿童在日常活动中穿越的街道数量。该设计指南甚至建议采用儿童形状的信号灯或者符号，以此来表明儿童在城市中的重要性，并让他们感觉到这座城市是专为他们设计的。正如科林·沃德（Colin Ward）所写的那样，"目标不是建设一座成年人认为儿童会喜欢的城市，而是建设一座考虑了城市内所有人健康和福利的城市，其中也包括儿童。"

多伦多并不是唯一致力于改革的城市，鹿特丹、阿姆斯特丹、波哥大、墨尔本、奥斯陆、波特兰、西雅图等城市都在研究并试验一些举措，包括重新设计街道、绿道和公园，增加中心城区的家庭公寓规模，并将社区级设施与开放空间和学校进行整合式开发。这些举措有的以改善儿童福利为名展开，有些则以提升健康、改善自然环境等为目的。2010年，鹿特丹市发起了一个名为"鹿特丹儿童友好型街区建设"的项目，它可以分析社区现有儿童设施的问题，并找出需要改进的地方。根据对"儿童友好城市"概念的理解，鹿特丹市认为其目标并不是建设更多存在边界和年龄限制的儿童游乐场地，而是"让儿童真正融入这座城市，并最终成长为对这座城市有价值的人。"[96]这类型街区拥有共同的特征：住宅面积较大，适合有孩家庭；能够与街道直接连通；拥有公共活动空间；更加安全的交通流线设计；距离学校较近；更多的社交空间。

鹿特丹的《儿童友好导则》（Child-friendly Guidelines）是整个国家发展战略的一部分，旨在改善各类城市的经济状况，并提升荷兰贫困家庭的收入水平。然而批评人士指责鹿特丹的政策其实只关注某一类家庭，即中产阶级家庭，事实上这座城市已经实施了大量针对该类家庭的儿童友好环境改善项目。伊拉斯谟大学的高级讲师布莱恩·杜塞（Brian Doucet）在接受《下一个城市》（*Next city*）杂志采访时说："那些关于吸引家庭搬回中心城区的说法其实是有选择性的，其对象并没有包含大量非西方移民家庭和居住在社会福利房的工薪阶层家庭。"[97]

阿姆斯特丹大学社会科学研究所的教授玛格丽特·范登伯格（Marguerite van den Berg）也指责"儿童友好"不过是"中产阶层友好"的另一种表达。[98]《鹿特丹住房愿景规划（2030）》（*Rotterdam's Woonvisie 2030 Plan*）提出，将新建 3.6 万套更大面积的住宅来取代现有的 1 万套公有房产和 1 万套私人房产，并鼓励小户型公寓合并为大户型公寓来满足新标准要求的最小面积。事实上，这种做法使得中心城区的低成本住房数量急剧减少。鹿特丹的新建设施（操场、步行或自行车道）均是以中产阶层家庭的儿童或少年为目标对象，并通过一些激进的技术手段驱离了那些年龄稍大的年轻人群进入，例如"蚊子"，它会发出只有年轻人才能听到的高分贝声音。[99]

范登伯格（Van den Berg）将鹿特丹吸引中产家庭回归市中心的做法与早前的现代主义规划思想联系起来，后者的要点是将家庭和工作进行分离，"而最具说服力的论据便是该城市的目标是将鹿特丹建设成为一座有吸引力的宜居城市。"[100] 这些新建住宅的理想住户为父母 + 孩子（1~3 个）的家庭，而不是那些几代同堂的家庭或由几个不相关的成年人合租的家庭（这里有关家庭的定义中，鹿特丹并不是特例，尽管《温哥华规划设计指南》（*Vancouver's Guidelines*）中提到了单亲家庭从城市生活中获得额外的好处）。2016 年，《鹿特丹市城市总体规划（2030）》（*Rotterdam's 2030 Plan*）的反对者发起了一项全民公投，结果以失败告终（因为投票人数不足）。但是，相关政治人士和住房倡导人士仍然持续呼吁政府保持其对可负担住房的承诺，避免流离失所。[101]

与 20 世纪郊区中产阶级的想法一致，如今中产阶级白人家庭希望住在中心城区，这种想法促使规划者采取了行动。由于经济原因，那些仍然留在城市生活的贫穷或工薪阶层家庭却无法与规划者对话。尽管每座城市都有各自的挑战，但鹿特丹儿童友好战略引发的问题同样适用别的城市。人们开始担忧，那些吸引家庭的新建设施，如游乐场，可能会倾向于布局在高收入社区，因为这些城市资产提升的项目大多由政府和私人共同资助，那些资助者肯定希望公园建在自家后院。除非采取一定的措施来保护租房者免受租金上涨和建筑物改进的影响，否则新建的公共改善设施都能提高社区的地产价值。

《多伦多新规划设计指南》（*Toronto's New Design Guidelines*）并没有直接提到可负担性的内容，尽管它们可以应用于出租、社会住房以及市场价格的公寓。但该市现在通过一项租户保护政策来避免 6 户以上规模的住宅建筑被拆除，并采用具有包容性的区划政策来应对开发商对大型场地增加密度的诉求。多伦多具有孕育出类似于福溪南社区的经济多样性的可能，但插花式建设的难度要远大于整体开发。

在温哥华，许多家庭会将最后一代公寓楼作为首选。这类公寓多为大面积的两居室，而且20世纪90年代那种老旧的大堂装修往往会让投资客望而却步。利用市场资本来提供公共服务，会让城市拥有更充沛的资金来改善自身的薄弱环节。正如纽约市公园管理部门于2014年发起的"社区公园倡议"项目：投资1.3亿美元用于35个公园的提升改造，这些都被认定为这座城市最需要改善的公园。[102]

城市必然会在物理层面发生各种变化，但更加密集的设施网络和更大面积的住房并不能撼动机动车的主导地位。如果不是为了保留高租金地区，那些行人和自行车友好的街道设计也只是强调交通参与者的公平性问题。[103] 奥雅纳（ARUP）公司的规划师汉娜·赖特（Hannah Wright）说："政治意愿是这类工作的必要条件，必须有人致力于整合不同学科、不同部门和不同资金的来源。"[104]

2017年12月发表的一份题为《充满活力的城市：为城市儿童设计》（*Cities Alive: Designing for Urban Childhoods*）的报告中，赖特和她的同事约瑟夫·哈格雷夫（Josef Hargrave）、塞缪尔·威廉姆斯（Samuel Williams）和费利西塔斯·祖·多赫纳（Felicitas zuDohna）使用"儿童基础设施"一词来表明协商式规划需要将儿童置于城市议题的核心位置。他们写道："儿童友好的规划方法能够将一系列先进的理念整合起来，包括健康、可持续、韧性和安全等，它将成为城市变革的催化剂。"[105]

为了实现这类规划要求的大规模、大范围的改变，政治家和工程师需要利用那些拥有庞大预算支出的机构，如交通和卫生部门，而不是资金紧张的公园和教育部门。奥雅纳的研究人员审视了全球的儿童友好实践案例，并总结了一份干预措施清单，包括儿童地图社区、行人和自行车优先、海绵城市设计等，这与纽约、奥斯陆、鹿特丹和温哥华等城市采取的措施有异曲同工之妙。威廉姆斯认为，结论不是要打造一个独立或幼稚的空间，而是一个与成年人共处的空间。[106]

"当谈论儿童友好型城市时，我们遇到的问题在于到处建设那些看起来充满童趣的秋千和滑梯。'基础设施'是一个严肃的词汇，在前面冠以'儿童'作为定语，目的是希望孩子们能够停下来思考事物是如何联系在一起的。"空闲时间并不是只能待在塑胶运动场内，还可以投身社区花园的建设工作，这会产生额外的代际效益。公园对于公众健康非常必要，雨季还可以承担蓄洪功能，它并不是可有可无的设施。开放空间、安全街道、自然景观以及各种有用的设备都属于基础设施。在作者看来，正确的做法应该是增加儿童的"日常自由度"，即无论身在何时何处，儿童都能够独立出行、玩耍。[107]

我想起了内布拉斯加州奥马哈市的萨利·福斯特冒险游乐场。这个利用废旧物品建造的游乐场地与社区花园紧邻，位于一家自行车店的拐角处。每当父母们周末前往农贸市场购物时，这里异常热闹。这是典型的代际式、多技能、互动式的城市规划，它让社区居民能够在不花费太多钱的情况下拥有更多的户外时间，而且每个人都能参与其中。在彼得·怀登（Peter Wyden）的《被溺爱的孩子》（*Coddled Kids*）中有一篇关于"反溺爱者"的文章："他们是反抗的斗士。像所有的游击队员一样，他们的斗争都是从内部开始。"[108] 怀登所说的反溺爱者便是如今那些对孩子采取自由放养态度的父母、创意废品游乐场地的资助者以及流动小商贩。怀登描述了房产所有者协会对装饰性草坪的狂热态度，但这种形式其实严重限制了儿童对场所和游戏方式的选择。许多家庭搬到郊区居住是为了寻找自然的开放空间，但他们屋前的草坪却永远那么单一。怀登这样形容该现象："草坪、到处都是草坪，但这并不是玩耍的场所。"当一对反溺爱者被邻居看到自己的草坪时，他们会解释说："我们刚刚说过了……我们的任务是培养孩子，而不是草。"

6 结语

上周,我的小学被拆除了。童年记忆的破坏足以让任何人开始怀旧,但这件事所涉及的不止这些。我的小学名为马丁·路德·金小学,位于马萨诸塞州的剑桥市,它由现代主义大师、前哈佛设计研究生院院长何塞普·路易·塞特(Josep Lluis Sert)设计,学校对面著名的皮博迪露台公寓(Peabody Terrace)也是由其设计。这所学校对我的影响颇深,但我其实是去年才知道这所学校是由塞特设计的。1977年我上学前班时,学校刚建成六年。当时的我住在一栋维多利亚时代的房子里,但却在一个完全现代化的环境中学习和玩耍——红色的墙板、折叠式的隔板和天窗。

——亚历山德拉·兰格,《如何在没有个性的空间中探索世界?》
(How Can You Learn about the World in Spaces without Character?) (2014)

在一栋现代主义风格的代表性建筑即将被拆除前,建筑评论家偶然发现这竟是自己曾经的学校。这个故事尽管看起来太完美了,但它并非虚构。如果这是一部电影的场景,我可能会奔跑着穿越剑桥市区的街道,在挖掘机触手碰到学校的那一刻正好赶到。更理想的情况是,我的激情辩护说服了权力机构,使得这座后现代主义的建筑得以保留。

马丁·路德·金小学建设于20世纪中叶的乌鸦岛模式和70年代推广的开放式学校交汇期。自从1981年随家人搬离剑桥市,我就没有再回过学校,但我的记忆中依然保留了大概的印象。学前班的教室位于学校正门的右侧,沿着普特南大道布置;每间教室都拥有独立的室外花园,就像温内特卡一样;学前班与一年级,二年级和三年级,都是成对布置;折叠门的设计使得老师可以随意调整教室的采光。

我入学时参与了一个开放式教学的项目,这是一个混合不同年龄、培养动手能力、通过游戏进行学习的公共教育实验。在该项目中,数学采用古氏积木进行教授,游戏桌(水和沙子)取代了课桌。学校的中央大厅通过屋顶采光照亮内部,街道和学校后身的操场之间有一条室内通道,它将分别位于一、二、三层的礼堂、体育馆、餐厅和教室进行了串联。随着学生年龄的增长,其授课教室与学校大门的距离也逐步增加,楼层也会逐渐升高。

凹嵌式的入口在早上回荡着学生的嘈杂声，给了孩子们一个集合的场所，而宽敞的屋顶操场则给了孩子们一个尽情撒欢的场所。这是一座专门为儿童设计的建筑，采用了模块化的现浇式混凝土框架，似乎可以适应任何的教育创新。这里其实就像一座类似赫茨伯格的微型城市，小朋友们可以在向导的指引下舒适地探索成年人的世界。[1]

在撰写关于战后企业设计的学位论文时，我震惊地意识到，吉尔布雷斯家族（电影《儿女一箩筐》的原型）不仅影响了自身子女的生活方式，还对现代工厂和生产线的安排产生了决定性的影响。在撰写本书时，我又因为在一些历史书籍中发现了自己童年时代的物品而震惊。

例如，我们在剑桥市的房屋后院中安装了一件穹顶状的镂空攀爬装置，我和兄长以及一群邻居的孩子经常把它当作山脉、堡垒或高低杠来玩耍，就像阿尔多·凡·艾克设计的穹顶攀爬设施一样。这种由巴克明斯特·富勒（Buckminster Fuller）推广的穹顶在蒙特利尔第 67 届世博会之后风靡一时，这也激发了艾波卡特（EPCOT）使用类似的创意。[2]

我父母可能从创意玩具公司订购了这个穹顶装置。我的积木是标准化的木制积木，我的第一次建筑设计就是在这个玩具的帮助下完成。毕业后我进入了乐高公司。20 世纪 70 年代，乐高推出了第一款面向女孩子的系列玩具——"家庭主妇"，但是我的母亲（职业女性）从来不愿意念出它们的名字。[3]

我和哥哥按照《星球大战》搭建了属于我们自己的星球，并在一个不断扩展的零重力空间站中添加宇航员玩偶。虽然我更喜欢裙子，但绿色、蓝色和橙色的奥雪高（OshKosh B'Gosh 美国童装品牌）工装裤是那个时代设计文化的产物，与 1981 年乐高广告中那个红发女孩穿的衣服惊人地相似。《克里斯蒂娜的工具箱》（*Christina's Toolbox*）是我母亲这样的女士会送给她女儿的书。我的童年恰逢短暂的男女性别模糊时期，那个时候用粉红色和蓝色的货架来区分不同性别的童装。[4]

换句话说，我出身于十年革命期间。女权主义、行动主义、环保主义，以及与 1968 年的年轻人运动有关的思想渗透到了儿童的游戏室、操场和教室里。父母们担心自己孩子的未来，想要给他们更多的自由。孩子的观点似乎与我不同，我怀念的不是 20 世纪中叶整洁的草坪，而是距离我家几个街区的、乱糟糟的达纳公园。

我很怀念小时候的那些玩伴，尽管我从来没有去过他们家，甚至都不知道他们的姓名。我确实有一些现在待在博物馆里面的物品，但我最为怀念的是曾经用它们制作的东西，包括人行道艺术展，一部由好朋友的父亲执导的幻灯片电影（关于外星人入侵社区的故事）。编剧兼导演迈克·米尔斯（Mike Mills）执导的《20 世纪的女性》（*20th Century Women*，2016）中有这样一个场景：一群成年人在观看 1979 年美国总统吉米·卡特（Jimmy Carter）的信任危机演讲：

在一个以努力工作、家庭稳定、社区团结、信仰坚定而自豪的国度，我们中太多人出现了崇拜自我放纵和消费的倾向。人的身份不再取决于一个人做什么，而是取决于一个人拥有什么。但我们发现，拥有和消费东西并不能满足我们对意义的渴望。我们已经明白，堆积如山的物质财富无法填补没有信心或目标的生活而导致的空虚。[5]

电影中的情景与现实一样，卡特的警告并不是开始，而是结束。里根当选总统后，1981年发布的《处于危险中的国家》(*A Nation at Risk*) 报告引发了对美国儿童"平庸教育表现"的恐慌，原来的开放式课堂重新进行了分隔，课桌又重新回到了教室。联邦通信管理委员会解除了对儿童节目的管制，允许以玩具品牌为基础的节目蓬勃发展。科学技术的进步使得胎儿性别检测的时间越来越早，以至于婴儿在出生时不再需要中性的服装。

粉色成为另一种可以覆盖在积木上的颜色。然而，正如儿童发展专家所说，早年的生活对我的成长产生了极大的影响。之所以如此沉迷于哈克尼斯圆桌和1960年的游乐场地，可能是因为我在这类环境中长大。在我就读的开放式中学里，我并没有经历20世纪80年代的保守主义。尽管这种教育模式存在很多问题，例如噪声、寒冷和混乱，但我学会了最重要的内容——独立思考的能力。

对20世纪80年代的回顾让我想起了许多如今正在发生的事情：撤回、商业主义、对自由的恐惧以及对"标准"的援引。然而，历史告诉我们，童年的设计思想是循环往复的，我认为我们正处在另一场变革的边缘。那些新玩具的制造商正在研发各种积木玩具，包括虚拟的和实体的。那些对日渐堆积的儿童物品烦恼不堪的父母创造了一种与应用无关的共享经济模式，它反倒拉近了人与人的关系。

颠覆教育的硅谷初创企业援引了约翰·杜威（John Dewey）的观点，并已经重返无课桌教室，但我仍然认为，它们需要在自己的环境中加大投资力度。关于风险的分担讨论重新列入游乐场的设计中，创意废品游乐场在许多意想不到的地方涌现。一些大都市正在积极吸引家庭群体而不是把他们赶出去，同时，许多家庭倾向于选择公共绿地而不是私人岛屿。种种迹象表明，20世纪70年代并没有被遗忘，更不用说20世纪10年代。

如果我是对的，这本书可以成为黑暗中指引前进的明灯。我告诉其他父母该怎么做的方式总是令人不快：孩子是一个个体，你或许从培养其如厕、看电子屏幕、学习阅读的体验中会获得成就感，但如果有第二个或第三个孩子呢？这本书不是一个处方，而是对需要注意的关键点进行描述，红色标志表示排除，绿色标志表示进步。

我们需要从孩子的角度来思考。未来的童年设计必须是公共属性的，而且是可触及的，否则它只会成为在中产阶级父母之间进行交易的另一种产品，表明他们已经给孩子提供了最好的生活开端。比起20世纪60年代的卫星，基于研究性学习而建设的学校拥有更先进的声学效果和内置设备，这是一件好事。在使用基础学习结构和合作的方法之后，你的孩子也通过Scratch组件（Scratch Blocks）自学编程和协作式练习。

最好的新技术以具体、积极的方式建立在过去的基础上，承认他们的债务，并确保所有种族、能力和社会经济背景的儿童都能获得空间自由。创新者喜欢谈论网络，但孩子们需要的是一个安全的网络：一个旨在促进他们的发展和不断成长的独立性环境，一步一步地为他们的家庭提供一个社区。生孩子感觉就像进入了一个新世界，但事实并非如此。两个世纪以来，童年的保护者和产品的推广者告诉父母如何让孩子表现得更好，更具公民属性，更有见地，更会社交，更有创造力，更有探究精神，更加独立，更加活跃。向他们学习，一起为儿童创造一个更好的环境。

致　谢

这本书得以最终出版需要感谢许多人。首先要感谢我的孩子——保罗（Paul）和罗米（Romy），正是他们的游戏和玩具促使我走进了一个全新的设计领域。其次是雷切尔·西尔弗曼（Rachel Silverman），她被我称为"好心的尼曼"，是她邀请我出席了2014年的尼曼学者出版座谈会。在会议上，我遇到了约瑟夫·维尔特（Joseph Veltre），她后来成为我的经纪人，并将我的书卖给了南希·米勒（Nancy Miller），并最终转让给了本·海曼（Ben Hyman）进行出版。感谢卡蒂亚·梅日博夫斯卡亚（Katya Mezhibovskaya）为这本书设计了一个有趣的封面。我要感谢所有对这本儿童书籍给予倾情投入的成年人。

感谢格雷厄姆美术高等研究基金会为本书的案例研究提供了资金支持；感谢纽约公共图书馆的韦特海姆阅览室和藏书为我提供了安静的环境和充足的资源；感谢邓肯·麦克法迪恩（Duncan McFadyen）和杜克大学图书馆在最后阶段给予的图片资源帮助。

感谢许多媒体编辑发表了我最初关于儿童设计思考的文章：Curbed网站的凯尔西·基思（Kelsey Keith），《纽约客》的迈克尔·阿格（Michael Agger）和丹尼尔·扎莱夫斯基（Daniel Zalewski），《德津》（*Dezeen*）的马库斯·范尔斯（Marcus fair）和安娜·温斯顿，《肮脏的家具》（*Dirty Furniture*）的伊丽莎白·格利克菲尔德（Elizabeth Glickfeld），MAS Context的伊克尔·吉尔，赫尔曼·米勒（Herman Miller）的山姆·格雷维（Sam Grawe），饱和空间（Saturated Space，建筑协会的色彩研究分会）的亚当·纳撒尼尔·弗曼（Adam Nathaniel Furman），《改革》（*reform*）的萨拉·里奇（Sarah Rich），《页岩》（*Slate*）杂志的朱莉娅·特纳（Julia Turner），《印记》（*Print*）的迈克尔·西尔弗伯格（Michael Silverberg），"GOOD"杂志的安·弗里德曼（Ann Friedman），设计观察者网站（Design Observer）的迈克尔·布雷特（Michael Bierut）、杰西卡·赫尔芬德（Jessica Helfand）和已故的威廉·德伦特尔（William Drenttel）。

还要感谢为我提供时间、参考资料或咨询的人士，他们包括来自世界各地的档案保管员、策展人、设计师、教师和作家，其中有些人是我的邻居。如果没有他们的建议和帮助，这本书不会如此有趣，他们的名字分别是达林·阿尔弗雷德（Darrin Alfred）、格雷格·艾伦（Greg Allen）、莉拉·艾伦（Lila Allen）、艾米·奥斯曼（Amy Auscherman）、诺曼·布罗斯特曼（Norman Brosterman）、艾莉森·邓内特（Allison Dunnet）、科林·范宁（Colin Fanning）、罗素·弗林彻姆（Russell Flinchum）、艾米·福塞尔曼（Amy Fusselman）、特里西亚·吉尔森（Tricia Gilson）、萨拉·格兰特（Sara Grant）、达金·哈特（Dakin Hart）、萨拉·亨德伦（Sara Hendren）、卡伦·休伊特（Karen Hewitt）、阿曼达·科尔森·赫尔利（Amanda Kolson Hurley）、简·赫顿（Jane Hutton）、米米·伊托（Mimi Ito）、丽兹·杰克逊（Liz Jackson）、茱莉亚·雅克特（Julia Jacquette）、朱丽叶·金钦（Juliet Kinchin）、帕特·科克姆（Pat Kirkham）、马克·兰斯特（Mark Lamster）、萨姆·卢贝尔（Sam Lubell）、梅纳德（Maynard）、卢·林登（Lu Lyndon）、邓·恩戈（Dung Ngo）、吉姆·尼科尔（Jim Nickoll）、莫妮卡·奥布尼斯基（Monica Obniski）、艾米·F. 绪方贞子（Amy F. Ogata）、艾丹·奥康纳（Aidan O'Connor）、安德里亚·奥佩迪萨诺（Andrea Oppedisano）、齐·珀尔曼（Chee Pearlman）、米开朗基罗·萨巴蒂诺（Michelangelo Sabatino）、苏珊·所罗门（Susan Solomon）、布伦特·托德里安（Brent Toderian）、卡罗尔·特罗哈（Carol Troha）、艾莉莎·沃克（Alissa Walker）、萨姆·威廉姆斯（Sam Williams）、亚历山大·格里菲斯·温顿（Alexa Griffith Winton）和汉娜·赖特（Hannah Wright）。我非常想念简·汤普森（Jane Thompson），希望她能活着看到这本书的出版，因为设计研究公司售卖的许多玩具非常精妙，它们是我童年的重要组成部分。我曾在包豪斯的课程中看到过一篇她的论文，感觉我的研究追随了她的步伐，这让我感到非常兴奋。

此外，还要感谢那些为我充当向导、提供场所、收集照片的朋友，他们包括乌鸦岛学校的贝丝·赫伯特（Beth Hebert）和劳里·M. 彼得森（Laurie M. Petersen）；哥伦布市的史蒂夫·福斯特（Steve Forster）、艾琳（Erin）和布鲁克·霍金斯（Brooke Hawkins）、路易斯·乔伊纳（Louis Joyner）和理查德·麦考伊（Richard McCoy）；东京的内奥米·波洛克（Naomi Pollock）和藤原浩·岛村（Hiroshi Shimamura）；剑桥市的佩妮（Penny）和吉姆·彼得斯（Jim Peters）；休斯敦市的安吉林·钱德勒（Angelyn Chandler）和乔治·克伦特（George Kroenert）；纽约市的彭妮（Ellen Cavanagh）和吉姆·彼得斯（Leslie Koch）。感谢2014届勒布奖学金的同学以及吉姆·斯托卡德（Jim Stockard）和莎莉·杨（Sally Young），他们鼓励我将儿童设计的想法转化为书籍。

我还要感谢在推特（Twitter）和社交媒体（Instagram）上支持我的粉丝们。本杰明·谢金（Benjamin Shaykin）和阿比盖尔·温伯格（Abigail Weinberg）甚至为我去档案馆查询资料。在我还不甚清晰时，他们已经了解了我的想法。

我还要感谢从幼儿园开始一路教导我的老师们：马萨诸塞州剑桥国王公开项目的莉莎（Risa）；北卡罗来纳州达勒姆市卡罗莱纳州朋友学校的诺姆·布德尼茨（Norm Budnitz）、亨利·沃克（Henry Walker）和精灵德拉莫特（Genie DeLamotte）；耶鲁大学的安·吉布森（Ann Gibson）、韦恩·科斯滕鲍姆（Wayne Koestenbaum）、亚历克·珀夫斯（Alec Purves）、文森特·史高丽（Vincent Scully）、弗雷德·斯特雷贝（Fred Strebeigh）和劳拉·韦克斯勒（Laura Wexler）；还有美术学院的让·路易斯·科恩（Jean-Louis Cohen）。

我还要感谢我的父母彼得·兰格（Peter Lange）和玛莎·斯科特福德（Martha Scotford），感谢他们让我的童年拥有足够的积木和游戏时间。

我最感激的是我的丈夫马克·迪克森（Mark Dixon）和我的保姆玛格丽特·斯基特（Margreta Skeete），他们在我工作的时候陪孩子们玩耍。

注 释

导言

1. Jane Lancaster, *Making Time：Lillian Moller Gilbreth—A Life Beyond "Cheaper by the Dozen"*（Boston：Northeastern University Press, 2004）, 221.

2. 该内容曾以略微不同的表述方式发表在 *Slate* 杂志上. Alexandra Lange, "The Woman Who Invented the Kitchen," *Slate*, October 25, 2012, http：//www.slate.com/articles/life/design/2012/10/lillian_gilbreth_s_kitchen_practical_how_it_reinvented_the_modern kitchen.html（accessed February 1, 2017）.

3. Frank B. Gilbreth Jr. and Ernestine Gilbreth Carey, *Belles on Their Toes*（New York：Thomas E. Crowell Co., 1950）, 107.

4. Lancaster, *Making Time*, 266–67.

5. Frank B. Gilbreth Jr. and Ernestine Gilbreth Carey, *Cheaper by the Dozen*（New York：Thomas Y. Crowell Co., 1948）, 4.

6. Lella Gandini, "Play and the Hundred Languages of Children：An Interview with Lella Gandini," *American Journal of Play* 4, no. 1（Summer 2011）.

7. Jonathan Zimmerman, *Small Wonder：The Little Red Schoolhouse in History and Memory*（New Haven, CT：Yale University Press, 2009）.

8. Juliet Kinchin and Aidan O'Connor, eds., *Century of the Child：Growing by Design, 1900–2000*（New York：Museum of Modern Art, 2012）, 16.

9. Jane Jacobs, "Can Big Plans Solve the Problem of Renewal？," in *Vital Little Plans：The Short Works of Jane Jacobs*, ed. Samuel Zipp and Nathan Storring（New York：Random House, 2016）, 226.

1 积木

1. Antoinette Portis, *Not a Box*（New York：HarperCollins, 2006）.

2. *The Works of John Locke*, vol. 9, *Some Thoughts Concerning Education*（London：W. Otridge and Son, 1812 [. 1693]）, 145.

3. Edith Ackermann, "Piaget's Constructivism, Papert's Constructionism：What's the Difference？"（2001）, http：//learning.media.mit.edu/content/publications/EA.Piaget%20_%20Papert.pdf（accessed September 27, 2017）.

4. Ann Hulbert, Raising America：Experts, Parents, and a Century of Advice About Children（New York：Vintage Books, 2004 [. 2003]）, 300.

5. Shelley Nickles, "'Preserving Women'：Refrigerator Design as Social Process in the 1930s," Technology and Culture 43, no. 4（October 2002）：694.

6. Benjamin Spock, The Common Sense Book of Baby and Child Care（New York：Duell, Stone and Pearce, 1946）, 248.

7. John Neuhart, Marilyn Neuhart, and Ray Eames, Eames Design（New York：Abrams, 1995）, 157.

8. "Industrial Design：Another Toy to Tinker With," Interiors 111（September 1951）, 10.

9. Creative Playthings, "The Power of Play"（Princeton, NJ：Creative Playthings, 1967）, 2, 27.

10. "Cardboard Box," National Toy Hall of Fame, http://www.toyhalloffame.org/toys/cardboard-box (accessed March 20, 2017).

11. Ellen Seiter, Sold Separately: Parents and Children in Consumer Culture (New Brunswick, NJ: Rutgers University Press, 1995); Gary Cross, Kids' Stuff: Toys and the Changing World of American Childhood (Cambridge, MA: Harvard University Press, 1999); Lisa Jacobson, Raising Consumers: Children and the American Mass Market in the Early Twentieth Century (New York: Columbia University Press, 2004).

12. Amy F. Ogata, "Good Toys," in Century of the Child: Growing by Design, 1900–2000, ed. Juliet Kinchin and Aidan O'Connor (New York: Museum of Modern Art, 2012), 171.

13. Karen Hewitt and Louise Roomet, eds., Educational Toys in America: 1800 to the Present (Burlington, VT: Robert Hull Fleming Museum, 1979), 1.

14. Teresa Michals, "Experiments before Breakfast: Toys, Education and Middle-Class Childhood," in The Nineteenth-Century Child and Consumer Culture, ed. Dennis Denisoff. (Hampshire, England: Ashgate, 2008), 32.

15. Maria Edgeworth and Richard Lovell Edgeworth, Practical Education (Boston: Samuel H. Parker, 1825 [.1798]), 17, 22.

16. Evelyn Weber, "Play Materials in the Curriculum of Early Childhood," in Educational Toys, ed. Hewitt and Roomet, 33.

17. Karen Hewitt, "Blocks as a Tool for Learning: Historical and Contemporary Perspectives," Young Children (January 2001), 6–8.

18. Brenda and Robert Vale, Architecture on the Carpet: The Curious Tale of Construction Toys and the Genesis of Modern Buildings (London: Thames & Hudson, 2013), 8.

19. Seiter, *Sold Separately*, 68–70.

20. 同上, 73.

21. Barbara Beatty, *Preschool Education in America: The Culture of Young Children from the* Colonial Era to the Present (New Haven, CT: Yale University Press, 1995), 10–12.

22. Norman Brosterman, Inventing Kindergarten (New York: Abrams, 1997), 20–21.

23. 同上.

24. Beatty, Preschool Education in America, 38.

25. Brosterman, Inventing Kindergarten, 33.

26. "The Garden for the Children is the Kindergarten," illustration from Friedrich Froebel's Education by Development, trans. Josephine Jarvis (New York: D. Appleton and Co., 1899). Reproduced in Brosterman, Inventing Kindergarten, 31.

27. Maria Kraus-Boelte and John Kraus, The Kindergarten Guide: An Illustrated Hand-Book, vol. 1 (New York: E. Steiger, 1881 [.1877]), 29.

28. Beatty, Preschool Education in America, 68. 有证据表明, 当伯里特的幼儿园小屋为孩子们（从附近慈善机构挑选的18位儿童）教授知识时, 弗兰克·劳埃德·赖特（Frank Lloyd Wright）的母亲安娜·劳埃德·琼斯（Anna Lloyd Jones）就发现了福禄贝尔"恩物"的功效. 在回到波士顿的家后, 她买了一套"恩物", 并报名参加了相关的培训课程. Brosterman, Inventing Kindergarten, 10.

29. 同上, 58.

30. Mrs. Horace Mann and Elizabeth P. Peabody, Moral Culture of Infancy, and Kindergarten Guide, 6th ed. (New York: J. W. Schermerhorn & Co., 1876) 13–14.

31. Brosterman, Inventing Kindergarten, 48.

32. Kraus-Boelte and Kraus, Kindergarten Guide, 28.

33. Brosterman, Inventing Kindergarten, 50–53.

34. Frank Lloyd Wright, A Testament (New York: Horizon Press, 1957), 19–20.

35. Juliet Kinchin and Aidan O'Connor, eds., Century of the Child: Growing by Design, 1900–2000 (New

York: Museum of Modern Art, 2012), 30–35.

36. Buckminster Fuller, Thinking Out Loud, produced and directed by Karen Goodman and Kirk Simon (Zeitgeist Films, 1996), quoted in Brosterman, Inventing Kindergarten, 84.

37. Beatty, Preschool Education in America, 69–70.

38. Anna Bryan, "The Letter Killeth" (address to the Kindergarten Department of the National Education Association [1890]), quoted in Beatty, Preschool Education in America, 82.

39. John Dewey, "Froebel's Educational Principles," Elementary School Record 1 (June 1900), 151.

40. Alice Temple, "Conference on Gifts and Occupations" (lecture, Seventh Annual Convention of the International Kindergarten Union [1900]), quoted in Weber, "Play Materials," 25.

41. Caroline Pratt, I Learn from Children: An Adventure in Progressive Education (New York: Grove Press, 2014 [.1948]), 6.

42. "Woodwork for Girls," School Journal (November 23, 1895), 475, quoted in Jeroen Staring, "Caroline Pratt: Progressive Pedagogy In Statu Nascendi," Living a Philosophy of Early Childhood Education: A Festschrift for Harriet Cuffaro, Bank Street College of Education Occasional Paper Series 32, https://www.bankstreet.edu/occasional-paper-series/32/caroline-pratt-progressive-pedagogy-in-statu-nascendi (accessed March 22, 2017).

43. Jeroen Staring, "Caroline Pratt: Progressive Pedagogy In Statu Nascendi," Living a Philosophy of Early Childhood Education: A Festschrift for Harriet Cuffaro, Bank Street College of Education Occasional Paper Series 32, https://www.bankstreet.edu/occasional-paper-series/32/caroline-pratt-progressive-pedagogy-in-statu-nascendi (accessed March 22, 2017).

44. Pratt, I Learn from Children, 10.

45. Caroline Pratt, "The Real Joy in Toys," (114–123) in Mary Harmon Weeks, ed., Parents and Their Problems: Methods and Materials for Training, Vol. IV (Washington, D.C.: The National Congress of Mothers and Parent-Teacher Associations), 119.

46. Caroline Pratt, "The Toys That Children Like," Woman's Magazine, December 1914, 34.

47. Patty Smith Hill, "Kindergarten" (1941), quoted in Karyn Wellhousen and Judith Kieff, A Constructivist Approach to Block Play in Early Childhood (Boston: Cengage Learning, 2001), 11.

48. Brosterman, Inventing Kindergarten, 102.

49. G. F., "How Do Unit Blocks Help Children Learn?" The Economist, July 11, 2013, http://www.economist.com/blogs/economist-explains/2013/07/economist-explains-6 (accessed May 15, 2017).

50. Jim Hughes and Chas Saunter, "History," Hilary Page Toys website, http://www.hilarypagetoys.com/Home/History and Jim Hughes, "1947—Kiddicraft," Brick Fetish, http://brickfetish.com/timeline/1947.html (accessed October 11, 2016).

51. Hewitt, "Blocks as a Tool for Learning," 7.

52. Hilary F. Page, Playtime in the First Five Years, rev. 2nd ed. (London: George Allen and Unwin Ltd., 1953), 10.

53. Hilary F. Page, "Plastics as a Medium for Toys," in Daily Graphic Plastics Exhibition Catalogue. 英国塑料联合会（BPF）联合出版（1946年）。文字来自于希拉里·佩奇玩具公司的网站, http://www.hilarypagetoys.com/Home/History/27/0 (accessed October 10, 2016).

54. "K280 Interlocking Building Cubes—1939," Hilary Page Toys website, http://www.hilarypagetoys.com/Home/Products/3/2 (accessed May 15, 2017).

55. Page, Playtime, 34.

56. Kiddicraft 自锁砖刊登在1948年7月出版的《Boy's Own Paper》杂志上. Brick Fetish, http://brickfetish.com/kiddicraft/ad_1948.html (accessed May 15, 2017).

57. Adrian Lithgow, "The Ghost That Is Haunting Lego Land," Mail on Sunday, July 26, 1987, reproduced on Hilary Page Toys website, http://www.hilarypagetoys.com/Home/History/26/0 (accessed October 11, 2016).

58. LEGO Group, Developing a Product (Billund, Denmark: The Lego Group, 1997), 2–3.

59. Colin Fanning, "The Plastic System: Architecture, Childhood, and LEGO 1949–2012"（MA qualifying paper, Bard Graduate Center, April 2013）, 5ff.

60. "The LEGO Group History," LEGO website, https://www.lego.com/en-us/aboutus/lego-group/the_lego_history（accessed May 15, 2017）.

61. Jim Hughes, "The Automatic Binding Brick," Brick Fetish website, http://brickfetish.com/timeline/1949.html（accessed October 11, 2016）.

62. "LEGO System of Play," LEGO, https://www.lego.com/en-us/legohistory/system-of-play（accessed October 30, 2017）; Jim Hughes, "System I Leg," Brick Fetish, http://brickfetish.com/timeline/1955.html（accessed October 11, 2016）.

63. Fanning, "The Plastic System," 13.

64. Jim Hughes, "System I Leg," Brick Fetish, http://brickfetish.com/time line/1955.html（accessed May 15, 2017）.

65. Maaike Lauwaert, The Place of Play: Toys and Digital Cultures（Amsterdam: Amsterdam University Press, 2009）, 58.

66. Ogata, "Good Toys," 171–73.

67. Elizabeth Licata, "Mokulock Wood Bricks: The Natural LEGOs," Apartment Therapy, March 27, 2013, http://www.apartmenttherapy.com/mokulock-wood-bricks-the-natural-legos-186976（accessed May 15, 2017）.

68. "Wooden LEGO Blocks by Mokurokku," designboom, February 10, 2013, http://www.designboom.com/design/lego（accessed May 15, 2017）.

69. Amy F. Ogata, Designing the Creative Child: Playthings and Places in Midcentury America（Minneapolis: University of Minnesota Press, 2013）, 46.

70. Roland Barthes, Mythologies, selected and trans. Annette Lavers（New York: Hill and Wang, 1984 [.1957]）, 53–55.

71. Jim Hughes, "The Lego System," Brick Fetish, http://brickfetish.com/timeline/1958.html（accessed May 15, 2017）.

72. "10 Vigtige Kendetegn for Lego,"（ca. 1962）, 转载于 Jim Hughes 网站, "System I Leg," Brick Fetish, http://brickfetish.com/photos/things/principles 1962.html（accessed May 15, 2017）.

73. Lauwaert, Place of Play, 52.

74. Anthony Lane, "The Joy of Bricks," New Yorker, April 27, 1998. https://www.newyorker.com/magazine/1998/04/27/the-joy-of-bricks（accessed October 30, 2017）.

75. 广告转载于 Jim Hughes 网站, "Samsonite," Brick Fetish, http://brickfetish.com/timeline/1961.html（accessed May 15, 2017）.

76. Jim Hughes, "The Airport," Brick Fetish, http://brickfetish.com/timeline/1964.html（accessed May 15, 2017）.

77. Fanning, "The Plastic System," 24–26.

78. Todd Wasserman, "Lego's 1981 Girl-Power Ad Comes with an Inspiring Backstory," Mashable, January 21, 2014, http://mashable.com/2014/01/21/lego-girl-power-ad-1981/#kYyooM7s3iqG（accessed May 15, 2017）; Michel Martin, "Gender Controversy StacksUp Against 'Lego Friends,'" NPR, January 18, 2012, http://www.npr.org/2012/01/18/145397007/gender-con troversy-stacks-up-against-lego-friends（accessed May 15, 2017）.

79. Colin Fanning, "LEGO Play on Display: The Art of the Brick and The Collectivity Project," Response: The Digital Journal of Popular Culture Scholarship（November 2016）https://responsejournal.net/issue/2016-11/feature/review-lego-play-display-art-brick-and-collectivity-project（accessed May 15, 2017）.

80. Mitchel Resnick et al., "Scratch: Programming for All," Communications of the ACM 52, no. 11（November 2009）: 63.

81. Mitchel Resnick and Eric Rosenbaum, "Designing for Tinkerability," in Design, Make, Play: Growing

the Next Generation of STEM Innovators, ed. Margaret Honey and David E. Kanter (New York: Routledge, 2013), 164–66.

82. Mitchel Resnick, "Computer as Paintbrush: Technology, Play, and the Creative Society," in Play = Learning: How Play Motivates and Enhances Children's Cognitive and Social-Emotional Growth, ed. Dorothy G. Singer, Roberta Michnick Golinkoff, and Kathy Hirsh-Pasek (New York: Oxford University Press, 2006), 3. http://web.media.mit.edu/~mres/papers/playlearn-handout.pdf (accessed March 27, 2017).

83. Marina Umaschi Bers, Designing Digital Experiences for Positive Youth Development: From Playpen to Playground (New York: Oxford University Press, 2012), 14.

84. Chris Berdik, "Can Coding Make the Classroom Better？" Slate, November 23, 2015; LauraPappano, "Learning to Think like a Computer," New York Times, April 4, 2017.

85. Seymour Papert, "Project-Based Learning," Edutopia, November 1, 2001, https://www.edutopia.org/seymour-papert-project-based-learning (accessed May 15, 2017).

86. Bers, Designing Digital Experiences, 28–29.

87. Pappano, "Learning to Think."

88. Bers, Designing Digital Experiences, 29.

89. 同上, 103.

90. Mimi Ito, "Why Minecraft Rewrites the Playbook for Learning," Boing Boing, June 6, 2015, http://boingboing.net/2015/06/06/why-minecraft-re writes-the-pla.html (accessed March 27, 2017).

91. Colin Fanning and Rebecca Mir, "Teaching Tools: Progressive Pedagogy and the History of Construction Play," in Understanding Minecraft: Essays on Play, Community and Possibilities ed. Nate Garrelts (Jefferson, NC: McFarland & Co., 2014), 38.

92. "Minecraft: The Story of Mojang," 2 Player Productions, 2012: 33: 15-35: 02, 引自 Fanning, "Teaching Tools," 51.

93. Katja Borregaard, "Fraction Stories," Minecraft Education Edition, https://education.minecraft.net/lessons/fraction-stories (accessed March 27, 2017).

94. "Summer Camp: Minecraft Builders Unite!" Chicago Architecture Foundation, https://www.architecture.org/experience-caf/programs-events/detail/summer-camp-minecraft-builders-unite (accessed March 27, 2017).

95. Fanning and Mir, "Teaching Tools," 52.

96. Clive Thompson, "The Minecraft Generation," New York Times Magazine, April 17, 2016, https://www.nytimes.com/2016/04/17/magazine/the-mine craft-generation.html?_r=0 (accessed May 16, 2017).

97. 同上.

98. Mimi Ito, 对作者的采访, June 30, 2016.

99. Michael Joaquin Grey, 对作者的采访, June 3, 2016.

100. "ZOOB with Michael Joaquin Grey 2 of 5," YouTube, January 9, 2010, https://www.youtube.com/watch? v=XfFMOOybqbY (accessed May 16, 2017).

101. Paola Antonelli, 对作者的采访, October 7, 2016.

102. Michael Joaquin Grey, 采访.

103. Andy Greenberg, "How a Geek Dad and His 3D Printer Aim to Liberate Legos," Forbes, April 5, 2012, https://www.forbes.com/sites/andy green berg/2012/04/05/how-a-geek-dad-and-his-3d-printer-aim-to-liberate-legos/#310aa936108d (accessed October 18, 2017).

104. Andrew Liszewski, "Adapter Kit Lets Your Lego Bricks and Lincoln Logs Play Together," Gizmodo, March 19, 2012, https://gizmodo.com/5894539/adapter-kit-lets-your-lego-bricks-and-lincoln-logs-play-together (accessed October 18, 2017); Greenberg, "How a Geek Dad."

105. Pamela Popeson, "This Is for Everyone: Free Play," Inside/Out, Museum of Modern Art, March 27, 2015, https://www.moma.org/explore/inside out/2015/03/27/this-is-for-everyone-free-play (accessed May 15, 2017).

106. Ellen Lupton, ed., Beautiful Users: Designing for People(New York: Chronicle Books, 2014), 111.

2 住宅

1. Ellen Lupton, ed., Beautiful Users: Designing for People(New York: Chronicle Books, 2014), 11.

2. Jeanne E. Arnold et al., Life at Home in the Twenty-First Century: 32 Families Open Their Doors(Los Angeles: Cotsen Institute of Archaeology Press, 2013).

3. Aidan O'Connor, "Design and the Universal Child," in Century of the Child: Growing by Design, 1900–2000, ed. Juliet Kinchin and Aidan O'Connor(New York: Museum of Modern Art, 2012), 233.

4. James Hennessey and Victor Papanek, Nomadic Furniture(New York: Pantheon, 1973), 121.

5. O'Connor, "Design and the Universal Child," 236.

6. Krabat Jockey website, http://www.krabat.no/en/products/krabat-jockey(accessed April 19, 2017).

7. Peter Opsvik, Rethinking Sitting(Oslo: Gaidaros Forlag AS, 2008), 158.

8. Sally Kevill-Davies, Yesterday's Children: The Antiques and History of Childcare(Suffolk, England: Antique Collectors' Club Ltd., 1991), 77–78.

9. Colin White, The World of the Nursery(New York: E. P. Dutton, 1984), 26.

10. Karin Calvert, Children in the House: The Material Culture of Early Childhood, 1600–1900(Boston: Northeastern University Press, 1992), 121.

11. White, World of the Nursery, 32.

12. Bryn Varley Hollenbeck, "Making Space for Children: The Material Culture of American Childhoods, 1900–1950"(PhD dissertation, University of Delaware, 2008), 102.

13. Calvert, Children in the House, 122.

14. Hints for the Improvement of Early Education and Nursery Discipline(Philadelphia: John H. Putnam, 1826), quoted in Calvert, Children in the House, 127–28.

15. Kevill-Davies, Yesterday's Children, 79.

16. Calvert, Children in the House, 127.

17. Kevill-Davies, Yesterday's Children, 81.

18. Calvert, Children in the House, 130.

19. Kevill-Davies, Yesterday's Children, 84–86.

20. Marta Gutman, "The Physical Spaces of Childhood," in The Routledge History of Childhood in the Western World, ed. Paula S. Fass(London: Routledge, 2013), 249.

21. Elizabeth Collins Cromley, "A History of American Beds and Bedrooms," Perspectives in Vernacular Architecture 4(1991), 177.

22. Philippe Ariès, Centuries of Childhood: A Social History of Family Life, trans. Robert Baldick(New York: Vintage Books, 1962), 128.

23. Hugh Cunningham, Children and Childhood in Western Society Since 1500(New York: Longman, 1995), 61–64, 79.

24. Charles Richmond Henderson, Proceedings of the Lake Placid Conference on Home Economics, 1902, 引自 Gwendolyn Wright, Building the Dream: A Social History of Housing in America(Cambridge: MIT Press, 1983), 127.

25. Charles P. Neill 于 1905 年在纽约慈善学院的演讲，引自 Gwendolyn Wright, Building the Dream: A Social History of Housing in America(Cambridge: MIT Press, 1983), 126.

26. Calvert, Children in the House, 107.

27. Wright, Building the Dream, 128.

28. 同上，77.

29. Cromley, "A History of American Beds," 179.

30. Dolores Hayden, The Grand Domestic Revolution: A History of Feminist Designs for American Homes,

Neighborhoods, and Cities (Cambridge: MIT Press, 1981), 67ff.

31. Wright, Building the Dream, 144.

32. Gutman, "Physical Spaces of Childhood," 250–51.

33. White, World of the Nursery, 12–13.

34. Wright, Building the Dream, 111–12.

35. White, World of the Nursery, 22.

36. Calvert, Children in the House, 146.

37. Helen Sprackling, "The Whole-Family House," Parents (March 1931), 27.

38. George Nelson and Henry Wright, Tomorrow's House: A Complete Guide for the Home-Builder, 2nd ed. (New York: Simon & Schuster, 1945), 2.

39. John Archer, Architecture and Suburbia: From English Villa to American Dream House, 1690–2000 (Minneapolis: University of Minnesota Press, 2005), 263.

40. Carolyn M. Goldstein, Do It Yourself: Home Improvement in 20th-Century America (New York: National Building Museum/Princeton Architectural Press, 1998), 15.

41. Dennis Bryson, "Family and Home, Impact of the Great Depression On," in Encyclopedia of the Great Depression, ed. Robert S. McElvaine, vol. 1 (New York: Macmillan Reference USA, 2004), 310 - 15. U.S. History in Context, link.galegroup.com/apps/doc/CX3404500173/UHIC? u=nysl_ro_rush &xid=c2eb346b. (accessed September 6 2017) .

42. Dianne Harris, Little White Houses: How the Postwar Home Constructed Race in America (Minneapolis: University of Minnesota Press, 2013), 34.

43. Clifford Edward Clark Jr., The American Family Home, 1800–1960 (Chapel Hill: University of North Carolina Press, 1986), xv.

44. Harris, Little White Houses, 21.

45. William H. Frey, "The Suburbs: Not Just for White People Anymore," New Republic, November 24, 2014, https://newrepublic.com/article/120372/white-suburbs-are-more-and-more-thing-past (accessed May 18, 2017) .

46. Christopher Hawthorne, "How Arcadia Is Remaking Itself as a Magnet for Chinese Money," Los Angeles Times, December 3, 2014, http://www.latimes.com/entertainment/arts/la-et-cm-arcadia-immigration-architecture-20140511-story.html (accessed May 18, 2017) .

47. Diana Selig, "Parents Magazine," in Encyclopedia of Children and Childhood: In History and Society, ed. Paula S. Fass, vol. 2. (New York: Macmillan Reference USA, 2004) 654–55.

48. Shirley G. Streshinsky, "The Berkeley Story: Commitment to Integration," Parents (May 1969); Bernard Ryan Jr. "A Last Look at the Little Red Schoolhouse," Parents (February 1969) .

49. Amy M. Hostler, "Learning Through Play," Parents (January 1933); Virginia Wise Marx, "Play Equipment That Keeps Children Outdoors," Parents (April 1933) .

50. H. Vandervoort Walsh, "The Whole-Family House," Parents (February 1929), 26.

51. Ruth Schwartz Cowan, More Work for Mother: The Ironies of Household Technology from the Open Hearth to the Microwave (New York: Basic Books, 1983), 177.

52. 同上, 179.

53. Wright, Building the Dream, 210.

54. Walsh, "Whole-Family House," 50.

55. Douglas Haskell, "New Homes for Old," Parents (June 1933), 25, 44–45.

56. Rene and Harold Hawkins, "Better Homes for Children," Parents (January 1934) 26, 40.

57. Hollenbeck, "Making Space for Children," 70.

58. 同上, 22.

59. Helen Sprackling, "Parents Magazine Presents a Health-First Nursery," Parents (October 1934), 33, 86–87.

60. Hollenbeck, "Making Space for Children," 43.

61. Sprackling, "Parents Magazine Presents," 87.

62. Cromley, "A History of American Beds," 183–84.

63. Ashley Brown, "Ilonka Karasz: Rediscovering a Modernist Pioneer," Studies in the Decorative Arts 8, no. 1 (Fall/Winter 2000–2001), 69–91.

64. 引自同上, 80.

65. Ilonka Karasz, "Children Go Modern," House and Garden (October 1935), 64, quoted in Hollenbeck, "Making Space for Children," 74.

66. Joseph Aronson, quoted by Mary Roche, "Ideas for a Playroom," New York Times, October 5, 1947, quoted in Amy F. Ogata, Designing the Creative Child: Playthings and Places in Midcentury America (Minneapolis: University of Minnesota Press, 2013), 81.

67. Ronald Millar, "Science from Six to Sixteen," Parents (October 1933) 22–23, 52–53.

68. "A Model Playroom-Bedroom," Parents (September 1935), 33.

69. ROW Window Company ad, 1945, illustrated in Archer, Architecture and Suburbia, 274.

70. New Yorker, July 20, 1946, http://archives.newyorker.com/?i=1946-07-20#folio=CV1 (accessed May 17, 2017).

71. Goldstein, Do It Yourself, 35.

72. 同上, 49.

73. Time, August 2, 1954, http://content.time.com/time/covers/0, 16641, 195 40802, 00.html (accessed May 17, 2017).

74. "The New Do-It Yourself Market," Business Week, June 14, 1952, quoted in Goldstein, Do It Yourself, 31.

75. Goldstein, Do It Yourself, 77.

76. 同上, 66.

77. 同上, 71.

78. 同上, 79.

79. Dianne Homan, In Christina's Toolbox (Chapel Hill, NC: Lollipop Power, 1981).

80. Maxine Livingston, "Come Visit Parents Magazine Expandable Homes," Parents (October 1947), 41–48, 88–96.

81. 同上, 92.

82. Christopher Alexander et al, A Pattern Language: Towns, Buildings, Construction (New York: Oxford University Press, 1977), 661.

83. "Median and Average Square Feet of Floor Area in New Single-Family Houses Completed by Location," U.S. Census, 2010, https://www.census.gov/const/C25Ann/sftotalmed avgsqft.pdf (accessed May 18, 2017).

84. Barbara T. Alexander, "The U.S. Homebuilding Industry: A Half Century of Building the American Dream," John T. Dunlop Lecture, Harvard University, October 12, 2000, http://www.jchs.harvard.edu/sites/jchs.har vard.edu/files/m00-1_alexander.pdf (accessed May 18, 2017).

85. Arnold et al., Life at Home, 81.

86. Elinor Ochs and Tamar Kremer-Sadlik, eds., Fast Forward Family: Home, Work, and Relationships in Middle-Class America (Berkeley: University of California Press, 2013), 40.

87. Arnold, Life at Home, 94.

88. Anthony P. Graesch, "At Home," in Fast Forward Family: Home, Work, and Relationships in Middle-Class America, ed. Elinor Ochs and Tamar Kremer-Sadlik, 41.

89. Maxine Livingston, "Best Homes for Families with Children," Parents (February 1955), 57, 59–64.

90. Maxine Livingston, "Every Family with Children Needs 2 Living Rooms," Parents (January 1955), 47–50.

91. Nelson and Wright, Tomorrow's House, 80.

92. 同上, 1, 4.

93. 同上, 79.

94. Mary and Russel Wright, Guide to Easier Living (New York: Simon & Schuster, 1951[. 1950]).

95. 同上, 71.

96. 同上, 76–81.

97. "The Two-in-One-Room," Parents (April 1955), 63–67.

98. Arnold, Life at Home, 24.

99. Jeanne E. Arnold, "Mountains of Things," in Fast Forward Family: Home, Work, and Relationships in Middle-Class America, ed. Elinor Ochs and Tamar Kremer-Sadlik, 74.

100. Taffy Brodesser-Akner, "Marie Kondo and the Ruthless War on Stuff," New York Times Magazine, July 6, 2016, https://www.nytimes.com/2016/07/10/magazine/marie-kondo-and-the-ruthless-war-on-stuff.html?_r=0 (accessed May 17, 2017).

101. City of Toronto, "Growing Up: Planning for Children in New Vertical Communities," Draft Urban Design Guidelines (May 2017).

102. Wright, Building the Dream, 274.

103. Alex Truesdell, 对作者的采访, April 28, 2017.

104. Mike Oliver, "The Individual and Social Models of Disability," paper presented at Joint Workshop of the Living Options Group and the Research Unit of the Royal College of Physicians, July 23, 1990, http://disability-studies.leeds.ac.uk/files/library/Oliver-in-soc-dis.pdf (accessed November 6, 2017).

105. Hope Reese, "Alex Truesdell: Maker. Adaptive Designer. Advocate for Children with Special Needs," TechRepublic, December 14, 2015, http://www.techrepublic.com/article/alex-truesdell-maker-adaptive-designer-advocate-for-children-with-special-needs (accessed May 17, 2017).

106. Alex Truesdell, 对作者的采访, April 28, 2017.

107. 根据美国人口普查报告（2010年），美国约5670万人存在残疾，占总人口的19%，https://www.census.gov/newsroom/releases/archives/miscellaneous/cb12-134.html (accessed May 1, 2017).

108. 引自 Reese, "Alex Truesdell."

109. Jim Dwyer, "Using Cardboard to Bring Disabled Children Out of the Exile of Wrong Furniture," New York Times, July 29, 2014, https://www.nytimes.com/2014/07/30/nyregion/using-cardboard-to-bring-disabled-children-out-of-the-exile-of-wrong-furniture.html?_r=1 (accessed May 17, 2017).

110. George Cope and Phylis Morrison, The Further Adventures of Cardboard Carpentry: Son of Cardboard Carpentry (Cambridge, MA: Workshop for Learning Things, 1973).

111. 引自 Reese, "Alex Truesdell."

112. Alex Truesdell, 对作者的采访, April 28, 2017.

113. Rob Gilson, 对作者的采访, January 17, 2017.

114. Alex Truesdell, 对作者的采访, April 28, 2017.

3　学校

1. Laura Ingalls Wilder, These Happy Golden Years (New York: Harper & Row, 1971 [. 1943]).

2. American Journal of Play, "Play and the Hundred Languages of Children: An Interview with Lella Gandini," American Journal of Play 4, no. 1 (Summer 2011), 2.

3. Jonathan Zimmerman, Small Wonder: The Little Red Schoolhouse in History and Memory (New Haven, CT: Yale University Press, 2009), 17.

4. Bernard Ryan Jr., "A Last Look at the Little Red Schoolhouse," Parents (February 1968) 54–56.

5. Laura Ingalls Wilder, Little Town on the Prairie (New York: Harper & Row, 1971 [. 1941]), 291–93.

6. Pamela Smith Hill, ed., Pioneer Girl: The Annotated Autobiography (Pierre: South Dakota Historical

Society Press, 2014), 292-93. 这是劳拉·英格尔斯·怀尔德（Laura Ingalls Wilder）第一本回忆录的注释版（《小木屋》系列小说就是基于此创作），尽管劳拉和其女儿罗斯·怀尔德·莱茵（Rose Wilder Lane）对时间序列进行了重新编排，但其中关于学校展览的描述能够与已出版作品对应.

7. Sylvanus Cox and William W. Fanning, School Desk and Seat Patent Model（1873）, National Museum of American History, http：//american history .si.edu/collections/search/object/nmah_742773（accessed May 29, 2017）.

8. Neil Gislason, Building Innovation：History, Cases, and Perspectives on School Design（Big Tancook Island, Nova Scotia：Backalong Books, 2011）, 8.

9. John Glendenning, School Desk and Seat Patent Model（1880）, National Museum of American History, http：//americanhistory.si.edu/collections /search/object/nmah_679705（accessed May 29, 2017）.

10. Illustrated in "The History of Seating America," American Seating and the Grand Rapids Public Museum, http：//www.americanseating.com /images/homepage/Seating_Americawv.pdf（accessed May 29, 2017）.

11. Cliff Kuang, "IDEO and Steelcase Unveil a School Desk for the Future of Teaching," Fast Company, June 16, 2010, https：//www.fastcompany .com/1660576/ideo-and-steelcase-unveil-school-desk-future-teaching -updated（accessed May 29, 2017）.

12. Katherine Towler, "History of Harkness：The Men behind the Plan," Exeter Bulletin（Fall 2006）, http：//www.exeter.edu/news/history-harkness（accessed March 30, 2017）.

13. Edward Harkness to Lewis Perry, April 9, 1930, 引自"The Harkness Gift," Phillips Exeter Academy website, https：//www.exeter.edu/about-us/harkness-gift（accessed May 9, 2017）.

14. 该部分曾以略微不同的表达方式发表于《Dirty Furniture》杂志. Alexandra Lange, "Power Positions," Dirty Furniture 2（Summer 2015）.

15. Creative Playthings Inc.：A Climate of Creativity for New World Builders（Princeton, New Jersey：Creative Playthings, 1960）, 5.

16. Amy F. Ogata, Designing the Creative Child：Playthings and Places in Midcentury America
（Minneapolis：University of Minnesota Press, 2013）, 140.

17. 同上, 122.

18. William W. Caudill, Toward Better School Design（New York：F. W. Dodge Corporation, 1954）, 168.

19. Gislason, Building Innovation, 13.

20. Harold Rugg and Ann Shumaker, The Child-Centered School（1928/1969）, quoted in Gislason, Building Innovation, 15.

21. William W. Cutler III, "Cathedral of Culture：The Schoolhouse in American Educational Thought and Practice since 1820," History of Education Quarterly 29（Spring 1989）：1.

22. Henry Barnard, School Architecture（1850）, quoted in Amy S. Weisser, " 'Little Red School House, What Now？' Two Centuries of American Public School Architecture," Journal of Planning History 5, no. 3（August 2006）：198.

23. Horace Mann, 教育委员会联合董事会秘书发布的第12次年度报告（波士顿, 1849）, 引自 Lawrence A. Cremin, The Transformation of the School：Progressivism in American Education, 1876-1957（New York：Alfred A. Knopf, 1961）, 9.

24. Gislason, Building Innovation, 7.

25. Cutler, "Cathedral of Culture," 5.

26. Dale Allen Gyure, The Chicago Schoolhouse：High School Architecture and Educational Reform, 1856-2006（Chicago：University of Chicago Press, 2011）, 58.

27. 同上, 8-9.

28. 引自 Cutler, "Cathedral of Culture," 35.

29. Amy S. Weisser, " 'Little Red School House, What Now？' Two Centuries of American Public School Architecture," Journal of Planning History 5, no. 3（August 2006）：202.

30. Jennifer L. Gray, "Ready for Experiment: Dwight Perkins and Progressive Architectures in Chicago, 1893–1917" (PhD dissertation, Columbia University, 2011), 277.

31. Gislason, Building Innovation, 34–35.

32. "The Work of William B. Ittner, FAIA," Architectural Record 57 (Feb. 1925), 99, 101, Regional Planning Federation of the Philadelphia Tri-State District, The Regional Plan of the Philadelphia Tri-State District (Philadelphia, 1932), 66, both quoted in Cutler, "Cathedral of Culture," 25.

33. Gray, "Ready for Experiment," 273.

34. 同上, 275–76.

35. Cutler, "Cathedral of Culture," 8–10.

36. John Dewey, The School and Society & The Child and the Curriculum (Chicago: University of Chicago Press, 1990 [. 1900, 1902]), 31–33.

37. Evelyn Weber, "Play Materials in the Curriculum of Early Childhood," in Educational Toys in America: 1800 to the Present, ed. Karen Hewitt and Louise Roomet (Burlington, VT: Robert Hull Fleming Museum, 1979), 30, 32.

38. Alice Dewey, "The University Elementary School," 引自 Anne Durst, Women Educators in the Progressive Era: The Women Behind Dewey's Laboratory School (New York: Palgrave Macmillan, 2010), 45–46.

39. John Dewey, "Three Years of the University Elementary School,"《The School and Society》后记, 引自 Anne Durst, Women Educators in the Progressive Era: The Women Behind Dewey's Laboratory School (New York: Palgrave Macmillan, 2010), 48.

40. Althea Harmer, "Textile Work Connected with American Colonial History," The Elementary School Teacher 4, no. 9 (May 1904): 661, 引自 Anne Durst, Women Educators in the Progressive Era: The Women behind Dewey's Laboratory School (New York: Palgrave Macmillan, 2010), 85.

41. Witold Rybczynski, "Remembering the Rosenwald Schools," Architect, September 16, 2015, http://www.architectmagazine.com/design/culture /remembering-the-rosenwald-schools_o (accessed March 28, 2017).

42. Mabel O. Wilson, "Rosenwald School: Lessons in Progressive Education," in Frank Lloyd Wright: Unpacking the Archive, ed. Barry Bergdoll and Jennifer Gray (New York: Museum of Modern Art, 2017), 98.

43. Mary S. Hoffschwelle, "The Rosenwald Schools of the American South," in Designing Modern Childhoods: History, Space, and the Material Culture of Children, ed. Marta Gutmanand Ning de Coninck-Smith (New Brunswick, NJ: Rutgers University Press, 2007) 213–32.

44. Rybczynski, "Remembering."

45. Hoffschwelle, "Rosenwald Schools," 221–23.

46. Frank Lloyd Wright to Darwin D. Martin, July 27, 1928, quoted in Wilson, "Rosenwald School," 101.

47. Wilson, "Rosenwald School," 103.

48. S. L. Smith, Community School Plans, Bulletin No. 3 (Julius Rosenwald Fund, 1924), 17.

49. "Schools," Architectural Forum 103 (October 1955), 129.

50. Frances Presler, "A Letter to the Architects," reprinted in "Crow Island School, Winnetka, Illinois," Architectural Forum 75 (August 1941): 80.

51. Jane H. Clarke, "Philosophy in Brick," Inland Architect, November/December 1989, 55.

52. 劳伦斯·布拉德福德·帕金斯（Lawrence Bradford Perkins）的口述历史, 由贝蒂·J. 布鲁姆（Betty J. Blum）采访, 芝加哥艺术学院建筑系的芝加哥建筑师口述历史项目资助完成汇编, 1985, 59–60.

53. Grant Pick, "A School Fit for Children," Chicago Reader, February 28, 1991, http://www.chicagoreader.com/chicago/a-school-fit-for-children/Con tent? oid=877158 (accessed May 29, 2017).

54. Marion Stern, a retired Crow Island teacher, in Pick, "A School Fit for Children."

55. Carleton Washburne, quoted in Pick, "A School Fit for Children."

56. Pick, "A School Fit for Children."

57. Presler, "A Letter to the Architects," 80.

58. 同上, 81.

59. Clarke, "Philosophy in Brick," 56.

60. Presler, "A Letter to the Architects," 80.

61. "Modern Architecture for the Modern School," Museum of Modern Art, press release, https://www.moma.org/calendar/exhibitions/2302? locale=en（accessed November 3, 2016）.

62. Pick, "A School Fit for Children."

63. Pick, "A School Fit for Children"; Carleton W. Washburne and Sidney P. Marland Jr., Winnetka: The History and Significance of an Educational Experiment（Englewood Cliffs, NJ, Prentice Hall, 1963）, 引自 Sheila Duran, "'J' Is for Jungle Gym," Winnetka Historical Society, http://www.winnetkahistory.org/gazette/j-is-for-jungle-gym（accessed May 29, 2017）.

64. Ogata, Designing the Creative Child, 113.

65. Pick, "A School Fit for Children."

66. William W. Caudill, Toward Better School Design（New York: F.W. Dodge Corporation, 1954）, 10.

67. Ogata, Designing the Creative Child, 113.

68. Caudill, Toward Better School Design, 26.

69. Eleanor Nicholson, "The School Building as Third Teacher," in Children's Spaces, ed. Mark Dudek（Amsterdam: Architectural Press, 2005）, 56.

70. Steven V. Roberts, "Is It too Late for a Man of Honesty, High Purpose and Intelligence to Be Elected President of the United States in 1968?" Esquire, October 1967, 89–93, 173–84; Eric Pace, "J. Irwin Miller, 95, Patron of Modern Architecture, Dies," New York Times, August 19, 2004, http://www.nytimes.com/2004/08/19/business/j-irwin-miller-95-patron-of-modern-architecture-dies.html?_r=0（accessed December 12, 2016）.

71. 南希·哈利克（Nancy Halik）于1978年12月28日对J.欧文·米勒（J. Irwin Miller）的采访, 印第安纳州哥伦布市建筑档案。

72. 感谢尼克尔（J. E. Nickoll）对印第安纳州哥伦布市建筑档案的研究, 他将布斯·塞瑟和克利夫蒂两所学校与康明斯基金建筑项目进行了联系, 并指出巴塞洛缪县的单室学校持续到20世纪50年代。

73. "No 'Bargain Counter' Schools for Columbus, Architect Says," Columbus Evening Republican, May 22, 1956, Columbus Indiana Architectural Archives.

74. "Lillian C. Schmitt Elementary School, Columbus, Indiana," Architectural Record, November 1958, 223–25.

75. 同上.

76. Harry McCawley, "Fireplace Breathes Warmth into Classroom," The Republic, December 26, 2013, 7.

77. Reed Karaim, "Is Columbus's Modernist Legacy at Risk?" Architect, July 26, 2016, http://www.architectmagazine.com/design/is-columbuss-modernist-legacy-at-risk_o（accessed May 29, 2017）.

78. Randall Tucker, 对作者的采访, July 13, 2016.

79. 哥伦布学校董事会于1957年12月16日了解到了J.欧文·米勒（J. Irwin Miller）所写信件的内容. Jeffrey L. Cruikshank and David B. Sicilia, The Engine That Could: Seventy-Five Years of Values-Driven Change at Cummins Engine Company（Cambridge, MA: Harvard Business Review, 1997）, 181.

80. Eero Saarinen to John Carl Warnecke, March 21, 1958, Columbus Indiana Architectural Archives.

81. Eero Saarinen to John Carl Warnecke, February 3, 1959, Columbus Indiana Architectural Archives.

82. "Excellence in Indiana," Architectural Forum 117（August 1962）: 120–23.

83. Nikole Hannah-Jones, "The Resegregation of Jefferson County," New York Times Magazine, September 6, 2017, https://www.nytimes.com/2017/09/06/magazine/the-resegregation-of-jefferson-county.html?rref=collection%2Fsectioncollection%2Fmagazine&action=click&contentCollection=magazine&region=rank&module=package&version=highlights&contentPlacement=5&pgtype=sectionfront（accessed September 12, 2017）.

84. Francine Stock, "Is There a Future for the Recent Past in New Orleans?" MAS Context 8 (Winter 2010): 73.

85. Helena Huntington Smith, "The Child Is the Monument," Collier's, September 3, 1949, quoted in Stock, "Is There a Future."

86. John C. Ferguson, "The Architecture of Education," in Crescent City Schools: Public Education in New Orleans, 1841–1999, ed. Donald E. DeVore and Joseph Logsdon (Lafayette, LA: University of Louisiana at Lafayette, 2012 [.1991]), 338.

87. Donald E. DeVore and Joseph Logsdon, eds., Crescent City Schools: Public Education in New Orleans, 1841–1991 [Lafayette, LA: University of Louisiana at Lafayette, 2012 [.1991]), 232.

88. Ferguson, "Architecture of Education," 340.

89. "A Reason for Smiles in 'Back-of-Town,'" Life, March 29, 1954, 59–62.

90. Edward Waugh and Elizabeth Waugh, The South Builds: New Architecture in the Old South (Chapel Hill, NC: University of North Carolina Press, 1960), 46–47.

91. Hannah Miet, "Historic Phillis Wheatley Elementary School Torn Down in Treme," New Orleans Times-Picayune, June 17, 2011, http: //www.nola .com/education/index.ssf/2011/06/historic_phillis_wheatley elem.html; R. Stephanie Bruno, "2 New Orleans Public Schools Are Demolished in Post-Katrina Rebuilding Campaign," New Orleans Times-Picayune, September 4, 2011, http: //www.nola.com/education/index .ssf/2011/09/2 new_orleans public_schools_a.html (accessed March 28, 2017).

92. DeVore and Logsdon, eds., Crescent City Schools, 245.

93. Miet, "Historic Phillis Wheatley."

94. Cutler, "Cathedral of Culture," 37.

95. 同上, 40.

96. Evan Mather, A Plea for Modernism, video, https: //vimeo.com/23565526.

97. Spreadsheet prepared by J. E. Nickoll, Columbus Indiana Architectural Archives.

98. "John M. Johansen: Mummers (Stage Center) Theater Oklahoma City," YouTube video, https: //www.youtube.com/watch? v=iz4GgZoTbJM (accessed May 29, 2017).

99. "Two More for Columbus," Architectural Forum 132 (March 1970): 22–27; Natalie Fairhead, "Smith—the In School," The Republic, December 18, 1970, 15.

100. Reprinted in Harry McCawley, "Building Debate: Architecture Talk Often Overheated," Republic, December 11, 2012.

101. Mildred F. Schmertz, "An Open Plan Elementary School," Architectural Record, September 1973, 121–28.

102. Larry Cuban, "The Open Classroom," EducationNext 4, no. 2 (Spring 2004), http: //educationnext.org/theopenclassroom (accessed May 9, 2017).

103. Herman Hertzberger, Space and Learning: Lessons in Architecture 3 (Amsterdam: 101 Publishers, 2008), 98.

104. "Interview with Herman Hertzberger," Architecture and Education, September 9, 2015, https: //architectureandeducation.org/2016/02/03 /interview-with-herman-hertzberger (accessed March 29, 2017).

105. Laura Lippman, "My Wild School Days at Hippie High," Daily Mail, July 10, 2016, http: //www.dailymail.co.uk/home/you/article-3678676/My-wild -schooldays-Hippie-High-Writer-Laura-Lippman-remembers-experi mental-1970s-education-fondnesshorror.html (accessed March 29, 2017).

106. Graciela Sevilla, "Saying Goodbye to Wilde Lake High," Washington Post, May 26, 1994, https: //www.washingtonpost.com/archive/local/1994/05/26 /saying-goodbye-to-wilde-lake-high/8ccc0783-de32-40be-afe5-75d155e 56c85/? utm_term=.98eee8a7e486 (accessed March 29, 2017).

107. Lippman, "My Wild School Days."

108. Schmertz, "An Open Plan Elementary School," 128.

109. Bridget Shield, Emma Greenland, and Julie Dockrell, "Noise in Open Plan Classrooms in Primary Schools: A Review," Noise & Health 12, no. 49 (2010), http://www.noise and health.org/article.asp? issn=1463-1741; year=2010; volume=12; issue=49; spage=225; epage=234; aulast=Shield#ref19 (accessed March 29, 2017).

110. Charles Silberman, The Open Classroom Reader (New York: Random House, 1973), 297.

111. Cuban, "Open Classroom."

112. "Designing for a Better World Starts at School. Rosan Bosch at TEDxIndianapolis," YouTube video, https://www.youtube.com/watch? v=dRMJvmOoero (accessed May 29, 2017).

113. David Thornburg, "Campfires in Cyberspace: Primordial Metaphors for Learning in the 21st Century," 宣传册, 2007 年 10 月修订, http://tcpd.org/thornburg/Handouts/Campfires.pdf (accessed May 31, 2017).

114. Rosan Bosch, 对作者的采访, February 6, 2017.

115. Alexia Elejalde-Ruiz, "Every Day Is Earth Day for Sarah Elizabeth Ippel," Chicago Tribune, April 22, 2013, http://articles.chicagotribune.com/2013-04-22/features/ct-tribu-remarkable-ippel-20130421_1_earth-day-chicken-coop-agc (accessed May 29, 2017).

116. Sarah Elizabeth Ippel, interview with author, May 17, 2017.

117. Elejalde-Ruiz, "Every Day Is Earth Day."

118. Matthew Messner, "Studio Gang Proposes Net-Zero School with Three-Acre Urban Farm (Complete with Its Own Goat)," Architect's Newspaper, August 22, 2016, https://archpaper.com/2016/08/academy-for-global-citizenship-studio-gang-2 (accessed May 29, 2017).

119. Sarah Elizabeth Ippel, 发给作者的邮件, May 22, 2017.

120. Prakash Nair, "The Classroom Is Obsolete: It's Time for Something New," Education Week, July 29, 2011, http://www.fieldingnair.com/wp-content/uploads/2015/05/The_Classroom_is_Obsolete-Ed-Week.pdf (accessed May 29, 2017).

121. Audrey Watters, "The Invented History of 'The Factory Model of Education,'" HackEducation, April 25, 2015, http://hackeducation.com/2015/04/25/factory-model (accessed January 2, 2017).

122. Stuart Brodsky, CannonDesign, 对作者的采访, February 21, 2017; Jordan A. Carlson, Jessa K. Engelberg, Kelli L. Cain et. al., "Implementing Classroom Physical Activity Breaks: Associations with Student Physical Activity and Classroom Behavior," Preventive Medicine (August 2015), https://www.researchgate.net/publication/281166732_Implementing classroom_physical_activity_breaks_Associations_with_student_physical_activity_and_classroom_behavior; Donna de la Cruz, "Why Students Shouldn't Sit Still in Class," New York Times, March 21, 2017, https://www.nytimes.com/2017/03/21/well/family/why-kids-shouldnt-sit-still-in-class.html?_r=0 (accessed May 29, 2017).

123. Michael Kimmelman, "Reading, Writing and Renewal (the Urban Kind)," New York Times, March 18, 2014, https://www.nytimes.com/2014/03/18/arts/design/reading-writing-and-renewal-the-urban-kind.html?_r=0 (accessed May 9, 2017).

124. Maria Konnikova, "The Limits of Friendship," New Yorker, October 7, 2014, http://www.newyorker.com/science/maria-konnikova/social-media-affect-math-dunbar-number-friendships (accessed June 1, 2017).

125. Liz Bowie, "Bridging the Divide: Struggles of New East Baltimore School Show Challenges of Integration," Baltimore Sun, March 22, 2017, http://www.baltimoresun.com/news/maryland/investigations/bs-md-school-segregation-series-henderson-20170321-story.html (accessed May 10, 2017).

126. Mariale Hardiman, 对作者的采访, October 4, 2017.

127. Rob Rogers, 对作者的采访, May 30, 2017.

128. Rebecca Mead, "Learn Different," New Yorker, March 7, 2016, http://www.newyorker.com/magazine/2016/03/07/altschools-disrupted-education (accessed May 29, 2017).

129. Alex Ragone, "Technology and Project-Based Learning," Independent School (Spring 2017), https://www.nais.org/magazine/independent-school/spring-2017/technology-and-project-based-learning (accessed

October 22, 2017).

130. Christopher Alexander et al., A Pattern Language: Towns, Buildings, Construction (New York: Oxford University Press, 1977), 421.

131. Adam Satariano, "Silicon Valley Tried to Reinvent Schools. Now It's Rebooting," Bloomberg, November 1, 2017, https://www.bloomberg.com/news/articles/2017-11-01/silicon-valley-tried-to-reinvent-schools-now-it-s-rebooting (accessed November 1, 2017).

132. Devin Vodicka, 对作者的采访, September 8, 2017.

133. Alex Ragone, 对作者的采访, September 25, 2017.

4 游乐场

1. Alice McLerran, The Legacy of Roxaboxen (Spring, TX: Absey & Co., 1998).

2. Jon Mooallem, "Smallville," California Sunday Magazine, October 4, 2015, https://story.californiasunday.com/smallville-roxaboxen (accessed April 4, 2017).

3. Roy Kozlovsky, "Adventure Playgrounds and Postwar Reconstruction," in Designing Modern Childhoods: History, Space, and the Material Culture of Children, ed. Marta Gutman and Ning de Coninck-Smith (New Brunswick: Rutgers University Press, 2007), 171.

4. UN General Assembly Resolution 1386 (XIV), "Declaration of the Rights of the Child," Principle 7, November 20, 1959.

5. "Copenhagen's Traffic Playground for Kids—Renovated and Ready to Go," Copenhagenize Design Co., January 5, 2015, http://www.copenhagenize.com/2015/01/copenhagens-rafficplayground-for-kids.html (accessed April 4, 2017).

6. Jen Kinney, "A Playground That Teaches Kids to Love Their Bike," Next City, October 4, 2016, https://nextcity.org/daily/entry/seattle-bike-play ground-opens (accessed April 4, 2016).

7. Ruth Graham, "How the American Playground Was Born in Boston," Boston Globe, March 28, 2014, https://www.bostonglobe.com/ideas/2014/03/28/how-american-playground-was-born-boston/5i2XrMCjCkuu5521uxleEL/story.html (accessed December 1, 2016).

8. Joe Frost, "Evolution of American Playgrounds," Scholarpedia 7 (12): 30423, http://www.scholarpedia.org/article/Evolution_of_American_Play grounds (accessed April 4, 2017).

9. 同上.

10. Mrs. John Graham Brooks, "Cambridge Playgrounds," The Playground, no. 11 (February 1908), 4.

11. G. Stanley Hall, The Story of a Sand-pile (New York: E. L. Kellogg & Co., 1897), 3.

12. Frost, "Evolution of American Playgrounds."

13. John Dewey and Evelyn Dewey, Schools of To-morrow (New York: E. P. Dutton, 1915), 114. Thanks to Colin Fanning for providing this reference.

14. Hall, Story of a Sand-pile, 14.

15. Jay Mechling, "Sandwork," Journal of Play 9, no. 1 (Fall 2016): 19.

16. Roger Smith, "The Long History of Gaming in Military Training," Simulation & Gaming 41, no 1 (February 2010), www.dtic.mil/get-tr-doc/pdf? AD=ada550307 (accessed May 19, 2017).

17. Steve Breslin, "The History and Theory of Sandbox Gameplay," Gamasutra, July 16, 2009, http://www.gamasutra.com/view/feature/132470/the_history_and_theory_of sand box_.php (accessed April 4, 2017).

18. 西奥多·罗斯福 (Theodore Roosevelt) 写给华盛顿游乐场协会主席诺·H. 鲁道夫 (Cuno H. Rudolph) 致辞, February 16, 1907, http://www.theodore-roos evelt.com/images/research/txtspeeches/239.txt (accessed May 19, 2017).

19. Dominick Cavallo, Muscles and Morals: Organized Playgrounds and Urban Reform, 1880–1920 (Philadelphia: University of Pennsylvania Press, 1981), 26.

20. "Seward Park," New York City Department of Parks and Recreation, https://www.nycgovparks.org/parks/

seward-park/history（accessed April 5, 2017）.

21. Jennifer L. Gray, "Ready for Experiment: Dwight Perkins and Progressive Architectures in Chicago, 1893-1917"（PhD dissertation, Columbia University, 2011）, 217.

22. 同上，222.

23. Viviana A. Zelizer, Pricing the Priceless Child: The Changing Social Value of Children（Princeton, NJ: Princeton University Press, 1985）, 32.

24. Howard P. Chudacoff, Children at Play: An American History（New York: New York University Press, 2008）, 108.

25. Jacob Riis, "The Genesis of the Gang," Atlantic, September 1899, https://www.theatlantic.com/magazine/archive/1899/09/the-genesis-of-the-gang/305737（accessed May 10, 2017）.

26. Robin F. Bachin, Building the South Side: Urban Space and Civic Culture in Chicago, 1890-1919（Chicago: University of Chicago Press, 2004）, 115-16.

27. Gray, "Ready for Experiment," 227.

28. Cavallo, Muscles and Morals, 32.

29. Henry S. Curtis, The Play Movement and Its Significance（Washington, D.C.: McGrath Publishing Co. & National Recreation and Park Association, 1917）, 257, 337.

30. "Live Births, Deaths, Infant Deaths, and Maternal Deaths: 1900 to 1997," 表 1420, U.S. Census Bureau, Statistical Abstract of the United States（1999）, 874, https://www.census.gov/prod/99pubs/99statab/sec31.pdf（accessed September 27, 2017）.

31. Gray, "Ready for Experiment," 229.

32. Edward B. DeGroot, "The Management of Playgrounds in Public Parks," American City 10（1914）: 127.

33. John H. Chase, "Points About Directors," Playground 3, no. 4（July 1909）, 13.

34. Cavallo, Muscles and Morals, 41.

35. Gray, "Ready for Experiment," 244.

36. Myron F. Floyd and Rasul A. Mowatt, "Leisure Among African Americans," in Race, Ethnicity, and Leisure: Perspectives on Research, Theory, and Practice, ed. Monica Stodolska, Kimberly J. Shinew, Myron F. Floyd, and Gordon J. Walker（Champaign, IL: Human Kinetics, 2013）, 58.

37. Emmett J. Scott, "Leisure Time and the Colored Citizen," Playground 18（January 1925）, 转载于 David Kenneth Wiggins and Patrick B. Miller, eds. The Unlevel Playing Field: A Documentary History of the African American Experience in Sport（Champaign, IL: University of Illinois Press, 2003）, 88-90.

38. Curtis, Play Movement, 229.

39. Karin Calvert, Children in the House: The Material Culture of Early Childhood, 1600-1900（Boston: Northeastern University Press, 1992）, 114.

40. Brenda Biondo, Once Upon a Playground: A Celebration of Classic American Playgrounds, 1920-1975（Lebanon, NH: ForeEdge, 2014）, x-xv.

41. 同上，x.

42. 1931 年的拉马尔公司 Karymor 游乐场设备目录，转载于 Biondo, Once Upon a Playground, 10.

43. 1931 年的捷安特制造有限公司产品目录，转载于 Biondo, Once Upon a Playground, 12.

44. 同上，ix.

45. 辛顿的专利包括几种不同的三维构建的连接方法：（1）美国专利号 1488244，1920 年 10 月 1 日申请；（2）美国专利号 1488245，1920 年 10 月 1 日申请；（3）美国专利号 1488246，1921 年 10 月 24 日申请。

46. Grant Pick, "A School Fit for Children," Chicago Reader, February 28, 1991, http://www.chicagoreader.com/chicago/a-school-fit-for-children/Con tent?oid=877158（accessed May 29, 2017）; Carleton W. Washburne and Sidney P. Marland Jr., Winnetka: The History and Significance of an Educational Experiment（Englewood Cliffs, NJ, Prentice Hall, 1963）, quoted in Sheila Duran, " 'J' is for Jungle Gym," Winnetka Historical Society, http://www.winnetkahistory.org/gazette/j-is-for-jungle-gym（accessed May 19, 2017）.

47. Biondo, Once Upon a Playground, 56.

48. Robert McCarter, Aldo van Eyck (New Haven, CT: Yale University Press, 2015), 7–8.

49. 这段关于凡·艾克孤儿院的文字曾以略微不同的版本发表在 Curbed 网站. Alexandra Lange, "Book Report: Aldo van Eyck, from Playground to Orphanage," Curbed, February 26, 2016, http://www.curbed.com/2016/2/26/11028076/aldo-van-eyck-playground-orphanage-dutch-design (accessed April 4, 2017).

50. McCarter, Aldo van Eyck, 85ff.

51. 引自同上, 111.

52. 引自 Liane Lefaivre and Ingeborg de Roode, eds., Aldo van Eyck, the Playgrounds and the City (Amsterdam: Stedelijk Museum/NAi Publishers, 2002), 70.

53. Lefaivre and de Roode, Aldo Van Eyck, 25.

54. Anna van Lingen and Denisa Kollarová, Aldo van Eyck: Seventeen Playgrounds (Eindhoven, Netherlands: Lecturis, 2016).

55. Liane Lefaivre, Ground-Up City: Play as a Design Tool (Amsterdam: 010 Publishers, 2007) 67–68.

56. Lefaivre and de Roode, Aldo van Eyck, 59.

57. McCarter, Aldo van Eyck, 51.

58. Lefaivre and de Roode, Aldo van Eyck, 81.

59. Paraphrased in McCarter, Aldo van Eyck, 51.

60. Ezra Jack Keats, The Snowy Day (New York: Viking Press, 1962).

61. 这段关于日本冒险游乐场的描述曾以略微不同的形式发表于纽约客网站. Alexandra Lange, "What It Would Take to Set American Kids Free," New Yorker, November 18, 2016, http://www.newyorker.com/culture/cultural-comment/what-it-would-take-to-set-american-kids-free (accessed April 5, 2017).

62. Amy Fusselman, "Play Freely at Your Own Risk," Atlantic, January 15, 2015, https://www.theatlantic.com/health/archive/2015/01/play-freely-at-your-own-risk/373625 (accessed April 5, 2017).

63. Richard Dattner, interview with author, June 6, 2016.

64. Melanie Thernstrom, "The Anti-Helicopter Parent's Plea: Let Kids Play!" New York Times Magazine, October 19, 2016, https://www.nytimes.com/2016/10/23/magazine/the-anti-helicopter-parents-plea-let-kids-play.html?_r=0 (accessed April 5, 2016).

65. Carl Theodor Sørensen, "Junk Playgrounds," Danish Outlook 4, no. 1 (1951), quoted in Kozlovsky, "Adventure Playgrounds," 174.

66. Marjory Gill Allen (Lady Allen of Hurtwood), "Why Not Use Our Bomb Sites Like This?" Picture Post, November 16, 1946, 26–29.

67. 引自 Chris Steller, "When 'The Yard' Was Minnesota's Most Radical Park," MinnPost, July 25, 2014, https://www.minnpost.com/arts-culture/2014/07/when-yard-was-minnesota-s-most-radical-park (accessed April 7, 2017).

68. "Recreation: Junkyard Playgrounds," Time, June 25, 1965.

69. Aase Eriksen, Playground Design: Outdoor Environments for Learning and Development (New York: Van Nostrand Reinhold, 1986), 25.

70. 引自 Lillian Ross, "Summer Glimpses," Talk of the Town, New Yorker, July 31, 1971, 25.

71. Hanna Rosin, "The Overprotected Kid," Atlantic, April 2014, https://www.theatlantic.com/magazine/archive/2014/04/hey-parents-leave-those-kids-alone/358631 (accessed April 6, 2017).

72. 引自 Arvid Bengtsson, Adventure Playgrounds (London: Crosby Lockwood, 1972), 21.

73. Reilly Bergin Wilson, interview with author, April 7, 2017.

74. Casey Logan, "Playground for the Imagination Swaps Slides and Swings for Lumber and Tires," Omaha World-Herald, May 18, 2015, http://www.omaha.com/momaha/playground-for-the-imagination-swaps-slides-and-swings-for-lumber/article_1011bd8b-d611-54ba-b092-08b1cbc8d605.html (accessed May 19, 2017).

75. 引自 Bengtsson, Adventure Playgrounds, 11.

76. Rosin, "The Overprotected Kid."

77. Charles Mount, "Boy Injured on Slide Gets $9.5 Million," Chicago Tribune, January 15, 1985.

78. Rosin, "The Overprotected Kid."

79. Sharon Otterman, "The Downward Slide of the Seesaw," New York Times, December 11, 2016, https://www.nytimes.com/2016/12/11/nyregion/the-downward-slide-of-the-seesaw.html (accessed April 6, 2017).

80. Douglas Martin, "That Upside-Down High Will Be Only a Memory; Monkey Bars Fall to Safety Pressures," New York Times, April 11, 1996, http://www.nytimes.com/1996/04/11/nyregion/that-upside-down-high-will-be-only-a-memory-monkey-bars-fall-to-safety-pressures.html (accessed April 6, 2017).

81. Teresa B. Hendy, 对作者的参访, September 28, 2017.

82. Jeanette Fich Jespersen, 对作者的参访, May 30, 2017; "The KOMPAN Saturn Carousel," YouTube video, September 26, 2014, https://www.youtube.com/watch?v=XbB_UHp9fn8 (accessed June 1, 2017).

83. Craig W. O'Brien, Injuries and Investigated Deaths Associated with Playground Equipment, 2001–2008, U.S. Consumer Product Safety Commission, October 2009, http://playgroundsafety.org/research/injuries (accessed April 6, 2017).

84. 引自 Steller, "When 'The Yard.'"

85. Reilly Bergin Wilson, 对作者的参访, April 7, 2017.

86. Helle Nebelong 在"设计和玩耍"会议上的演讲, Playlink/Portsmouth City Council, 2002, 引自 Tim Gill, No Fear: Growing Up in a Risk-Averse Society (London: Calouste Gulbenkian Foundation, 2007), 35.

87. Ellen Beate Hansen Sandseter, "Characteristics of Risky Play," Journal of Adventure Education and Outdoor Learning 9, no. 1 (2009), 7; Ellen Beate Hansen Sandseter and Leif Edward Ottesen Kennair, "Children's Risky Play from an Evolutionary Perspective: The Anti-Phobic Effects of Thrilling Experiences," Evolutionary Psychology 9, no. 2 (April 2011), 265.

88. Tim Gill, No Fear: Growing Up in a Risk-Averse Society (London: Calouste Gulbenkian Foundation, 2007), 15.

89. Sandseter, "Children's Risky Play," 261.

90. Susan G. Solomon, The Science of Play: How to Build Playgrounds That Enhance Development (Lebanon, NH: University Press of New England, 2014), 34.

91. Sam Wang and Sandra Aamodt, "Play, Stress, and the Learning Brain," Cerebrum (September/October 2012), https://www.ncbi.nlm.nih.gov/pmc/articles/PMC3574776 (accessed April 6, 2017).

92. Gill, No Fear, 16.

93. Gill, No Fear, 36; Play Safety Forum, "Managing Risk in Play provision: A Position Statement," https://playsafetyforum.files.wordpress.com/2015/03/managing-risk-in-play-provision-position-statement.pdf (accessed April 6, 2017).

94. 关于莫埃努马公园之旅的内容曾以略微不同的形式发表在 Curbed 网站上. Alexandra Lange, "A journey to Isamu Noguchi's last work," Curbed, December 1, 2016, http://www.curbed.com/2016/12/1/13778884/noguchi-playground-moerenuma-japan (accessed April 7, 2017).

95. Ana Maria Torres, Isamu Noguchi: A Study of Space (New York: Monacelli Press, 2000), 25.

96. "Playground Equipment," Architectural Forum 73 (October 1940), 245.

97. Fourteen Americans Museum of Modern Art, September 10–December 8, 1946, https://www.moma.org/calendar/exhibitions/3196?locale=en (accessed May 19, 2017).

98. Shaina D. Larrivee, "Playscapes: Isamu Noguchi's Designs for Play," Public Art Dialogue 1, no. 1 (2011) 53–80.

99. Solomon, American Playgrounds, 24–25.

100. Letter, Isamu Noguchi to Brian O'Doherty, National Foundation on the Arts and Humanities, n.d. (1974), Archives of the Isamu Noguchi Foundation and Garden Museum.

101. Thomas B. Hess, "The Rejected Playground," ARTNews, April 1952.

102. Solomon, American Playgrounds, 25.

103. Hess, "The Rejected Playground."

104. Dakin Hart, interview with author, October 2, 2014.

105. Solomon, American Playgrounds, 45.

106. Letter, Newbold Morris to Helen Harris, United Neighborhood Houses of New York, February 20, 1962, quoted in Solomon, American Playgrounds, 49.

107. Isamu Noguchi and Louis Kahn: Play Mountain(Japan: Watari-Um, 1997), 100.

108. Larrivee, "Playscapes."

109. Joseph Lelyveld, "Model Play Area for Park Shown," New York Times, February 5, 1964; "Parks Are for Park Purposes," New York Times, February 8, 1964.

110. Larrivee, "Playscapes."

111. Hayden Herrera, Listening to Stone: The Art and Life of Isamu Noguchi(New York: Farrar, Straus and Giroux, 2015), 495.

112. 同上.

113. Richard Dattner, Design for Play(New York: Van Nostrand Reinhold, 1969), 65.

114. Lewis Mumford, "Artful Blight," The Sky Line, New Yorker, May 5, 1951.

115. Robert A. M. Stern, David Fishman, and Thomas Mellins, New York 1960: Architecture and Urbanism between the Second World War and the Bicentennial(New York: Monacelli Press, 1997), 768.

116. Anthony Flint, Wrestling with Moses: How Jane Jacobs Took on New York's Master Builder and Transformed the American City(New York: Random House, 2009), 85.

117. "Park-Side Residents Gain Writ to Stay Parking Lot for Tavern," New York Times, May 3, 1956, 23.

118. Michael Gotkin, "The Politics of Play," in Preserving Modern Landscape Architecture, ed. Charles A. Birnbaum(New York: Spacemakers Press, 1999), 65.

119. Stern, Fishman, and Mellins, New York 1960, 776.

120. Richard Dattner, 对作者的采访, June 6, 2016.

121. Dattner, Design for Play, 66.

122. 同上, 70.

123. Charles L. Mee Jr., "Putting the Play in Playground," New York Times Magazine, November 6, 1966.

124. Julia Jacquette, Playground of My Mind(New York: DelMonico Books/Prestel/Wellin Museum of Art, 2017).

125. Julia Jacquette and James Trainor, "City as Playground," Urban Omnibus, September 21, 2016, http://urbanomnibus.net/2016/09/playground-of-my-mind(accessed Dec 7, 2016).

126. M. Paul Friedberg, interview with author, May 31, 2016.

127. Dattner, Design for Play, 109ff.

128. 同上, 110–13.

129. Playworld, Inclusive Play Design Guide(Lewisburg, PA: Playworld Systems, 2015); Mimi Kirk, "Playgrounds Designed for Everyone," CityLab, February 27, 2017, https://www.citylab.com/navigator/2017/02/designing-playgrounds-for-all/517692(accessed May 19, 2017).

130. Ian Proud, 对作者的采访, May 16, 2017.

131. Jeanette Fich Jespersen, 对作者的采访, May 30, 2017.

132. Richard Dattner, "Play Panels" sketch, December 3, 2012, shared with author, December 6, 2016.

133. "Bringing PlayCubes Back to Life," Playworld, May 16, 2016, https://playworld.com/press-room/playworld-and-architect-richard-dattner-bring-playcubes-back-life-boston(accessed May 19, 2017).

134. Simon Nicholson, "How Not to Cheat Children: The Theory of Loose Parts," Landscape Architecture 62, no. 1(October 1971): 30–34.

135. 同上, 30.

136. 同上，34.

137. Rebecca Mead, "State of Play," New Yorker, July 5, 2010, http://www.new yorker.com/magazine/2010/07/05/state-of-play（accessed Dec 7, 2016）.

138. Reilly Bergin Wilson, 对作者的采访，April 7, 2017.

139. Nicholson, "How Not to Cheat Children," 31.

140. 这段文字曾以略微不同的形式相互现在《纽约客》杂志上．Alexandra Lange, "Play Ground," New Yorker, May 16, 2016, http://www.newyorker.com/magazine/2016/05/16/adriaan-geuzes-gover nors-island（accessed May 19, 2017）.

141. Alexandra Lange, "A Playground That Parents Won't Come to Despise," New Yorker, July 6, 2012, http://www.newyorker.com/culture/culture-desk/a-playground-that-parents-wont-come-to-despise（accessed May 19, 2017）.

5　城市

1. Maud Hart Lovelace, Betsy and Tacy Go Over the Big Hill, in The Betsy-Tacy Treasury（New York: Harper Perennial, 2011 [.1942]）, 283–84.

2. 同上，286.

3. Roger A. Hart, "Planning Cities with Children in Mind: A Background Paper for the State of the World's Children Report," April 30, 2011, http://cergnyc.org/files/2013/10/Hart-Planning-Cities-with-Children-in-Mind-SOWC-APRIL-2011.pdf（accessed May 26, 2017）.

4. Dolores Hayden, Redesigning the American Dream: The Future of Housing, Work, and Family Life（New York: W.W. Norton, 2002 [.1984]）, 230.

5. Jia Tolentino, "The Little Syria of Deep Valley," New Yorker, February 16, 2017, https://www.newyorker.com/books/second-read/the-little-syria-of-deep-valley（accessed April 25, 2017）.

6. Selena Hoy, "Why Japanese Kids Can Walk to School Alone," Atlantic, October 2, 2015, https://www.theatlantic.com/technology/archive/2015/10/why-japanese-kids-can-walk-to-school-alone/408475（accessed April 25, 2017）.

7. Lenore Skenazy, 引自 Lizzie Widdicombe, "Mother May I？" New Yorker, February 23 and March 2, 2015, http://www.newyorker.com/magazine/2015/02/23/mother-may（accessed May 26, 2017）.

8. Dolores Hayden, The Grand Domestic Revolution: A History of Feminist Designs for American Homes, Neighborhoods, and Cities（Cambridge: MIT Press, 1981）, 3.

9. Hart, "Planning Cities with Children in Mind," 8.

10. Denis Wood, "Free the Children! Down with Playgrounds!" McGill Journal of Education 12, no. 2（1977）: 229.

11. Tim Gill, "Space-Oriented Children's Policy: Creating Child-Friendly Communities to Improve Children's Well-Being," Children & Society 22（March 2008）, 136.

12. David Derbyshire, "How Children Lost the Right to Roam in Four Generations," Daily Mail, June 15, 2007, http://www.dailymail.co.uk/news/article-462091/How-children-lost-right-roam-generations.html（accessed May 26, 2017）.

13. Widdicombe, "Mother May I？"

14. Gill, "Space-Oriented Children's Policy," 139.

15. Alexandra Lange, "The Moms Aren't Wrong: Why Planning for Children Would Make Cities Better for All," GOOD, February 1, 2011.

16. Enrique Peñalosa and Susan Ives, "The Politics of Happiness," Yes magazine, May 20, 2004, http://www.yesmagazine.org/issues/finding-cou rage/the-politics-of-happiness（accessed May 26, 2017）.

17. Adrian Crook, 对作者的采访，February 28, 2017; Centers for Disease Control and Prevention, "10 Leading Causes of Injury Deaths by Age Group Highlighting Unintentional Injury Deaths, United States—2015," https://www.cdc.gov/injury/images/lc-charts/leading causes_of injury_deaths_unintentional_injury_2015_1050w760h.gif（accessed May 26, 2017）.

18. Ashifa Kassam, "Canada Father Prepares Lawsuit after Province Bars Kids from Riding Bus Alone," Guardian, October 1, 2017, https://www.the guardian.com/world/2017/oct/01/canada-father-bus-children-adrian-crook(accessed October 4, 2017).

19. Adrian Crook, "Very Superstitious: How Fact-Free Parenting Policies Rob Our Kids of Independence," 5Kids1Condo, September 5, 2017. https://5kids1condo.com/very-superstitious-how-fact-free-parenting-poli cies-rob-our-kids-of-independence(accessed October 4, 2017).

20. Ann McAfee and Andrew, Housing Families at High Density, City of Vancouver Planning Department, 1978, https://www.researchgate.net /publication/284698660_Housing_Families_at_High_Density(accessed April 25, 2017).

21. Ann McAfee, 对作者的采访, March 8, 2017.

22. Donald Gutstein, Vancouver Ltd., (Toronto: James Lorimer & Company, 1975), 98.

23. Amanda Kolson Hurley, "Will U.S. Cities Design Their Way Out of the Affordable Housing Crisis?" Next City, January 18, 2016, https://nextcity.org/features/view/cities-affordable-housing-design-solution-missing-middle(accessed April 25, 2017).

24. National Association of Realtors and Portland State University, Community and Transportation Preferences Survey: U.S. Metro Areas, 2015, July 23, 2015, https://www.nar.realtor/sites/default/files/reports/2015/nar-psu-2015-poll-report.pdf(accessed May 26, 2017).

25. McAfee and Malczewski, Housing Families, 21.

26. Ann McAfee, 对作者的采访。

27. Larry Beasley, 对作者的采访, February 22, 2017.

28. Maria Konnikova, "The Limits of Friendship," New Yorker, October 7, 2014, http://www.newyorker.com/science/maria-konnikova/social-media-affect-math-dunbar-number-friendships(accessed June 1, 2017).

29. Tom Cardoso and Matt Lundy, "Has Home Affordability Actually Improved in Vancouver?" Globe and Mail, April 24, 2017, https://beta.theglobeandmail.com/real-estate/the-market/has-vancouver-home-affor dability-actually-improved/article34796026 /? ref=http://www.the globeandmail.com(accessed November 3, 2017); Bob Dugan, "Why the Foreign Buyers Tax Isn't Making Vancouver More Affordable," Maclean's, August 17, 2017, http://www.macleans.ca/opinion/why-the-foreign-buyers-tax-isnt-making-vancou ver-more-affordable(accessed November 3, 2017).

30. Jennifer Langston, "Are You Planning to Have Kids?(Part 2)," Sightline Institute, July 29, 2014, http://www.sightline.org/2014/07/29/are-you-planning-to-have-kids-part-2(accessed May 26, 2017).

31. Brent Toderian, "Tall Tower Debates Could Use Less Dogma, Better Design," Planetizen, June 1, 2014, https://www.planetizen.com/node/69073(accessed May 27, 2017).

32. Alvin Martin, 对作者的采访, March 28, 2017.

33. Dan Fumano, "A Balancing Act in One of the City's Greatest Neighbourhoods," Vancouver Sun, May 26, 2017, http://vancouversun.com /opinion/columnists/dan-fumano-a-balancing-act-in-one-of-citys-great est-neighbourhoods(accessed May 27, 2017); "False Creek South Neighbourhood Association and *RePlan Principles," http://www.false creek south.org/replanprinciples(accessed October 24, 2017); City of Vancouver, False Creek South Planning: Terms of Reference, May 16, 2017, http:// council.vancouver.ca/20170530/documents/rr1.pdf(accessed June 1, 2017).

34. Cory Verbauwhede, "How to Grow a City: South False Creek's Forgotten Visionaries," West Coast Line (July 2005): 198, http://newcity.ca/Pages /south-false-creek-history.pdf(accessed April 27, 2017).

35. John Punter, The Vancouver Achievement: Urban Planning and Design(Vancouver: University of British Columbia Press, 2014), 37.

36. Christopher Alexander et al., A Pattern Language: Towns, Buildings, Construction(New York: Oxford University Press, 1977), 342.

37. 同上, 342.

38. Colin Ward, The Child in the City [London: Bedford Square Press, 1990 [. 1969]), 179.

39. Clare Foran, "How to Design a City for Women," CityLab, September 13, 2013, https://www.citylab.com/transportation/2013/09/how-design-city-women/6739（accessed June 1, 2017）.

40. Sarane Spence Boocock, "The Life Space of Children," in Building for Women, ed. Suzanne Keller (Lexington, MA: Lexington Books, 1981), 99-100.

41. Iona Archibald Opie and Peter Opie, Children's Games in Street and Playground（Oxford, England: Oxford University Press, 1969 ）.

42. Alexander et al., Pattern Language, 421.

43. Witold Rybczynski, "Do You See a Pattern?" Slate, December 2, 2009.

44. Bernard van Leer Foundation, Urban95 project website, https://bernardvanleer.org/solutions/urban95（accessed May 26, 2017）.

45. Caroline Pratt, I Learn from Children: An Adventure in Progressive Education（New York: Grove Press, 2014 [. 1948]), 56.

46. 同上，113.

47. 同上，122.

48. Kevin Lynch, The Image of the City（Cambridge, MA: MIT Press, 1960 ）.

49. Robin C. Moore, Childhood's Domain: Play and Place in Childhood Development（London: Croom Helm, 1986), 2.

50. 同上，14.

51. 同上，109-10.

52. 同上，21.

53. Naomi Larsson, "The App That Gives Oslo's Children a Direct Say over Their Own Road Safety," Guardian, September 2, 2016, https://www.theguardian.com/public-leaders-network/2016/sep/02/app-oslo-children-traffic-road-safety（accessed November 3, 2017）.

54. Toole Design Group, How I Get to School! A Complete Streets Story, http://www.tooledesign.com/sites/default/files/TDG_How%20I%20Get%20to%20School.pdf（accessed April 27, 2017）.

55. Kenneth T. Jackson, Crabgrass Frontier: The Suburbanization of the United States（New York: Oxford University Press, 1987), 58.

56. Ralph Waldo Emerson, "Journal," 1865, quoted in Jackson, Crabgrass Frontier, 59; Lewis Mumford, The City in History: Its Origins, Its Transformations, and Its Prospects（Boston: Houghton Mifflin Harcourt, 1981 [. 1961]), 495-96.

57. United States Department of the Interior, National Park Service, National Historic Landmark Nomination: Radburn, https://www.nps.gov/nhl/find/statelists/nj/Radburn.pdf（accessed May 26, 2017）.

58. Clarence Perry, "The Neighborhood Unit"（1929），转载于 "The Neighborhood Unit: How Does Perry's Concept Apply to Modern Day Planning?" EVStudio website, October 8, 2014 http://evstudio.com/the-neighborhood-unit-how-does-perrys-concept-apply-to-modern-day-planning（accessed May 26, 2017）.

59. Gwendolyn Wright, Building the Dream: A Social History of Housing in America（Cambridge, MA: MIT Press, 1981), 205, 207.

60. Eugenie L. Birch, "Radburn and the American Planning Movement," Journal of the American Planning Association 46, no. 4（October 1980）424-31.

61. United States Department of the Interior, National Park Service, National Historic Landmark Nomination: Baldwin Hills Village, https://www.nps.gov/nhl/find/statelists/ca/Baldwin.pdf（accessed May 26, 2017）.

62. Jackson, Crabgrass Frontier, 238-39.

63. Peter Wyden, Suburbia's Coddled Kids（Garden City, NY: Doubleday & Co., 1962), 1.

64. Jackson, Crabgrass Frontier, 301.

65. Wyden, Suburbia's Coddled Kids, 14.

66. United States Department of the Interior, National Park Service, National Historic Register Nomination: Lafayette Park, https://www.nps.gov/nhl/news/LC/fall2014/LafayettePark.pdf（accessed May 26, 2017）.

67. "Redevelopment F.O.B. Detroit," Architectural Forum 102（March 1955）: 119.

68. "Housing Reversing a Trend?" Detroit Free Press, September 17, 1959, 21.

69. "A Tower Plus Row Houses in Detroit," Architectural Forum 112（May 1960）: 112.

70. 同上, 106.

71. Don Beck, "Here's a One-Room School in the Heart of Detroit," Detroit Free Press, September 17, 1959, https://www.newspapers.com/image/98337157（accessed May 26, 2017）.

72. Karal Ann Marling, ed., Designing Disney's Theme Parks: The Architecture of Reassurance（Montreal: Canadian Centre for Architecture, 1997）78-79.

73. Brigid Beaubien, "Come to the Fair! Laying the Groundwork for the Early Childhood Profession," Young Children（September 2013）.

74. Marling, Designing Disney, 36.

75. 同上, 87.

76. James Rouse, "The Regional Shopping Center: Its Role in the Community It Serves," Seventh Urban Design Conference, Harvard University, April 26, 1963.

77. Charles W. Moore, "You Have to Pay for the Public Life" in You Have to Pay for the Public Life: Selected Essays of Charles W. Moore, ed. Kevin Keim（Cambridge, MA: MIT Press, 2004）, 124.

78. 同上, 113.

79. 同上, 126.

80. "Walt Disney's Original EPCOT film"（1966）, YouTube video, https://www.youtube.com/watch?v=sLCHg9mUBag（accessed November 3, 2017）.

81. Marling, Designing Disney, 152.

82. Matt Patches, "Inside Disney's Ambitious, Failed Plan to Build the City of Tomorrow," Esquire, May 20, 2015, http://www.esquire.com/entertainment/news/a35104/walt-isneyepcot-history-city-of-tomorrow（accessed May 12, 2017）.

83. "Condohacks: Mount Pleasant & Davisville," City of Toronto, Planning Studies & Initiatives, https://www1.toronto.ca/City%20Of%20Toronto/City%20Planning/SIPA/Files/pdf/V/Condohack2_Mount_Pleasant Davisville_AODA.pdf（accessed May 25, 2017）.

84. Andrea Oppedisano, 发给作者的邮件, May 29, 2017.

85. City of Toronto, "Growing Up: Planning for Children in New Vertical Communities," Draft Urban Design Guidelines（May 2017）, 9.

86. Christopher Hume, "Big Ideas: Learning the Lessons of St. Lawrence Neighbourhood," Toronto Star, May 3, 2014, https://www.thestar.com/news/gta/2014/05/03/big_ideas_learning_the_lessons_of_st_lawrence_neighbourhood.html（accessed May 25, 2017）.

87. Dave LeBlanc, "35 Years On, St. Lawrence Is a Template for Urban Housing," Globe and Mail, February 6, 2013, https://www.theglobeandmail.com/life/home-and-garden/architecture/35-years-on-st-lawrence-is-a-template-for-urban-housing/article8296990（accessed May 25, 2017）.

88. Shawn Micallef, "Jane Up North," Curbed, May 4, 2016, https://www.curbed.com/2016/5/4/11521812/jane-jacobs-toronto-spadina-expressway（accessed May 25, 2017）.

89. City of Toronto, "Growing Up," 42-44.

90. 同上, 48.

91. Studio Gang, "The Garden in the Machine: Cicero, Ill.," in Foreclosed: Rehousing the American Dream, Museum of Modern Art, https://www.moma.org/interactives/exhibitions/2012/foreclosed/cicero（accessed May 27, 2017）.

92. City of Toronto, "Growing Up," 30.

93. City of Portland, "5b. 20-Minute Neighborhoods," Portland Plan (2012), http://www.portlandonline.com/portlandplan/index.cfm? a= 2880 98&c =52256 (accessed June 1, 2017).

94. Mara Mintzer, Joanna Mendoza, Louise Chawla, and Aria Dellepiane, "Growing Up Boulder: Young People's Ideas for 15-Minute Neighborhoods," report (September 2016), http://www.growingupboulder.org /uploads/1/3/3/5/13350974/15_min_neighborhood_report.pdf (accessed May 27, 2017).

95. City of Toronto, "Growing Up," 19.

96. City of Rotterdam, "Rotterdam, City with a Future," Youth, Education, and Society Department (October 2010), http://www.robedrijf.nl/JOS /kindvriendelijk/Rotterdam%20City%20with%20a%20future.pdf (accessed November 3, 2017).

97. 引自 Ashley Renders, "Critics Keep Pressure on Rotterdam's Affordable Housing Plan," Next City, April 5, 2017, https://nextcity.org /daily/entry/rotterdam-affordable-housing-teardown-plan-protest (accessed May 27, 2017).

98. Marguerite van den Berg, Gender in the Post-Fordist Urban: The Gender Revolution in Planning and Public Policy (Berlin: Springer, 2017), 63.

99. Arjen Schreuder, "The Mosquito's Bite: Dutch Debate Use of 'Teen Repellent,'" DerSpiegel, April 24, 2009, http://www.spiegel.de/inter national/europe/the-mosquito-s-bite-dutch-debate-use-of-teen-repellent -a-621025.html (accessed May 27, 2017).

100. Van den Berg, Gender in the Post-Fordist Urban, 65.

101. Renders, "Critics Keep Pressure."

102. New York City Office of the Mayor, "De Blasio Administration Launches Community Parks Initiative to Build More Inclusive and Equitable Park System," 新闻稿, October 7, 2014, http://www1.nyc.gov/office-of -the-mayor/news/468-14/de-blasio-admi nistration-launches-community -parks -initiative-build-more-inclusive-equitable#/0 (accessed May 27, 2017).

103. Helen Forman, "Residential Street Design and Play," Playing Out (January 2017), http://playingout.net/wp-content/uploads/2017/02/Helen-Forman -Street-design-and-play.pdf (accessed May 12, 2017).

104. Samuel Williams and Hannah Wright, 对作者的采访, May 16, 2017.

105. Josef Hargrave, Samuel Williams, Hannah Wright, and Felicitas zu Dohna, "Cities Alive: Designing for Urban Childhoods," Arup, December 2017, 7.

106. Williams and Wright, 对作者的采访.

107. Hargrave et al., "Cities Alive," 15–17.

108. Wyden, Suburbia's Coddled Kids, 107–8.

6 结语

1. 有关国王学校历史和建筑的其他讨论曾以略微不同的形式发表于 MAS Context 网站. Alexandra Lange, "Never-Loved Buildings Rarely Stand a Chance," MAS Context 25–26 (Spring/Summer 2015), http://www.mascontext.com/tag/alexandra-lange (accessed June 2, 2017).

2. Charles E. Rhine, "PS Projects: Amazing Sun Dome," Popular Science (May 1968), 108–12.

3. David Pickett, "The LEGO Gender Gap: A Historical Perspective," Thinking Brickly, January 2, 2012, http://thinkingbrickly.blogspot .com /2012/01/lego-gender-gap.html (accessed June 2, 2017).

4. Jo B. Paoletti, Pink and Blue: Telling the Boys from the Girls in America (Bloomington, IN: Indiana University Press, 2012) 108–9.

5. President Jimmy Carter, "Energy and the National Goals—A Crisis of Confidence," delivered July 15, 1979, http://www.americanrhetoric.com /speeches/jimmy carter crisi sofconfidence.htm (accessed June 2, 2017).

参考文献

Adams, Annmarie. "The Eichler Home: Intention and Experience in Postwar Suburbia." *Perspectives in Vernacular Architecture* 5(1995).

Alexander, Barbara T. "The U.S. Homebuilding Industry: A Half Century of Building the American Dream." John T. Dunlop Lecture, Harvard University, October 12, 2000.

Alexander, Christopher, Sara Ishikawa, and Murray Silverstein. *A Pattern Language: Towns, Buildings, Construction*. New York: Oxford University Press, 1977.

Allen, Marjory Gill. (Lady Allen of Hurtwood). "Why Not Use Our Bomb Sites Like This?" *Picture Post*, November 16, 1946.

——. *Planning for Play*. London, Thames & Hudson, 1969(©1968).

American Journal of Play. "Play and the Hundred Languages of Children: An Interview with Lella Gandini." *American Journal of Play* 4, no. 1(Summer 2011): 1–19.

Archer, John. *Architecture and Suburbia: From English Villa to American Dream House, 1690–2000*. Minneapolis: University of Minnesota Press, 2005.

Ariès, Philippe. *Centuries of Childhood: A Social History of Family Life*. Translated by Robert Baldick. New York: Vintage Books, 1962.

Arnold, Jeanne E., Anthony P. Graesch, Enzo Ragazzini, and Elinor Ochs. *Life at Home in the Twenty-First Century: 32 Families Open Their Doors*. Los Angeles: Cotsen Institute of Archaeology Press, 2013.

Bachin, Robin F. *Building the South Side: Urban Space and Civic Culture in Chicago, 1890–1919*. Chicago: University of Chicago Press, 2004.

Barthes, Roland. "Toys." In *Mythologies*. Selected and translated by Annette Lavers. New York: Hill and Wang, 1984(©1957).

Beatty, Barbara. *Preschool Education in America: The Culture of Young Children from the Colonial Era to the Present*. New Haven, CT: Yale University Press, 1995.

Beaubien, Brigid. "Come to the Fair! Laying the Groundwork for the Early Childhood Profession." *Young Children*(September 2013): 96–99.

Beck, Don. "Here's a One-Room School in the Heart of Detroit." *Detroit Free Press*, September 17, 1959.

Bengtsson, Arvid. *Adventure Playgrounds*. London: Crosby Lockwood, 1972.

Bergdoll, Barry, and John H. Beyer. "Marcel Breuer: Bauhaus Tradition, Brutalist Invention." *Metropolitan Museum of Art Bulletin*(Summer 2015).

Bers, Marina Umaschi. *Designing Digital Experiences for Positive Youth Development: From Playpen to Playground*. New York: Oxford University Press, 2012.

"The Big Play in Paper." *Life*, November 3, 1967.

Biondo, Brenda. *Once Upon a Playground: A Celebration of Classic American Playgrounds, 1920–1975*. Lebanon, NH: ForeEdge, 2014.

Birch, Eugenie L. "Radburn and the American Planning Movement." *Journal of the American Planning Association* 46, no. 4(October 1980): 424–31.

Bliss, Anna Campbell. Children's Furniture. *Design Quarterly* 57 (1963).

Boocock, Sarane Spence. "The Life Space of Children." In *Building for Women*, edited by Suzanne Keller, 93–116. Lexington, MA: Lexington Books, 1981.

Breslin, Steve. "The History and Theory of Sandbox Gameplay." Gamasutra, July 16, 2009.

Brodesser-Akner, Taffy. "Marie Kondo and the Ruthless War on Stuff." *New York Times Magazine*, July 6, 2016.

Brosterman, Norman. *Inventing Kindergarten*. New York: Abrams, 1997.

Brown, Ashley. "Ilonka Karasz: Rediscovering a Modernist Pioneer." *Studies in the Decorative Arts* 8, no. 1 (Fall/Winter 2000–2001): 69–91.

Bruce, Gordon. *Eliot Noyes*. New York: Phaidon, 2007.

Burkhalter, Gabriela, ed. *The Playground Project*. Zurich: JRP/Ringier, 2016.

Calvert, Karin. *Children in the House: The Material Culture of Early Childhood, 1600–1900*. Boston: Northeastern University Press, 1992.

Caudill, William W. *Toward Better School Design*. New York: F. W. Dodge Corporation, 1954.

Cavallo, Dominick. *Muscles and Morals: Organized Playgrounds and Urban Reform, 1880–1920*. Philadelphia: University of Pennsylvania Press, 1981.

Chase, John H. "Points about Directors." *Playground* 3, no. 4 (July 1909): 13–15.

Cherner, Norman. *How to Build Children's Toys and Furniture*. New York: McGraw-Hill, 1954.

Chudacoff, Howard P. *Children at Play: An American History*. New York: New York University Press, 2008.

City of Rotterdam. "Rotterdam, City with a Future." Youth, Education, and Society Department (October 2010).

City of Toronto. "Growing Up: Planning for Children in New Vertical Communities." Draft Urban Design Guidelines (May 2017).

Clark, Clifford Edward Jr. *The American Family Home, 1800–1960*. Chapel Hill: University of North Carolina Press, 1986.

Clarke, Jane H. "Philosophy in Brick." *Inland Architect* (November/December 1989): 54–59.

Columbus, Indiana: A Look at Architecture. Columbus, IN: Columbus Area Visitors Center, 1974.

Cook, Daniel Thomas. *The Commodification of Childhood: The Children's Clothing Industry and the Rise of the Child Consumer*. Durham, NC: Duke University Press, 2004.

Cooper, Clare C. "Adventure Playgrounds." *Landscape Architecture* 61, no. 1 (October 1970): 18–29, 88–91.

Cope, George, and Phylis Morrison. *The Further Adventures of Cardboard Carpentry: Son of Cardboard Carpentry*. Cambridge, MA: Workshop for Learning Things, 1973.

Cowan, Ruth Schwartz. *More Work for Mother: The Ironies of Household Technology from the Open Hearth to the Microwave*. New York: Basic Books, 1983.

Cremin, Lawrence A. *The Transformation of the School: Progressivism in American Education, 1876–1957*. New York: Alfred A. Knopf, 1961.

Cromley, Elizabeth Collins. "A History of American Beds and Bedrooms." *Perspectives in Vernacular Architecture* 4 (1991): 177–86.

Cross, Gary. *Kids' Stuff: Toys and the Changing World of American Childhood*. Cambridge, MA: Harvard University Press, 1999.

"Crow Island School." *Architectural Forum* 75 (August 1941): 79–92.

Cuban, Larry. "The Open Classroom." *EducationNext* 4, no. 2 (Spring 2004): 69–71.

Cunningham, Hugh. *Children and Childhood in Western Society since 1500*. New York: Longman, 1995.

Curtis, Henry S. *The Play Movement and Its Significance*. Washington, D.C.: McGrath Publishing Co. & National Recreation and Park Association, 1917.

Cutler, William W. III. "Cathedral of Culture: The Schoolhouse in American Educational Thought and Practice since 1820." *History of Education Quarterly* 29 (Spring 1989): 1–40.

Dattner, Richard. *Design for Play*. New York: Van Nostrand Reinhold, 1969.

DeVore, Donald E., and Joseph Logsdon. *Crescent City Schools: Public Education in New Orleans, 1841–1991*. Lafayette, LA: University of Louisiana at Lafayette, 2012 (©1991).

Dewey, John. *The School and Society and the Child and the Curriculum*. Chicago: University of Chicago Press, 1990 (©1900, 1902).

Dewey, John, and Evelyn Dewey. *Schools of To-morrow*. New York: E. P. Dutton, 1915.

Dudek, Mark, ed. *Children's Spaces*. Amsterdam: Architectural Press, 2005.

Durst, Anne. *Women Educators in the Progressive Era: The Women behind Dewey's Laboratory School*. New York: Palgrave Macmillan, 2010.

Edgeworth, Maria, and Richard Lovell Edgeworth. *Practical Education*. Boston: Samuel H. Parker, 1825 (©1798).

Educational Facilities Laboratories, Inc. *Educational Change and Architectural Consequences*. New York: EFL, 1968.

Eriksen, Aase. *Playground Design: Outdoor Environments for Learning and Development*. New York: Van Nostrand Reinhold, 1985.

Fanning, Colin. "LEGO Play on Display: *The Art of the Brick* and *The Collectivity Project*," *Response: The Digital Journal of Popular Culture Scholarship* (November 2016).

———. "The Plastic System: Architecture, Childhood, and LEGO 1949–2012." Masters qualifying paper, Bard Graduate Center, 2013.

Fanning, Colin, and Rebecca Mir. "Teaching Tools: Progressive Pedagogy and the History of Construction Play." In *Understanding Minecraft: Essays on Play, Community and Possibilities*, edited by Nate Garrelts. Jefferson, NC: McFarland & Co., 2014.

Fass, Paula S., ed. *Encyclopedia of Children and Childhood: In History and Society*. Vol. 1. New York: Macmillan Reference USA, 2004.

———. *The Routledge History of Childhood in the Western World*. New York: Routledge, 2013.

Ferguson, John C. "The Architecture of Education: The Public School Buildings of New Orleans." In *Crescent City Schools: Public Education in New Orleans, 1841–1991*, edited by Donald E. DeVore and Joseph Logsdon. Lafayette, LA: University of Louisiana at Lafayette, 2012 (©1991).

Flint, Anthony. *Wrestling with Moses: How Jane Jacobs Took on New York's Master Builder and Transformed the American City*. New York: Random House, 2009.

Floyd, Myron F., and Rasul A. Mowatt. "Leisure among African Americans." In *Race, Ethnicity, and Leisure: Perspectives on Research, Theory, and Practice*, edited by Monica Stodolska, Kimberly J. Shinew, Myron F. Floyd, and Gordon J. Walker, 53–74. Champaign, IL: Human Kinetics, 2013.

Foran, Clare. "How to Design a City for Women." *CityLab*, September 13, 2013.

Frazier, Ian. "Form and Fungus." *New Yorker*, May 20, 2013.

Friedberg, M. Paul, and Ellen Perry Berkeley. *Play and Interplay: A Manifesto for New Design in Urban Recreational Environment*. New York: Macmillan, 1970.

Frost, Joe. "Evolution of American Playgrounds." *Scholarpedia*, 7 (12): 30423.

Fusselman, Amy. "Play Freely at Your Own Risk." *Atlantic*, January 15, 2015.

———. *Savage Park: A Meditation on Play, Space, and Risk for Americans Who Are Nervous, Distracted, and Afraid to Die*. New York: Houghton Mifflin Harcourt, 2015.

Gilbreth, Frank B. Jr., and Ernestine Gilbreth Carey. *Belles on Their Toes*. New York: Thomas Y. Crowell Co., 1950.

———. *Cheaper by the Dozen*. New York: Thomas Y. Crowell Co., 1948.

Gill, Tim. *No Fear: Growing Up in a Risk-Averse Society*. London: Calouste Gulbenkian Foundation, 2007.

———. "Space-Oriented Children's Policy: Creating Child-Friendly Communities to Improve Children's Well-Being." *Children & Society* 22 (March 2008): 136–42.

Gislason, Neil. *Building Innovation: History, Cases, and Perspectives on School Design*. Big Tancook Island, Nova Scotia: Backalong Books, 2011.

Goldstein, Carolyn M. *Do It Yourself: Home Improvement in 20th-Century America*. New York: National Building Museum/Princeton Architectural Press, 1998.

Gotkin, Michael. "The Politics of Play." In *Preserving Modern Landscape Architecture*, edited by Charles A. Birnbaum, 60–75. New York: Spacemakers Press, 1999.

Graham, Ruth. "How the American Playground Was Born in Boston." *Boston Globe*, March 28, 2014.

Gray, Jennifer L. "Bodies at Play, the Body Politic: The Playground Movement in Chicago." Lecture. Museum of Modern Art, September 23, 2010.

———. "Ready for Experiment: Dwight Perkins and Progressive Architectures in Chicago, 1893–1917." PhD diss., Columbia University, 2011.

Greenberg, Andy. "How a Geek Dad and His 3D Printer Aim to Liberate Legos." *Forbes*, April 5, 2012.

Gyure, Dale Allen. *The Chicago Schoolhouse: High School Architecture and Educational Reform, 1856–2006*. Chicago: University of Chicago Press, 2011.

Hall, G. Stanley. *The Story of a Sand-pile*. New York: E. L. Kellogg & Co., 1897.

Hargrave, Josef, Samuel Williams, Hannah Wright and Felicitas zu Dohna. "Cities Alive: Designing for Urban Childhoods," Arup, December 2017.

Harris, Dianne. *Little White Houses: How the Postwar Home Constructed Race in America*. Minneapolis: University of Minnesota Press, 2013.

Hart, Roger A. "Planning Cities with Children in Mind: A Background Paper for the State of the World's Children Report." April 30, 2011, http://cergnyc.org/files/2013/10/Hart-Planning-Cities-with-Children-in-Mind-SOWC-APRIL-2011.pdf (accessed May 26, 2017).

Hawes, Joseph M. *Children between the Wars: American Childhood, 1920–1940*. New York: Twayne Publishers, 1997.

Hayden, Dolores. *The Grand Domestic Revolution: A History of Feminist Designs for American Homes, Neighborhoods, and Cities*. Cambridge: MIT Press, 1981.

———. *Redesigning the American Dream: The Future of Housing, Work and Family Life*. New York: W. W. Norton, 2002 (©1984).

Hennessey, James, and Victor Papanek. *Nomadic Furniture*. New York: Pantheon, 1973.

Herrera, Hayden. *Listening to Stone: The Art and Life of Isamu Noguchi*. New York: Farrar, Straus and Giroux, 2015.

Hertzberger, Herman. *Space and Learning: Lessons in Architecture 3*. Amsterdam: 101 Publishers, 2008.

Hess, Thomas B. "The Rejected Playground." *ARTNews*, April 1952.

Hewitt, Karen. "Blocks as a Tool for Learning: Historical and Contemporary Perspectives." *Young Children* (January 2001): 6–13.

Hewitt, Karen, and Louise Roomet, eds. *Educational Toys in America: 1800 to the Present*. Burlington, VT: Robert Hull Fleming Museum, 1979.

Hille, R. Thomas. *Modern Schools: A Century of Design for Education*. New York: Wiley & Sons, 2011.

Hirsch, Elisabeth S., ed. *The Block Book*. 3rd Ed. Washington, D.C.: National Association for the Education of Young Children, 1996 (©1984).

Hoffschwelle, Mary S. "The Rosenwald Schools of the American South." In *Designing Modern Childhoods: History, Space, and the Material Culture of Children*, edited by Marta Gutman and Ning de Coninck-Smith, 213–32. New Brunswick, NJ: Rutgers University Press, 2007.

Hollenbeck, Bryn Varley. "Making Space for Children: The Material Culture of American Childhoods, 1900–1950." PhD diss., University of Delaware, 2008.

Hoy, Selena. "Why Japanese Kids Can Walk to School Alone." *Atlantic*, October 2, 2015.

Hughes, Jim. *Brick Fetish*. 3rd ed. Hughes Press, 2009.

Hulbert, Ann. *Raising America: Experts, Parents, and a Century of Advice about Children*. New York: Vintage Books, 2004.

Hurley, Amanda Kolson. "Welcome to Disturbia." *Curbed*, May 25, 2016.

———. "Will U.S. Cities Design Their Way Out of the Affordable Housing Crisis?" *Next City*, January 18, 2016.

Huxtable, Ada Louise. "Fully Planned Town Opens in Virginia." *New York Times*, December 5, 1965.

Isamu Noguchi: Playscapes. Mexico City: RM/Museo Tamayo Arte Contemporáneo, 2016.

Isenstadt, Sandy. "Visions of Plenty: Refrigerators in America Around 1950." *Journal of Design History* 11, no. 4 (1998): 311–21.

Ito, Mimi. "Why *Minecraft* Rewrites the Playbook for Learning." *Boing Boing*, June 6, 2015.

Ito, Mizuko. *Engineering Play: A Cultural History of Children's Software*. Cambridge, MA: MIT Press, 2009.

Jackson, Kenneth T. *Crabgrass Frontier: The Suburbanization of the United States*. New York: Oxford University Press, 1987.

Jacobs, Jay. "Projects for Playgrounds." *Art in America* 55, no. 6 (November/December 1967): 39–53.

Jacobson, Lisa. *Raising Consumers: Children and the American Mass Market in the Early Twentieth Century*. New York: Columbia University Press, 2004.

Jacquette, Julia. *Playground of My Mind*. New York: DelMonico Books/Prestel/Wellin Museum of Art, 2017.

Keats, Ezra Jack. *The Snowy Day*. New York, Viking Press, 1962.

Kevill-Davies, Sally. *Yesterday's Children: The Antiques and History of Childcare*. Suffolk, England: Antique Collectors' Club Ltd., 1991.

Key, Ellen. *The Century of the Child*. New York and London: G. P. Putnam's Sons, 1909.

Kinchin, Juliet, and Aidan O'Connor, eds. *Century of the Child: Growing by Design, 1900–2000*. New York: Museum of Modern Art, 2012.

Kirkham, Pat. *Charles and Ray Eames: Designers of the Twentieth Century*. Cambridge, MA: MIT Press, 1998.

Kozlovsky, Roy. "Adventure Playgrounds and Postwar Reconstruction." In *Designing Modern Childhoods: History, Space, and the Material Culture of Children*, edited by Marta Gutman and Ning de Coninck-Smith, 171–92. New Brunswick, NJ: Rutgers University Press, 2007.

Kraus-Boelte, Maria, and John Kraus. *The Kindergarten Guide: An Illustrated Hand-Book*. Vol. 1, *The Gifts*. New York: E. Steiger, 1881 (©1877).

Lancaster, Jane. *Making Time: Lillian Moller Gilbreth—A Life Beyond "Cheaper By the Dozen."* Boston: Northeastern University Press, 2004.

Lane, Anthony. "The Joy of Bricks." *New Yorker*, April 27, 1998.

Lane, Barbara Miller. *Houses for a New World: Builders and Buyers in American Suburbs, 1945–1965*. Princeton, NJ: Princeton University Press, 2015.

Langston, Jennifer. "Are You Planning to Have Kids? (Part 2)." Sightline Institute, July 29, 2014.

Larrivee, Shaina D. "Playscapes: Isamu Noguchi's Designs for Play." *Public Art Dialogue* 1, no. 1 (2011).

Larsson, Naomi. "The App That Gives Oslo's Children a Direct Say over Their Own Road Safety." *Guardian*, September 2, 2016.

Lauwaert, Maaike. *The Place of Play: Toys and Digital Cultures*. Amsterdam: Amsterdam University Press, 2009.

Lefaivre, Liane. *Ground-Up City: Play as a Design Tool*. Amsterdam: 010 Publishers, 2007.

Lefaivre, Liane, and Ingeborg de Roode, eds. *Aldo van Eyck: The Playgrounds and the City*. Amsterdam: Stedelijk Museum/NAi Publishers, 2002.

LEGO Group. *Developing a Product*. Billund, Denmark: The Lego Group, 1997.

Lippman, Laura. "My Wild School Days at Hippie High." *Daily Mail*, July 10, 2016.

Locke, John. *The Works of John Locke*. Vol. 9, *Some Thoughts Concerning Education*. London: W. Otridge and Son, 1812(©1693).

Lovelace, Maud Hart. *Betsy and Tacy Go Over the Big Hill*. In *The Betsy-Tacy Treasury*. New York: Harper Perennial, 2011(©1942).

Lupton, Ellen, ed. *Beautiful Users: Designing for People*. New York: Chronicle Books, 2014.

Lupton, Ellen, and J. Abbott Miller, eds. *The ABCs of the Bauhaus: The Bauhaus and Design Theory*. New York: Princeton Architectural Press, 1991.

Lynch, Kevin. *The Image of the City*. Cambridge, MA: MIT Press, 1960.

Mann, Mrs. Horace, and Elizabeth P. Peabody. *Moral Culture of Infancy, and Kindergarten Guide*. 6th ed. New York: J. W. Schermerhorn & Co., 1876.

Marling, Karal Ann, ed. *Designing Disney's Theme Parks: The Architecture of Reassurance*. Montreal: Canadian Centre for Architecture, 1997.

Mather, Evan. *A Plea for Modernism*. Posted May 10, 2011. https://vimeo.com/23565526.

McAfee, Ann, and Andrew Malczewski. *Housing Families at High Density*. City of Vancouver, Canada, 1978.

McCarter, Robert. *Aldo van Eyck*. New Haven, CT: Yale University Press, 2015.

McGrath, Molly, and Norman McGrath. *Children's Spaces: 50 Architects and Designers Create Environments for the Young*. New York: William Morrow and Co., 1978.

McLerran, Alice. *The Legacy of Roxaboxen*. Spring, TX: Absey & Co., 1998.

———. *Roxaboxen*. New York: HarperCollins, 1991.

McPartland, John. *No Down Payment*. New York: Pocket Books, 1957.

Mead, Margaret. *A Creative Life for Your Children*. Washington, D.C.: Children's Bureau, 1962.

Mead, Rebecca. "Learn Different." *New Yorker*, March 7, 2016.

———. "State of Play." *New Yorker*, July 5, 2010.

———. "When I Grow Up." *New Yorker*, January 19, 2015.

Mechling, Jay. "Sandwork." *Journal of Play* 9, no. 1(Fall 2016).

Mee, Charles L. Jr. "Putting the Play in Playground." *New York Times Magazine*, November 6, 1966.

Micallef, Shawn. "Jane Up North." *Curbed*, May 4, 2016.

Michals, Teresa. "Experiments before Breakfast: Toys, Education and Middle-Class Childhood." In *The Nineteenth-Century Child and Consumer Culture*, edited by Dennis Denisoff, 29–42. Hampshire, England: Ashgate, 2008.

Mintz, Steven. *Huck's Raft: A History of American Childhood*. Cambridge, MA: Belknap Press, 2006.

Mooallem, Jon. "Smallville." *California Sunday Magazine*, October 4, 2015.

Moore, Charles W. "You Have to Pay for the Public Life" (1965) in *You Have to Pay for the Public Life: Selected Essays of Charles W. Moore*, edited by Kevin Keim, 111–41. Cambridge, MA: MIT Press, 2004.

Moore, Robin C. *Childhood's Domain: Play and Place in Childhood Development*. London: Croom Helm, 1986.

Mumford, Lewis. *The City in History: Its Origins, Its Transformations, and Its Prospects*. Boston: Houghton Mifflin Harcourt, 1981(©1961).

———. "Plight of the Prosperous." The Sky Line, *New Yorker*, March 4, 1950.

Nasaw, David. *Children of the City: At Work and at Play*. New York: Doubleday, 1985.

Nelson, George, and Henry Wright. *Tomorrow's House: A Complete Guide for the Home-Builder*. 2nd ed. New York: Simon & Schuster, 1945.

Neuhart, John, Marilyn Neuhart, and Ray Eames. *Eames Design*. New York: Abrams, 1995.

Neutra, Richard J. "New Elementary Schools for America." *Architectural Forum* 62 (January 1935): 24–35.

Nicholson, Simon. "How Not to Cheat Children: The Theory of Loose Parts." *Landscape Architecture* 62, no. 1 (October 1971): 30–34.

Norman, Nils. *An Architecture of Play: A Survey of London's Adventure Playgrounds*. London: Four Corners Books, 2003.

Norton, Mary. *The Borrowers*. New York: Harcourt Young Classics, 1998 (©1952).

Ochs, Elinor, and Tamar Kremer-Sadlik, eds. *Fast Forward Family: Home, Work, and Relationships in Middle-Class America*. Berkeley: University of California Press, 2013.

Ogata, Amy F. "Building for Learning in Postwar American Elementary Schools." *Journal of the Society of Architectural Historians* 67, no. 4 (December 2008): 562–91.

———. "Creative Playthings: Educational Toys and Postwar American Culture." *Winterthur Portfolio* 39, no. 2/3 (Summer/Autumn 2004): 129–56.

———. *Designing the Creative Child: Playthings and Places in Midcentury America*. Minneapolis: University of Minnesota Press, 2013.

———. "Good Toys." In *Century of the Child: Growing by Design, 1900–2000*, edited by Juliet Kinchin and Aidan O'Connor, 171–73. New York: Museum of Modern Art, 2012.

Ogata, Amy F., and Susan Weber, eds. *Swedish Wooden Toys*. New Haven, CT: Bard Graduate Center/Yale University Press, 2014.

Opie, Iona Archibald, and Peter Opie. *Children's Games in Street and Playground*. Oxford: Oxford University Press, 1969.

Opsvik, Peter. *Rethinking Sitting*. Oslo: Gaidaros Forlag AS, 2008.

OWP/P Architects + VS Furniture + Bruce Mau Design. *The Third Teacher: 79 Ways You Can Use Design to Transform Teaching and Learning*. New York: Abrams, 2010.

Page, Hilary F. "Plastics as a Medium for Toys." In *Daily Graphic Plastics Exhibition Catalogue*. Published in association with the British Plastics Federation. Dorland Hall, November 7–27, 1946.

———. *Playtime in the First Five Years*. Rev. 2nd ed. London: George Allen and Unwin Ltd., 1953.

Palmer, Bruce. *Making Children's Furniture and Play Structures*. New York: Workman Publishing, 1974.

Paoletti, Jo B. *Pink and Blue: Telling the Boys from the Girls in America*. Bloomington, IN: Indiana University Press, 2012.

Papert, Seymour. *Mindstorms: Children, Computers, and Powerful Ideas*. New York: Basic Books, 1980.

———. "Project-Based Learning." Edutopia, November 1, 2001.

Pappano, Laura. "Learning to Think Like a Computer." *New York Times*, April 4, 2017.

Piaget, Jean, and Bärbel Inhelder, *The Child's Conception of Space*. New York: W. W. Norton & Co., 1967 (©1948).

Pick, Grant. "A School Fit for Children." *Chicago Reader*, February 28, 1991.

Portis, Antoinette. *Not a Box*. New York: HarperCollins, 2006.

Punter, John. *The Vancouver Achievement: Urban Planning and Design*. Vancouver: University of British Columbia Press, 2014.

Pratt, Caroline. *I Learn from Children: An Adventure in Progressive Education*. New York: Grove Press, 2014 (©1948).

Pursell, Carroll. *From Playgrounds to PlayStation: The Interaction of Technology and Play*. Baltimore: Johns Hopkins University Press, 2015.

Reese, Hope. "Alex Truesdell: Maker. Adaptive Designer. Advocate for Children with Special Needs."

TechRepublic, December 14, 2015.

Reif, Rita. "Instead of Ending on Scrap Heap, This Furniture Began There." *New York Times*, December 30, 1972.

Resnick, Mitchel. "Computer as Paintbrush: Technology, Play, and the Creative Society." In *Play = Learning: How Play Motivates and Enhances Children's Cognitive and Social-Emotional Growth*, edited by Dorothy G. Singer, Roberta Michnik Golinkoff, and Kathy Hirsh-Pasek, 192–206.

New York: Oxford University Press, 2006.

Resnick, Mitchel, and Eric Rosenbaum. "Designing for Tinkerability." In *Design, Make, Play: Growing the Next Generation of STEM Innovators*, edited by Margaret Honey and David E. Kanter, 163–82. New York: Routledge, 2013.

Resnick, Mitchel, et al. "Scratch: Programming for All." *Communications of the ACM* 52, no. 11 (November 2009): 60–67.

Riis, Jacob. "The Genesis of the Gang." *Atlantic*, September 1899.

Rosin, Hanna. "The Overprotected Kid." *Atlantic*, April 2014.

Ross, Lillian. "Summer Glimpses." Talk of the Town. *New Yorker*, July 31, 1971.

Roth, Alfred. *The New School*. New York: Praeger, 1958.

Rouse, James. "The Regional Shopping Center: Its Role in the Community It Serves." Seventh Urban Design Conference. Harvard University, April 26, 1963.

Ryan, Bernard Jr. "A Last Look at the Little Red Schoolhouse." *Parents* (February 1968).

Rybczynski, Witold. *Now I Sit Me Down*. New York: Farrar, Straus and Giroux, 2016.

———. "Remembering the Rosenwald Schools." *Architect*, September 16, 2015.

Sanders, James. "Adventure Playground: John V. Lindsay and the Transformation of Modern New York." *Design Observer*, May 4, 2010.

Sandseter, Ellen Beate Hansen. "Characteristics of Risky Play." *Journal of Adventure Education and Outdoor Learning* 9, no. 1 (2009): 3–21.

Sandseter, Ellen Beate Hansen, and Leif Edward Ottesen Kennair. "Children's Risky Play from an Evolutionary Perspective: The Anti-Phobic Effects of Thrilling Experiences." *Evolutionary Psychology* 9, no. 2 (April 2011): 257–84.

Schmertz, Mildred F. "An Open Plan Elementary School." *Architectural Record* (September 1973).

Seiter, Ellen. *Sold Separately: Parents and Children in Consumer Culture*. New Brunswick, NJ: Rutgers University Press, 1995.

Sherman, Thomas, and Greg Logan, eds. *Tezuka Architects: The Yellow Book*. Berlin: JOVIS, 2016.

Smith, Elizabeth A. T. *Case Study Houses: The Complete Program, 1945–1966*. Los Angeles: Taschen, 2009.

Smith Hill, Pamela, ed. *Pioneer Girl: The Annotated Autobiography*. Pierre: South Dakota Historical Society Press, 2014.

Solomon, Susan G. *American Playgrounds: Revitalizing Community Space*. Hanover, NH: University Press of New England, 2005.

———. *The Science of Play: How to Build Playgrounds That Enhance Development*. Lebanon NH: University Press of New England, 2014.

Spock, Benjamin. *The Common Sense Book of Baby and Child Care*. New York: Duell, Stone and Pearce, 1946.

Staring, Jeroen. "Caroline Pratt: Progressive Pedagogy *In Statu Nascendi*." *Living a Philosophy of Early Childhood Education: A Festschrift for Harriet Cuffaro*, Bank Street College of Education Occasional Paper Series 32.

Steller, Chris. "When 'The Yard' Was Minnesota's Most Radical Park." *MinnPost*, July 25, 2014.

Stern, Robert A. M., David Fishman, and Thomas Mellins. *New York 1960: Architecture and Urbanism between the Second World War and the Bicentennial.* New York: Monacelli Press, 1997.

Stock, Francine. "Is There a Future for the Recent Past in New Orleans?" *MAS Context* 8 (Winter 2010): 70–87.

Sunset Ideas for Children's Rooms and Play Yards. Menlo Park, CA: Lane Publishing Co. 1980.

Thernstrom, Melanie. "The Anti-Helicopter Parent's Plea: Let Kids Play!" *New York Times Magazine*, October 19, 2016.

Thompson, Clive. "The *Minecraft* Generation." *New York Times Magazine*, April 4, 2016.

Toderian, Brent. "Tall Tower Debates Could Use Less Dogma, Better Design." *Planetizen*, June 1, 2014.

Tolentino, Jia. "The Little Syria of Deep Valley." *New Yorker*, February 16, 2017.

Torres, Ana Maria. *Isamu Noguchi: A Study of Space.* New York: Monacelli Press, 2000.

"A Tower Plus Row Houses in Detroit." *Architectural Forum* 112 (May 1960): 104–113, 222.

Towler, Katherine. "History of Harkness: The Men behind the Plan." *Exeter Bulletin* (Fall 2006).

Trainor, James. "Reimagining Recreation." *Cabinet* 45 (Spring 2012), http://www.cabinetmagazine.org/issues/45/trainor.php (accessed November 5, 2017).

Tromm, J. H. *Cardboard Construction.* Springfield, MA: Milton Bradley Co., 1907.

United Nations General Assembly. Resolution 1386 (XIV). "Declaration of the Rights of the Child." Principle 7. UN doc A/4354 (1959).

Vale, Brenda, and Robert Vale. *Architecture on the Carpet: The Curious Tale of Construction Toys and the Genesis of Modern Buildings.* London: Thames & Hudson, 2013.

Van den Berg, Marguerite. *Gender in the Post-Fordist Urban: The Gender Revolution in Planning and Public Policy.* Berlin: Springer, 2017.

Van Lingen, Anna, and Denisa Kollarová. *Aldo van Eyck: Seventeen Playgrounds.* Eindhoven, Netherlands: Lecturis, 2016.

Verbauwhede, Cory. "How to Grow a City: South False Creek's Forgotten Visionaries." *West Coast Line* (July 2005): 195–203.

Von Vegesack, Alexander, ed. *Kid Size: The Material World of Childhood.* Milan: Skira; Vitra Design Museum, 1997.

Walker, Rob. "Dedigitization." *Design Observer*, June 8, 2011.

———. "Digital Culture, Meet Analog Fever." *New York Times Sunday Review*, November 28, 2015.

Wang, Sam, and Sandra Aamodt. "Play, Stress, and the Learning Brain." *Cerebrum* (September/October 2012).

Ward, Colin. *The Child in the City.* London: Bedford Square Press, 1990 (©1978).

Watters, Audrey. "The Invented History of 'The Factory Model of Education,'" *Hack Education* (blog), April 25, 2015.

———. "What Does (and Doesn't) Progressive Education Plus Technology Look Like? Thoughts on AltSchool." *Hack Education*, August 7, 2014.

Waugh, Edward, and Elizabeth Waugh. *The South Builds: New Architecture in the Old South.* Chapel Hill, NC: University of North Carolina Press, 1960.

Weber, Evelyn. "Play Materials in the Curriculum of Early Childhood." In *Educational Toys in America: 1800 to the Present*, edited by Karen Hewitt and Louise Roomet, 25–37. (Burlington, VT: Robert Hull Fleming Museum, 1979).

Weisser, Amy S. "'Little Red School House, What Now?' Two Centuries of American Public School Architecture." *Journal of Planning History* 5, no. 3 (August 2006): 196–217.

Wellhousen, Karyn, and Judith Kieff. *A Constructivist Approach to Block Play in Early Childhood.* Boston: Cengage Learning, 2001.

White, Colin. *The World of the Nursery*. New York: E. P. Dutton, 1984.

Widdicombe, Lizzie. "Mother May I?" *New Yorker*, February 23 and March 2, 2015.

Wiggins, David Kenneth, and Patrick B. Miller, eds. *The Unlevel Playing Field: A Documentary History of the African American Experience in Sport*. Champaign, IL: University of Illinois Press, 2003.

Wilder, Laura Ingalls. *Little Town on the Prairie*. New York: Harper & Row, 1971(©1941).

———. *On the Banks of Plum Creek*. New York: Harper & Row, 1971(©1937).

———. *These Happy Golden Years*. New York: Harper & Row, 1971(©1943).

Wilson, Mabel O. "Rosenwald School: Lessons in Progressive Education." In *Frank Lloyd Wright: Unpacking the Archive*, edited by Barry Bergdoll and Jennifer Gray, 96–104. New York: Museum of Modern Art, 2017.

Wilson, Penny. *The Playwork Primer*. College Park, MD: Alliance for Childhood, 2009.

Wood, Denis. "Free the Children! Down with Playgrounds!" *McGill Journal of Education* 12, no. 2(1977): 227–42.

Wright, Frank Lloyd. *A Testament*. New York: Horizon Press, 1957.

Wright, Gwendolyn. *Building the Dream: A Social History of Housing in America*. Cambridge: MIT Press, 1983.

Wright, Mary, and Russel Wright. *Guide to Easier Living*. 2nd ed. New York: Simon & Schuster, 1951(©1950).

Wyden, Peter. *Suburbia's Coddled Kids*. Garden City, NY: Doubleday & Co., 1962.

Zeitzer, Viviana A. *Pricing the Priceless Child: The Changing Social Value of Children*. Princeton, NJ: Princeton University Press, 1985.

Zimmerman, Jonathan. *Small Wonder: The Little Red Schoolhouse in History and Memory*. New Haven, CT: Yale University Press, 2014.

Zinger, Tamar. *Architecture in Play: Imitations of Modernism in Architectural Toys*. Charlottesville, VA: University of Virginia Press, 2015.

Zip, Samuel, and Nathan Storing, eds. *Vital Little Plans: The Short Works of Jane Jacobs*. New York: Random House, 2016.